수변의 경관설계

김경인·김종하 역

(주)브이아이랜드

편 집

대표　　樋口忠彦　　新潟大學工學部

간사　　北村眞一　　山梨大學工學部
간사　　岡田一天　　(주) INA 新土木硏究所

집 필

天理光一　　東京工業大學 工學部
安藤　昭　　岩手大學 工學部
伊藤　登　　(주)플래닝 네트워크
大澤浩一　　디자인 스튜디오 니데아
岡田一天　　(주) INA 新土木硏究所
北川　明　　建設省 土木硏究所
北村眞一　　山梨大學 工學部
窪田陽一　　埼玉大學 工學部
小林　亭　　東京工業大學 工學部
榊原和彦　　大阪産業大學 工學部
笹谷康之　　茨城大學 工學部
竺　文彦　　龍谷大學 理工學部
下村彰男　　東京大學 農學部
高浦秀明　　(재)高速道路技術센터
田中弘靖　　大成建設(주)
樋口忠彦　　新潟大學 工學部
藤墳忠司　　(주)어번스터디硏究所
松田芳夫　　建設省 九州地方建設局
三輪利英　　福山大學 工學部
山本公夫　　(재)電力中央硏究所
渡部正明　　廣島市 安佐南區役所

(발음 순)

보 · 수문의 경관설계
-하천시설의 경관정비사례-

영국 · 바스의 보
인공적인 흐름을 연출하고, 주위
의 도시적 환경과 일체화된 정돈
된 느낌의 공간을 구성하고 있다.

**오이타현(大分縣) · 히다(日田)
미쿠마가와의 보와 어도**
낙하하는 물소리와 물보라의 역동적인
표정이 보인다.

**홋카이도(北海道) · 도카치가와
(十勝川) · 지요가와(千代川)의 보제방**
감세공에 떨어지는 물과 변화하는 물거품
의 표정이 사람들의 눈을 멈추게 한다.

**홋카이도(北海道) · 도카치가와
(十勝川) · 쿠타리(屈足)댐의 수문**
구조물의 색을 배려하여 북방권의 산
뜻한 인상을 만들어 내고 있다.

야경, 이벤트에 의한
하천경관의 연출

니이가타시(新潟市) · 시나노가와 (信濃川) · 반다이교(萬代橋)의 야경
니이가타시(新潟市)의 상징성을 높이기 위해 시민 모금으로 라이트 업 되었다.

파리 · 세느강의 야경
서구에서는 관광시설이나 공공시설에 라이트 업을 실시하여 야간 경관을 연출하고 있다.

이탈리아 · 베네치아 · 곤도라의 풍경
수변과 일체가 된 도시로서 교통은 배와 보행으로 이루어지고 있다.

사람과 수변과
어울림의 공간 연출

오사카시(大阪市)·나카노지마
(中の島) 산책로
강변에 토지가 없기 때문에 수면으
로 돌출한 산책로를 설치하여 친수
성을 높이고 있다.

미야기현(宮城縣)·하사마가와
(迫川)의 친수호안
생물과 어울리는 안정감 있는 장소
로 만들기 위해 계단호안을 설치하
고 있다.

가나자와시(金澤市)·사이가와
(犀川)의 개방적인 경관
강변의 녹지와 일체가 된 개방적이면
서도 부드러움이 있는 경관의 하천.

종합적인 공간가꾸기로서
하천의 경관설계

히로시마시(廣島市)·오타가와(太田川) 모토마치(基町)호안

호안, 고수부지, 제방, 제방 안쪽 부지를 경관적으로 일체가 되도록 디자인하여 전체가 정돈된 경관을 만들고 있다.

미에현(三重縣)·이수쥬가와 (五十鈴川) 호안

이세진큐우(伊勢神宮)의 분위기에 조화시킨 소극적인 디자인이다.

야마구치현(山口縣)·이치노사카가와 (一の坂川)의 반딧불 호안

반딧불이 자연발생 하도록 낮은 수로나 호안이나 하상(河床)을 자연의 복잡한 환경이 되도록 개조하였다

도쿄도(東京都)·노가와(野川) 의 모형

경관의 설계에서는 투시도나 모형 등으로 완성한 상태를 확인하는 것이 중요하다.

머 릿 말

이 책에서 다루는 것은 하천의 수변이다. 바다와 관련된 수변도 대상으로 할 생각도 당초에는 있었다. 그러나 같은 조건이라 하더라도 하천과 바다의 성격은 크게 달라 양자를 한권으로 정리하는 것은 용이하지 않다고 판단하여, 이 책에서는 하천의 수변만을 한정하기로 하였다. 바다나 항구와 관련된 수변의 경관설계에 대해서는 별도로 정리할 계획이다.

이 책의 주요 독자로 생각하고 있는 사람은 두말할 필요도 없이 수변의 경관설계에 관심을 가진 사람들이다. 그리고 하천에 대해 많은 것을 알고 있지만, 경관설계에 대해서는 그다지 친숙함이 없는 사람들과 건축이나 조경이나 도시에 대해서는 잘 알고 있지만, 하천에 대해서는 문외한으로 잘 모르는 분들을 이 책의 독자로 생각하고 있다.

그렇기 때문에 경관과 관련 있는 전문용어는 가능한 한 피하고, 알기 쉽게 기술하려고 노력하였다. 나아가 하천의 전문용어도 가능한 한 피하고, 필요한 경우에는 해설을 덧붙여 사용하였다. 그리고 「하천공학개론」과 「하천에 관한 법률·기준」을 부록으로 하여, 하천에 대한 기초지식을 가능한 한 이 책에 넣으려고 하였다.

이렇게 해서 만든 책이므로, 강을 사랑하고, 강을 아름답게 하려는 것에 관심을 가진 일반 사람들에게도 흥미를 유발할 것으로 생각하고 있다.

이 책은 하천에서 수변의 경관설계에 도움이 되는 것을 목표로 한 참고서이다. 수변의 경관설계에 대해서는 이미 몇 권인가의 책이 출판되어 있으나, 경관설계에 대한 참고서로서는 이 책이 최초가 아닐까하고 생각한다.

사람들이 물과 자연에 직접 접할 수 있는 귀중한 환경으로서 수변의 가치가 크게 재발견되고 있다. 이에 대응하여 하천에 대한 사람들의 요구는 지금까지의 치수·이수뿐만 아니라 다양화하고, 수준이 높아지고 있다.

하천을 생각할 때 인명과 관련된 치수가 중요한 기본임에는 변함이 없다. 그러한 치수를 기본으로 하면서도 이러한 새로운 시대의 요구를 하천의 계획·설계·시공에 어떻게 반영하면 될 것인가가 커다란 과제가 되고 있다.

새로운 시대의 요구에 대해 하천환경을 정비하기 위한 많은 시도가 이미 시행되었다. 사람들의 요구에는 예전의 하천으로 되돌려달라는 것이 있는가 하면, 성급한 요구로 하천에 어울리지 않는 것도 있었다. 하천의 실무자는 수용할 수 없는 요구에 당혹해할 때도 있었다. 그러한 과정 속에서 시행착오가 반복되었다고 생각한다. 이러한 시행착오와 관련하여, 하천 경관설계의 참고서가 필요한 것은 아닌가 하고 몇 번이나 생각했다. 본서는 하천의 실제의 계획·설계·시행에 적용할 수 있는, 실제로 보탬이 되는 경관설계의 참고서이다.

아직은 확신을 가지고 말할 수는 없지만, 참고서라고 하는 것도 쑥스럽다. 이것이 솔직한 표현일 것이다. 그러나 집필자들이 갖고 있는 지금까지의 시행착오와 체험을 통해서 얻어진 사고방식을 같은 과제에 당면한 사람끼리 공유하는 것은 의미가 클 것이다. 그러한 생각에서 본서가 세상에 나오게 되었다.

본서가 완성되기까지 많은 사람들로부터 협력을 받았다. 新潟大學 교수 大態孝씨, 東京工業大學 조교수 福岡捷二씨, 建設省 河川局의 山田俊郎씨, 그리고 建設省 土木研究所의 山本晃一씨로부터 모든 원고에 대해 귀중한 조언을 받았다. 오타루(小樽)의 견학회에서는 三浦修씨, 金澤文彦씨, 야나기가와(柳川)의 견학회에서는 廣松伝씨, 京都·大阪의 연구회에서의 外崎公知씨, 池田英三씨, 北田隆久씨, 그리고 東京의 연구회에서의 森淸和씨에게 많은 신세를 지고 또한 가르침을 받았다. 토목학회의 爲國孝敏씨, 技報堂출판사의 宮崎忍씨와 宮本佳世子씨에게도 많은 신세를 입었다. 여기에 기입한 분들의 아낌없는 협력에 대해 감사의 마음을 전한다.

또한 귀중한 자료나 사진 등을 제공해 준 建設省, 자치단체, 관련업계, 컨설턴트의 모든 분들께도 마음으로부터 감사하다.

1988년 11월

土木學會·土木計劃學研究委員
수변의 경관연구 분과회
대표　樋口忠彦

목 차

1장 하천경관의 기본개념

1.1 하천경관의 성립

(1) 하천경관의 구성요소

먼저 하천을 중심으로 하는 수변풍경을 머리 속에 연상해 보기 바란다.

거기에는 실로 다양한 요소가 있음을 알 수 있을 것이다. 예를 들어 수변에 멈춰서면, 수면의 잔물결, 물가의 갈대, 강변의 소나무 가로수, 기와지붕과 마을풍경, 먼 산 등이 떠오를 것이다.

본서에서 기술하는 하천의 경관설계에서는 이러한 다양한 요소 전부가 그 대상이 된다.

이러한 다양한 하천경관의 구성요소를 이해하고 양호한 하천경관을 설계해 가기 위해서는, 먼저 구성요소에 대해 표 1.1에 나타낸 바와 같이 개괄적인 기본분류를 실시하고, 필요에 따라 분류별로 그 대상을 구체적으로 고찰하는 방법이 효과적이다.

(2) 하천과 지역과의 관계

하천경관의 물리적 구성요소는 위에서 기술한 바와 같다. 그러나 하천경관을 형성하고 있는 또 하나의 중요한 요인은 하천과 지역과의 관계일 것이다.

하천경관은 좋든 나쁘든 하천에 대한 인간 활동의 산물이다.

하천경관을 충분히 이해하기 위해서는 표면적 현상인 구성요소에만 주목할 것이 아니라, 하천과 지역과의 관계를 주시할 필요가 있다.

표 1.1 하천경관 구성요소의 기본분류

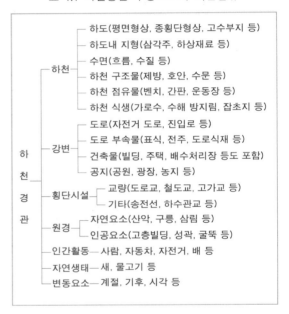

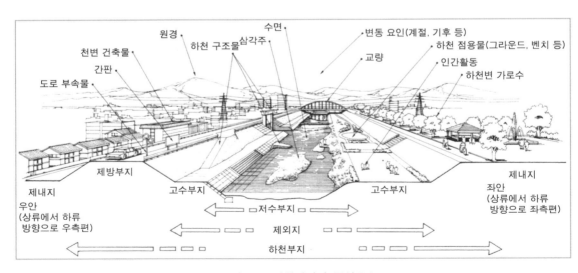

그림 1.1 하천경관의 구성요소

그런 눈으로 하천경관을 주시해 보면, 모든 강에는 각각 고유의 '하천 문화'라고 할 수 있는 지역과 관계가 있음이 입증될 것이다.

그 관계라고 하는 것이 어떤 하천에서는 홍수와의 투쟁일 수도 있다. 또 어떤 하천에서는 생기 있고 빛나는 물을 중심으로 하는 사람들의 생활 그 자체일 수도 있다.

(3) 하천경관의 조망유형

하천경관을 바라보는 시점을 그 위치에 따라 크게 나누면, 다음과 같은 3개 유형으로 분류할 수 있다 (2.1 참조).

a. 유축경(流軸景)　유축경은 교량 위 등에서 같이 하천의 흐름방향과 평행하게 하천을 보는 조망이다.

유축경의 특징은 하천의 깊이가 강하게 느껴진다는 것이다. 깊이감을 인상 지우는 것은 흐름 방향으로 연속되는 제방이나 호안 등 하천 구조물의 선형이다. 이 선형의 모습은 평면도에서 본 형태와는 상당히 다른 모습을 갖게 되기 때문에 주의할 필요가 있다.

b. 대안경(對岸景)　제방 위 등에서 하천의 흐름방향과 거의 직각으로 건너편 제방방향을 보는 조망이다.

대안경의 특징은 수면의 존재가 건너편 제방에 대한 조망을 보증해 주는데 있다. 제방, 호안, 횡단면 형태 등에 주목하면, 그것들이 건너편 물가의 전경(前景)으로서 항상 동시에 조망할 수 있게 된다.

c. 부감경(俯瞰景)　하천의 넓은 범위를 한눈에 볼 수 있는 조망이다. 이 경우 시점은 필연적으로 하천공간 밖의 조금 높은 지점이 된다.

부감경의 특징은 앞서 기술한 두 가지 유형의 조망과는 다른 웅대한 조망인 동시에, 지역에서 하천의 공간적 정의, 한층 더 나아가서는 하천과 지역과의 관계를 재인식시켜주는 조망이라고 할 수 있다.

최근 희박해지고 있는 하천과 지역과의 결속을 회복하는 구체적인 방법의 하나로서, 앞으로 더욱 적극적으로 부감경을 조망할 수 있는 시점의 발굴과 정비가 진행되어야 할 것이다.

1.2 하천의 기능과 경관

(1) 하천의 기능

하천의 기능은 일반적으로 치수(治水)기능, 이수(利水)기능, 환경(環境)기능의 세 개로 나누어 생각할 수 있다.

치수기능은 홍수방어를 주목적으로 하는 지역의 안전과 방재기능으로, 하천 주변에 인간이 거주하고 있는 이상 갖추어야 할 기본적인 기능이다.

이수기능은 물을 이용하는 기능으로, 상수, 용수 등의 수자원 취득뿐 아니라, 선박운행이나 어업을 이롭게 하는 것까지 포함해서 생각할 수 있다.

환경기능은 수변에서의 레크리에이션활동 및 공원·대피소 등의 장소확보에서, 기후조절, 수생동식물의 생육 등을 포함하는 상당히 다양한 기능이라고 할 수 있다. 역으로 말하면, 치수기능, 이수기능을 포함하는 상당히 다양한 하천기능 중에서, 사회의 요구에 따라 그 치수기능과 이수기능을 끄집어내어, 특별히 취급하게 된 것이라고 할 수 있다. 그것은 방금 기술한 바와 같이, 어디까지나 우리 사회의 요구였던 것이다.

인구집중이 적고, 하천의 범람구역을 이용할 필요가 없다면 하천이 범람해도 관계없으며, 치수기능을 특별하게 다룰 필요도 없었을 것이다. 그러나 일본의 하천은 지형적·기후적 특징에서 큰 홍수가 나기 쉽고, 도시나 경작지가 하천의 범람지역에 위치할 수밖에 없는 상황이었다(부록 참조). 이러한 상황 속에서는 사회적 요청으로서 치수기능을 우선적으로 생각할 필요가 있었으며, 그것은 앞으로도 변함없을 것이다.

하천의 기능은 모두 사회와 하천과의 관계 속에서 형성되어 왔다고 할 수 있다.

최근, 환경기능 안에서 친수(親水)기능을 분리하여 다루는 경우도 많이 보이는데, 이것은 풍요롭고 쾌적한 공간, 수변의 산책, 수변의 레크리에이션 등에 대한 강한 사회적 요구에서 비롯된 것이다.

(2) 기능과 경관

당연한 것이겠지만 하천의 설계에서는 하천의 기능을 만족시키는 것이 중요하다. 경관설계에서도 이점은 예외가 아니다.

자칫 경관설계를 하천의 기능, 특히 치수기능과 대립되는 것으로 취급할 수도 있으나 결코 그렇지 않다.

본 장의 초두에서도 기술한 바와 같이, 하천경관은 하천에 대한 인간 활동의 결과가 구체화되어 나타나는 모습이며, 이 활동의 동기가 하천의 기능이라고 할 수 있다. 기능은 개념적인 것으로, 형태나 모습의 모든 것을 규정하는 것은 아니다.

혹시나 치수기능을 충족한 하천의 모습이 경관으로서 바람직하지 않다고 한다면, 그것은 치수기능이 경관과 상반되는 것이 아니라 구체화 단계에서 경관에 대한 배려가 충분하지 못한 것에 기인하고 있다. 그 이유로서는 토지이용이나 경제성을 포함해서 경관에 대한 요구가 거기까지 성숙하지 못했다는 것도 생각해볼 수 있다.

치수기능을 포함한 하천의 기능을 만족시킨 후에 그것을 하나의 양호한 풍경으로 구체화시켜 가는 것이 하천의 경관설계가 의도하는 바이다.

경관설계가 하천 기능과는 무관하게 양호한 풍경을 만들어 내는 것이라고 오해한다면, 오히려 당치도 않은 하천경관이 생겨나게 되므로 주의할 필요가 있다.

구체적으로 어떠한 하천경관을 만들어갈 것인가 하는 것은 일괄적으로 규정할 수 없으며, 또한 할 수 있는 성격의 것도 아니다. 이것에 대해서는 각 하천의 각 장소에서 검토될 필요가 있는데, 그 기본적 틀을 제시한 것이 2.2 「하천경관의 분류」이다.

1.3 하천설계에서 경관의 역할

(1) 경관설계의 특색

하천에는 앞서 기술한 바와 같이 치수, 이수, 환경과 같은 세 개의 기능이 요구되므로, 하천의 설계는 이러한 기능을 각각 만족시키고 그들 간의 균형을 도모하면서, 전체적으로 통일된 모습이 되도록 설계하는 것이다.

이러한 목적을 갖고 있는 하천의 설계에서 경관이 갖고 있는 역할은 어떤 것일까.

경관이 갖고 있는 특색부터 생각해보면 다음과 같은 것을 들 수 있다.

a. 대상의 종합성　　하천의 경관설계에서 그것도 강변요소 등을 다양한 각도에서 취급하거나, 연관지어가면서 풍경전체를 설계하는 것을 의미한다. 이것이 하천설계에서 경관설계가 갖는 첫 번째 특징이다.

b. 대상의 일상성　　하천구조물은 일반적으로 홍수라고 하는 비일상적인 현상을 상정하고 설계된다. 그러나 홍수방어에 요

구되는 기능 그대로를 형상화 한 모습으로는 일상풍경 속에서 위화감을 유발시키기도 한다.

경관설계에서는 그것을 일상생활을 구성하는 요소의 형태로 재해석하여 고치는 것이 필요하다. 당연한 것이겠지만, 제방을 낮추는 것처럼 치수기능이 갖고 있는 의미를 손상시켜버린다면 올바른 해석이 아니며, 완전히 잘못된 해석이다. 기능이 갖고 있는 의미를 정확하게 전달하는 것이야말로 올바른 해석이다.

하천의 경관설계가 갖고 있는 두 번째 의미는 비일상적인 언어를 일상적인 언어로 해석하고, 하천을 일상적인 풍경 속에 위화감 없이 정돈시키는 것이다.

c. 투시형태의 설계　　하천설계에 국한시키지 않더라도 통상적인 설계행위에서는 평면도, 단면도 등에 의한 형태의 표현방법이 사용된다.

그러나 지금까지의 기술에서도 알 수 있듯이 경관설계는 어디까지나 풍경·조망으로서 물체의 형태에 대한 설계이다. 이러한 조망으로서 물체의 형태(이것을 투시형태라 한다)는 평면도, 단면도에 그려진 형태와는 약간 차이가 있는데, 여기에 경관설계의 세 번째 특징이 있다.

경관설계는 평면도, 단면도에서의 형태에 대한 검토와 더불어 투시형태로서의 형태에 대한 검토가 꼭 필요하다. 구체적으로는 그것을 위해 이미지 스케치, 투시도와 같은 투시형태를 표현하는 도면이 사용되거나, 모형을 제작하여 그것을 실물과 같이 시각화하는 작업이 이루어진다.

(2) 하천다움의 표현

하천설계에서 하천다움을 표현하는 것도 경관설계의 커다란 역할이다.

하천다움에 대해서 구체적으로 기술하는 것은 어렵지만, 그것을 생각할 때의 주의점으로 다음과 같은 항목을 들 수 있다.

a. 「하천」으로서의 하천다움　　하천의 경관설계는 먼저 그 대상이 도로도 아니고, 공원도 아니며, 하천이라는 것을 확실히 인식할 필요가 있다.

b. 고유명사로서의 하천다움　　고유명사로서의 하천다움은 다마가와(多摩川), 도네가와(利根川), 요도가와(淀川)와 같이 각각의 하천에 적합한 하천다움이다.

각 장소의 설계에는 뒤에서 기술하는 「장소」로서의 하천다움이 보다 밀접한 관련이 있으며, 특히 하천 전체의 종합계획 등을 작성하는 경우에는 각 장소의 축적으로 전체가 이루어지는 것은 아니다. 다마가와(多摩川)라면 다마가와 나름대로의 하천다움을 생각할 필요가 있다.

c. 장소로서의 하천다움　　장소로서의 하천다움은 하천 각각의 장소에 적합한 하천다움이다.

사진 1.1 모델스코프에 의한 시각화

이 경우의 하천다움은 상류지역의 하천인가 하류지역의 하천인가 하는 것과 같이 하천의 지형학적인 장소로서의 특성과, 도시 속의 하천인가 교외의 전원지대를 흐르는 하천인가와 같이 하천이 흐르는 장소의 특성에 의거하여 생각할 필요가 있다.

d. 형태로서의 하천다움　장소로서의 하천다움에 크게 영향을 받는 것이지만, 보다 구체적인 문제로 형태로서의 하천다움을 생각할 필요가 있다.

이러한 형태로서의 하천다움은 물의 흐름이 만들어 내는 자연조형으로서의 형태가 갖는 하천다움과 사람들이 하천과의 관계 속에서 구축해온 인위적 조형(그것의 전통적인 형태)이 갖는 하천다움의 2가지로 생각할 필요가 있다.

1.4 경관설계와 본서의 구성

먼저 하천경관의 계획·설계시의 주안점, 유의점을 명확히 할 필요가 있다. 2장「하천경관설계의 기초」에 기술한 내용이 이것이다.

다음은 계획·설계의 제1단계로 마스터플랜 작성이다. 하천다움을 염두에 두고, 경관의 주제를 발견하고, 전체의 이미지구상을 한 후에 제내지와 제외지를 구분 하지 않고 전체 마스터플랜을 작성하며 그것에 의거한 설계를 실시한다. 이것이 3장「하천경관계획의 책정과정과 사례」이다.

이 단계에서 중요한 것은 다양한 정보를 모아 하천설계에서 기능적 조건을 정확하게 파악하고, 경관설계의 전제조건으로서 정리해 둘 것과 목표로 할 만한 하천의 모습을 제시하는 것이다.

4장 이후에서는 경관설계의 구체적인 배려사항에 대해 기술하고 있다.

4장「하천구조물의 경관」에서는 일반적인 하천의 경관설계에서 경관적 측면에서 유의해야할 사항에 대해 기술하고 있다.

하천경관에서 흥미 깊은 장소나 표준적인 단면과 다른 경우가 많은 분류(分流)·합류지역, 또는 강변 구성요소의 대처방안에 대해서는 특별히 취급하여 검토할 필요가 있다. 이를 위해 5장에 「요소의 경관설계」를 마련해 두었다.

도시하천에 대해서는 6장, 7장에서 각각 전체의 공간구성과 상세한 경관설계에 대해 기술하고 있다. 도시하천에서는 자연하천을 무리하게 모방할 것이 아니라, 도시경관의 일부로서 적극적으로 설계할 필요가 있다. 따라서 이른바 자연적인 일반 하천과 도시지역의 하천에서는 설계의 기본적인 개념이 다른 경우가 많다. 이러한 관점에서 본서에서는 도시하천을 특별히 분류하였다.

2장 하천경관설계의 기초

2.1 하천과 시각

(1) 하천의 풍경과 단어의 정의

사람들은 어떤 하천의 풍경을 볼 때, 먼저 의식적으로 풍경에 틀을 집어넣은 것처럼 보고 있다. 보이는 범위는 의식의 변화에 의해 넓어지기도 하고 좁아지기도 한다. 다만 막연하게 풍경을 바라보고 있을 때는 넓다. 그러나 나무한 그루나 물 흐름의 표정 등 의식을 집중해서 의식적으로 보고 있을 때에는 보고 있는 대상 이외에는 거의 보이지 않는다.

실제로 눈에는 들어오지만 보이지 않는 것이다. 이렇게 의식을 집중해서 보고 있는 점을 「주시점(注視點)」, 보고 있는 방향을 「시선」이라고 한다[1]. 또 일반적으로 보이는 범위를 「시야」라고 한다[2](그림2.1).사람들이 풍경을 조망할 때에는 풍경 속의 다양한 요소, 움직이는 사람, 수목, 풀, 물의 흐름 등에 의식을 집중시키고는 눈을 이동시켜 전체풍경을 느끼고 받아들이고 있다. 이러한 사람들이 보고 있는 범위의 환경을 「경관」 혹은 「풍경」, 「경치」 등으로 부르고 있다.

그림 2.1 하천의 풍경

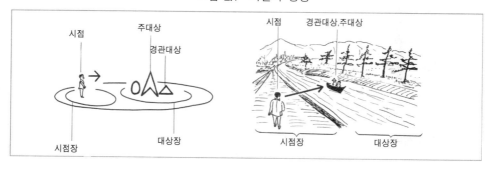

그림 2.2 경관 모식도

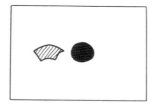

그림 2.3 그림과 바탕—흰색 배경이 바탕이며 부채꼴 모양이나 검게 칠한 부분이 그림(왼쪽). 실제의 풍경 속에서는 먼저 산이나 강이 그림이 되고 그 위에 강을 배경으로 하여 소나무나 배가 그림이 된다(오른쪽).

경관이라는 단어는 「지표에 있는 것의 조망」[3], 「인간을 둘러싸고 있는 환경의 조망」[4] 등의 의미로 사용되어, 조망하고 있는 사람과 보고 있는 환경으로 성립되는 개념이라는 것을 알 수 있다. 전문적으로는 「조망하고 있는 사람」을 「시점」이라 하고, 「조망하고 있는 물체」를 「경관대상」 「시대상(視對象)」 혹은 「주대상(主對象)」이라고 한다. 그리고 「조망하고 있는 사람의 주위환경」을 「시점장」, 「조망하고 있는 물체 주위의 환경」을 「대상장」이라고 한다[5](그림2.2).

시각에서 중요한 개념으로 「게슈탈트 심리학」의 「그림(圖)과 바탕(地)」이라는 개념이 있다[6]. 「게슈탈트」란 「도형」이라는 의미이다. 일반적으로 풍경 속에서 「주변과 분리되어 하나의 정돈된 도형으로 보이는 것」을 「그림(圖)」이라 하고, 그러한 「그림(圖)」의 배경으로서 특별히 의식되지 않는 부분을 「바탕(地)」이라고 한다(그림2.3).

사람들이 풍경을 볼 때에는 풍경 속에 있는 여러 가지 「그림(圖)」이 되는 물체를 주의해서 보고 있는 것이다.

(2) 경관의 구도

하천경관은 시선(視線)방향과 흐름방향의 조합이며, 먼저 두 가지 유형의 구도로 나눌 수 있다.

흐름 방향과 시축이 직각으로 교차하는 제방 위에서 대안을 조망하는 경우를 「대안경(對岸景)」이라 한다(사진2.1). 흐름 방향과 시축이 평행이 되는, 다리 위에서 흐름을 조망하는 경우를 「유축경(流軸景)」이라 한다(사진2.2).

사진 2.1 대안경(가고시마현·센다이가와(川內川))

사진 2.2 유축경(가고시마현·센다이가와)

사진 2.3 부감경(아이치(愛知)현) 이누야마犬山)성에서 기소가와(木曾川)를 조망

그 외에 멀리서 혹은 높은 장소에서 하천을 조망하는 경우를, 일반적으로 「부감경(俯瞰景)」이라고 한다(사진2.3).

이러한 세 개의 전형적인 하천경관 구도의 특징은 다음과 같다.

a. 대안경(對岸景)　　대안경은 수제선, 제방, 수변의 가로수, 배경의 산림, 건물의 파사드 등이 옆으로 길게 늘어서 보인다. 하천 폭에 따라 대안요소의 크기의 원근감은 느낄 수 있지만, 표면의 미세한 변화가 없는 수면 너머로 건너편 제방을 보고 있기 때문에, 깊이감이 결여된 평탄한 경관이 된다. 건너편 제방의 건물이나 파사드, 사람들의 활동 등을 회화적으로 감상하기에 적합한 구도이다. 교토(京都) 가모가와(鴨川)의 가모오하시(鴨大橋) 부근에서 바라보는 다이몬지 오쿠리비(大文字送り火)와 도시경관의 조망은 유명하다.

b. 유축경(流軸景)　　유축경은 구불구불 흐르는 모습에서 율동감을 느낄 수 있으며, 양안과 강의 흐름이 한눈에 보여, 하천 공간을 파악하기 쉬운 구도이다. 양안의 건물, 가로수 등이 가까이에서 멀리로 이어져 있어 깊이 있는 경관이 된다.

유축경에서는 수변선의 미세한 굴곡이 실제로는 상당히 극단적으로 휘어 굽어진 상태로 보인다. 완만하게 굽어진 선이, 어느 각도에서는 극단적으로 돌출된 것처럼 보이는 경우가 있다. 굴곡된 흐름이 하천다움을 표현하고 있다고 한다면, 설계할 때에 수변선이나 제방의 경사선을 평면도상에서 크게 휘지 않고도 굴곡진 하천다운 느낌을 연출하는 것이 가능하다.

c. 부감경(俯瞰景)　　부감경은 웅대한 강의 흐름을 산악이나 평야와의 지형적인 관계 속에서 파악하는데 효과적인 구도이다. 강이 클수록 그 강이 어디에서 흘러와서 어디로 흘러가는가를 한눈에 파악하는 것은 어렵다. 하늘을 나는 새의 눈으로 도시나 산악이나 평야를 볼 때의 매력적인 조망 속에서 하천의 존재가 원근감이나 스케일감을 더욱 확실하게 해준다.

(3) 강폭과 개방감, 양안의 일체감

하폭, 천변건축물, 원경의 산 등의 상대적 크기에 의해 하천경관 분위기는 변화한다.

a. 둘러싸인 느낌의 경관　　하폭에 비해 천변의 건축물이나 산이 상대적으로 크게 되면 둘러싸인 느낌이 든다. 그것은 천변이나 다리에서 조망했을 때, 건물이나 산을 바라보는 앙각(仰角)이 커지기 때문이다. 자신이 하나의 둘러싸인 환경 속에 있다는 느낌은, 경험적으로 앙각이 대략 $10^0 \sim 30^0$ 이상이 되면 생긴다. 또 하폭이 대략 100m 이하에서는 대안에 있는 인간의 활동, 표정 등을 구분할 수 있는 거리로 양안이 일체감을 갖는 스케일이다.

b. 개방적인 느낌의 경관　　하폭이 크고, 천변의 건물이나 산 등이 상대적으로 작게 되면 개방적인 느낌이 된다. 하폭 200m 이상의 큰 하천에서 많이 느낄 수 있는 경관적인 느낌으로서 너무 막막하여 하천 양안의 일체감을 상실하게 된다. 근처에 있는 잡초나 고수부지의 잔디, 모래밭이 드러난 강변, 다리 등과 같은 범위의 경관구성요소에 시선을 두어 시각적인 안정감을 찾는 한편, 도시의 좁은 공간 내 생활에서 하늘이나 스카이라인 등 멀리 있는 커다란 물체를 보면서 넓이감이나 개방감의 매력을 느끼는 것도 가능하다.

(4) 거꾸로 비춰지는 경관의 매력

하천경관에서 나타나는 특색의 하나로서 물에 반사되는 수변경관이 있다. 나가사키(長崎)의 안경교(眼鏡橋)는 아치교가 수면에 반사되어 안경과 같이 보이는 것이 흥미롭다. 넓이

표 2.1 하천의 분류(유수, 하천의 특징)

계곡하천	・하도…깊은 계곡 사이의 바닥을 흘러 V자 골짜기를 형성 ・하상재료…바위, 자갈, 사력, 암반 ・평상시의 흐름…여울과 소, 폭포 등 ・홍수시의 흐름…급류, 파괴력 큼, 하방침식력이 큼, 토석류가 되는 경우도 있음	・골짜기 측면의 토사붕괴방지대책, 사방(砂防)공사 ・하상으로부터의 토사유출억제, 사방(砂防)댐 ・안정사면에 취락이 입지
하안단구하천	・하도…사행하고 골짜기 사이에 하안단구가 형성되고 깊은 계곡이 파임 ・하상재료…사력질, 암반 ・홍수시의 흐름…하방 및 측방이 침식	・단구측면의 토사붕괴방지 ・하상의 토사유출억제 ・단구위의 안전한 평지에 취락입지
선상지 하천	・하도…얇고, 강폭이 넓음 ・하상재료…사력질 ・평상시의 흐름…작은 하천망이 난류(亂流), 복류(伏流)하여 건천화, 선단(扇端)에서 용수 ・홍수시의 흐름…급류로 파괴력이 큼, 횡침식력이 큼, 방사상의 유로를 형성	・하제(霞堤)의 존재(지류로의 역류문제는 없음) ・수제(水制)…대형콘크리트 수제 등
자연제방 대하천 (이화대 하천)	・하도…깊어지고 유로 하나됨, 고수부지 형성 ・하상재료…사질 ・홍수시의 흐름…횡으로의 범람으로 자연제방이 형성되기 쉽고, 지형적 구속이 없는 경우에는 대변류를 일으킴 ・고수부지…사질이기 때문에 경작하기 쉽고, 논, 밭, 과수원 등으로 이용된다	・지류로의 역류문제 발생…背割堤, 수문, 펌프가 필요 ・수제(水制)나무말뚝(杭出し) 수제 ・윤중제(輪中堤)의 발달
삼각주하천	・하도…깊지만, 유속은 느리고, 강폭은 큰편 ・하상재료…세사, 뻘, 점토(하방침식 탁월) ・서남일보-외해의 육지화, 방사형으로 분지 ・간만의 영향을 받는다. 일본 동해측과 태평양측은 상이함	・배수는 펌프에 의존, 자연취수도 어렵게 되어 펌프취수가 많아지게 된다 ・범람류의 수심은 크며, 갈수기간의 장기화

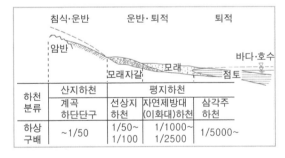

그림 2.4 하천분류와 종단면

사진 2.4 거꾸로 비춰지는 경관(아이치(愛知)현・이누야마(犬山)성과 기소가와(木曾川))

감이나 개방감의 매력을 느낄 수 있다.

수면의 미세한 파문이 일어나면 없어져 버린다는 특징도 있다. 거꾸로 비춰지는 경관으로서 천변의 수목이나 건물이 크게 반사되어 보이기 위해서는, ①반사되는 대상이 가능한 한 수변에 가까이 있을 것, ②높을 것이 그 조건이다(사진2.4).

표 2.2 공간 구성과

계류(야마나시(山梨)현 하야가와쬬우(早川町) · 하야가와(早川)) -V자 계곡을 형성하고, 소와 여울이 있는 흐름	세류(홋카이도(北海道) 기타미(北見)시 부근)-숲 속의 작은 흐름은 휴먼스케일로 친숙하다

청류(도쿄(東京) 고쿠분지(國分寺)시 · 용수)-대지 말단부 등에서는 용수가 작은 흐름을 만든다	산자수명(우지(宇治)시 · 우지가와(宇治川))

산간취락(시마네(島根)현 즈와노쬬우(津和野町) · 즈와노가와(津和野川))-산간의 작은 계곡과 취락, 숨겨진 마을, 미니교토	산자수명(기후(岐阜)시 · 나가라가와(長良川))-산의 녹음과 파란 물, 산에 대해 강이 조금 우위를 차지함

분위기

들판의 하천(후지사와(藤澤)시 · 히키치가와(引地川))
-전원지대를 흐르는 여유 있는 풍경을 만든다

하구(가고시마(鹿兒島)현 · 센다이가와(川內川))-조류가   섞여
풍부한 생물상을 가짐. 흐름은 간만의 영향을 받는다

시골 하천(야마나시(山梨)현 (이사와쬬우(石和町) · 지카츠(近
津)용수)-중류부의 농촌이나 소도시를 흐르는 강과 용수

큰 하천, 큰 강(도쿄(東京) · 다마가와(多摩川))-하류부에서는
넓은 폭으로 여유 있는 흐름이 된다

도시하천(교토(京都)시 · 가모가와(鴨川))-도시의 레크리에이션
과 자연제공의 장으로서 의미를 갖는다

수향(水鄕), 수도(水都), 운하(오타루(小樽)시 · 오타루(운하)-수
변과 창고와 배가 있는 풍경

표 2.3 하천경관의 유형(전형적인 사례)

지형	위치 주변 공간	드문◄ (없거나 몇 채) 하천공간(이미지)	시가화 정도 ─────► (작은 취락) 하천공간(이미지)	과밀 (시가지) 하천공간(이미지)
상류 (계곡 · 하안단구)	산지	계류 · 계곡: 한가하다, 조용하다, 그윽하다 자연적이다, 신비하다.	청수 · 계천(溪川): 정적하다, 고요하고 쓸쓸하다 청천(淸川)	산간취락: 외로워 보인다, 고요하고 쓸쓸하다
	평지	세류: 정숙하다, 우아하다, 정돈되다	작은 하천: 정적하다, 고요하고 쓸쓸하다 여유 있다	온천취락 · 광산마을: 외로워 보이는 고요하고 쓸쓸하다
중류 (선상지 하천)	산지	금수강산: 조용하다, 우아하다, 안정되다, 아름답다		
	평지	들판의 하천 · 용수: 길고 한가하다, 느긋하다, 안정되다	시골하천: 여유 있다, 길고 한가하다, 안정되다	도시하천: 쾌활하다, 화려하다 인공적이다
하류 (자연제방 큰 하천 삼각주 하천)	산지			
	평지	하구: 드넓다, 느긋하다, 넓고 끝이 없다	큰 하천 · 큰 강: 드넓다, 푸르고 아늑하다, 넓고 끝이 없다, 여유 있다	수향(水鄕) · 수도(水都) · 운하: 산만하다, 인공적이다 밝다, 쾌활하다

주) 하류산지(下流山地)의 사례는 융기지형 등에서 보이지만, 일반적이지 않으므로 일단은 제외함

2.2 하천경관의 분류

하천경관은 크게 지형과 관련된 하천특징과 천변 토지이용의 특징에 의해서 분류할 수 있다. 그러나 비슷한 지형이나 하천변 토지이용도 지질이나 물이 흐르는 상황, 또는 시가지나 농촌풍경의 풍토에 따른 차이 등에 의해 자세하게 보면 분위기는 지역에 따라 다르다. 이러한 하천경관의 유형, 즉 전형적인 종류를 추출하여 그 특징을 분석하면 다음과 같은 구성요소가 원인이 되고 있음을 알 수 있다.

① 공간유형─지형, 주변의 시가지화 상태, 하천이 흐르는 상황.
② 기본이미지─하천경관의 전체적 인상.
③ 경관대상─주제가 될 수 있는 산과 같은 지배적 요소의 존재.
④ 활동풍경─그곳에서 일어나는 낚시 등의 활동 풍경.
⑤ 감상종류─풍경 감상을 할 때의 전형적인 구도. 예를 들어 교토의 아라시야마(嵐山)는 도게츠교우(渡月橋)와 수면과 산이 보이는 (아라시야마)그림엽서 등에서 많이 팔리는 구도.

이러한 구성요소 속에서, 먼저 하천을 크게 분류해 보자(표2.1). 일본의 일반적인 하천은 상류의 골짜기에서 흘러나와, 분지의 넓은 전원지대와 취락이나 마을을 통과하고, 다시 계곡을 가로질러 퇴적평야를 흘러 바다로 들어간다. 산지를 흐르는 하천은 하도 주위가 V자 계곡을 따라 흐르거나, 그렇지 않으면 하안단구가 발달한 요형의 골짜기를 흐르는 차이점이 경관유형을 결정하는데 결정적인 단서가 된다.

하천은 평지부를 포함해서 일반적으로 계곡(溪谷)하천, 단구(段丘, 계단처럼 된 지형)하천, 선상지(扇狀地, 부채꼴로 된 지형)하천, 자연제방대(自然堤防帶)하천, 삼각주하천으로 나눌 수 있다. 각각의 특징은 다르며, 치수대책도 크게 다르다(표2.1, 그림2.4). 경관적으로는 크게 상류·중류·하류로 분류한다.

하천변의 상황에 관해서는 자연―전원―시가지와 같이 시가화 정도의 차이가 경관에 가장 큰 영향을 미친다.

상황에 따라 ①드문, ②작은 취락, ③과밀물론 시가지에서도 관광지와 농촌취락은 차이가 있어 상세하게 나눌 수도 있지만, 크게는 시가화의 3가지로 분류된다.

하천과 천변과의 상황에서 하천경관을 크게 분류하여 기본 이미지를 정리하면 12가지가 된다[7)8)](표2.3). 경관계획에서 하천경관의 특징을 파악하여 그것을 어떻게 활용할 것인가 하는 것은 커다란 과제이며, 이러한 분류는 하나의 기준으로서 유용하게 사용될 것이다.

2.3 흐름의 활용

「천(川)」이라는 문자는 양안 사이를 물이 굽이치면서 흐르는 형태를 나타내고 있다고 한다.

「지표에 떨어지는 비·눈·싸라기눈·진눈깨비 등의 강수가 모여 흘러가는 천연수로를 하천이라고 한다. 따라서 하천은 유수(流水)와 수로(水路)라는 두 가지 요소로 형성되고, 유수를 기본조건으로 하기 때문에 저수지와 호소(호수나 늪)와 구별되고, 천연수로를 조건으로 하기 때문에 운하와 같은 인공수로와 구별 된다」[9)]. 이상에서 알 수 있는 바와 같이 하천의 본질은 흐르는 물이다. 그러므로 하천경관에서 가장 중요한 것은 흐르는 물이며, 물의 흐름을 어떻게 활용할 것인가 하는 것은 하천의 경관설계에 있어 매우 중요한 과제이다.

(1) 하천의 흐름

하천은 흐르는 물과 물이 흐르는 수로 즉 하도로 구성된다. 그리고 흐르는 물의 모습은 이러한 두 개 요소의 상태, 즉 흐르는 물의 양=유량과 하도의 상태에 따라 좌우된다.

유량은 홍수시와 평상시, 또 평상시에서는 증수기(增水期)와 갈수기(渴水期)에 따라 다르다.

한편 하도의 상태는 ①하도 종횡단면·종단구배·굴곡, ②하상재료, ③둑·보·수제 등 하천 구조물의 유무 등에 따라 다르다. 이러한 조건이 다양하게 조합되어 하천에는 다양한 유수의 표정이 생겨나는 것이다.

(2) 상류·중류·하류의 흐름

하도의 상태, 즉 ①하도의 종횡단면·종단구배·굴곡, ②하상재료의 차이에 따라 상류, 중류, 하류 각각의 특징적인 흐름이 생겨난다.

경관설계에서는 특징적인 흐름을 조망하거나 즐기기에 적합한 장소를 찾아내고, 경우에 따라서는 주변 환경과 조화될 수 있도록 정비하는 것이다.

a. 상류　　　하도 양측이 산으로 좁혀지고, 하폭은 좁으며, 하도의 종단구배는 가파르다. 그 때문에 물의 유속은 빠르며 운동에너지도 크다.

한편 하상은 큰 옥석이나 옥석으로 형성되어 상당히 거칠며, 하도도 굴곡 되어 있어 물의 흐름에 대한 저항력은 크다.

따라서 두 개의 힘이 부딪혀서 세찬 소용돌이가 용솟음치는 다이내믹한 흐름이 된다. 여울과 소가 짧은 간격으로 나타나고, 그 사이에 폭포나 갑자기 움푹 파인 곳도 있어 흐름의 표정은 상당히 변화무쌍하다.

b. 중류　　선상지(扇狀地)에 들어가면 하폭은 넓어지고, 하도의 종단구배는 1/50~1/500 정도가 되며, 유속은 약간 완만해진다.

하상은 옥석이나 자갈이 많고 거친 부분이 남아 있다. 하도는 여울과 소를 형성하면서 부드럽게 사행하고 있다.

부드럽게 사행하면서 흐르는 중류부 하천의 흐름은 매력적인 하천경관의 하나이다. 때로는 넓은 자갈밭을 몇 개의 하도로 나눠지면서 부드럽게 흘러가는 모습도 볼 수 있다.

상류보다 부드럽기는 하지만, 유속이 빠르고, 물세도 있으며, 하상도 거칠기 때문에 여울의 흐름은 파도치고 약동감 넘치는 표정을 나타낸다. 거친 여울 등으로 불리는 중류의 매력적인 물의 흐름이다. 소에는 소용돌이가 보인다.

둑·수제 등의 하천구조물이 나타나 물의 흐름에 변화를 부여하게 된다. 이것에 대해서는 후에 기술하기로 하겠다.

c. 하류　　하폭은 넓고, 하도의 종단경사는 완만하게 된다. 일반적으로 유속이 느리며 부드러운 흐름이 된다. 수량은 풍부하고 하폭 가득히 흐른다. 물의 흐름은 조수간만 의 영향을 받는다.

하상은 모래나 흙탕으로 물의 흐름에 대한 저항력이 작다. 수변에는 갈대 등이 보인다. 하도는 직선에 가깝고 여울과 소의 두드러진 특징은 볼 수 없다.

결국, 하폭 가득히 흐르는 완만한 흐름, 이것이 하류의 경관적 특징이다. 천변풍경이 반사경으로 비추어진다. 수면 위로 작은 파문이 부드럽게 퍼져가고, 반사경을 고요하게 흔든다.

(3) 하천구조물이 만드는 흐름

여기에서는 하도에 있는 둑·보·수제 등 하천구조물이 만들어 내는 흐름·물의 표정을 기

사진 2.5　산간지역의 흐름(아오모리(青森)현·오이라세(奧入瀨)계곡)—급경사이며, 하상에 암석이 노출되어 있다. 물 흐름이 다이내믹하다.

사진 2.6　선상지 지역의 흐름(나가노(長野)현·덴류가와(天龍川))—하폭이 넓고 수심은 얕다. 여울이 매력이 된다.

사진 2.7　하구지역의 흐름(야마구치(山口)현 하기(萩)시·하시모토가와(橋本川))—간만의 차가 작은 일본해측. 경사가 완만하고 여유 있는 물의 표정이 된다.

술하고자 한다.

풍부한 물의 표정을 의도적으로 만들어 내는 것도 가능하며, 경관설계에서 흥미 깊은 영역이다.

a. 둑　용수를 저장하기 위해 물을 막거나 하천의 수위, 유량을 조절하기도 한다. 둑은 그러한 역할을 하는 구조물이다.

물을 막은 둑의 상류 측에는 상당히 넓은 수면이 펼쳐지는데 이것이 경관적으로는 자원이 된다. 수변의 지형물이나 주위의 산지 등이 이러한 수면에 반사되어 비춰지고(반사경), 흐름이 있는 동적인 풍경과는 대조적인 부드러운 경관이 만들어진다. 교토(京都)의 아라시야마(嵐山)와 같이 물에 반사되어 비춰지도록 수변의 지형물이나 주위의 산을 아름답게 정비하면 경승지를 만들어 내는 것도 가능하다.

둑의 하류에는 폭포와 같이 흘러 떨어지는 물의 모습이 있으며, 상류와는 대조적이다. 이렇게 급류가 되어 거칠게 떨어지는 물세를 약하게 하기 위해 둑의 하류에는 콘크리트블록이나 방틀이나 침상 등의 감세공(減勢部, 減勢工)이 설치된다. 둑에서 떨어지는 급류는 이러한 감세부에 격돌하여 부서지고, 하얀 파도를 만들면서 평상적인 강의 흐름으로 돌아가게 한다.

표정이 크게 변화하는 둑 하류의 이러한 흐름은 하천경관 속에서도 볼거리 중 하나이다. 둑에서는 물을 떨어뜨리는 방법, 그 하류에서는 물이 부서지는 것과 떨어지는 방법을 연구하여 보다 매력적인 물의 표정을 만들어 낼 수 있다. 둑, 감세부나 감세공에는 이러한 디자인의 가능성이 많다.

b. 보　하도의 종단구배가 가파른 급류하천에서는 하상이 세굴될 위험성이 있다. 이것을 방지하기 위해 보를 계단형으로 설치하여 하상경사를 완만하게 한다. 상류에는 토사가 쌓이지만 하류에는 월류둑이나 폭포와 같이 물

사진 2.8　둑의 흐름(후쿠오카(福岡)현·지쿠고가와(筑後川), 야마다(山田)방죽)

사진 2.9　보와 어도(오이타(大分)현 히다(日田)·미쿠마가와(三隈川))

사진 2.10　수제(야마나시(山梨)현·후에후키가와(笛吹川), 지카츠(近律)제방)

이 떨어지게 된다. 이렇게 낙수와 감세부나 감세공(減勢工)에 하얗게 부서지는 모습이 여기서의 볼거리이다.

c. 수제(水制)　　하천은 어쩔 수 없이 사행하면서 흐른다. 그러므로 강물이 하안과 평행으로 흐른다고는 상정할 수는 없다. 하천을 향해 흘러가는 경우도 있고, 이러한 흐름은 하천변을 도려내고 제방을 침식할 위험성을 갖고 있다.

이러한 물세를 약하게 하거나 흐르는 방향을 바꾼다. 그리고 천변이나 제방을 보호하기 위해 천변에 설치되는 공작물이 수제이다.

수제가 있기 때문에 소용돌이를 형성하면서 유속이 감소되어 가는 모습. 부딪혀 나오는 유수와 수제에 저항을 받아 튀어나오는 유수의 모습. 수제를 월류하여 흐르는 모습.

투과(透過) 수제인가, 불투과(不透過) 수제인가. 또 나무말뚝 수제, 우류(牛類) 수제, 블록수제 등 수제의 종류에 따라 각각을 흐르는 표정은 다양하게 변하게 된다.

수제를 설치하는 장소는 흐름이 세차게 부딪혀 나오는 부분이다. 하천이 휘어져있다면 휘어진 부분의 외측 부들이 전형적인 장소로, 전문적으로는 수충부(水衝部)라고 하여 치수상의 급소이다. 그러나 수변경관에서는 흥미 깊은 곳으로서 경관설계의 대상에서 빠트릴 수 없는 부분이다.

2.4　자연계의 보전

하천경관에서 가장 기본인 자연경관은 태고부터 이어온 침식·운반·퇴적작용 등의 무기적 조건과, 동·식물의 생육에 의한 유기적 조건의 공간적·시간적인 변화 속에서 형성되고, 또 인간생활의 영위와 그 변천을 거쳐 존재하고 있다.

또한 우리들이 현재 접하고 있는 하천의 자연경관은 단순하고 변화하지 않고 고정되어있는 듯이 보여도, 봄에는 제비꽃이나 민들레가 피고, 초원에는 배추흰나비가 날아다닌다. 여름의 짙은 수면에 밤이 되면 반딧불 불빛이 깜빡인다. 가을이 되면 잠자리에 이끌리고, 제방에는 벌레소리가 들리고, 산란을 위해 물결을 헤치면서 역상하는 은어나 연어무리를 볼 수 있다. 겨울에는 북쪽의 전령사 오리 종류를 비롯한 철새들이 도래한다. 이와 같이 매년 계절적인 변화 속에서 각각의 풍경을 형성하고 있다. 결국 나무·풀·물고기·새 그리고 물·흙·돌 등의 자연물이 존재하는 하천풍경이야말로 가장 하천다운 풍경을 양성한다고 할 수 있으며, 이러한 경관을 보전하고 풍부한 자연환경을 후세에 남기는 것은 중요한 과제이다.

(1) 하천의 자연

a. 하천의 자연식생　　하천의 자연식생은 ① 상류에서 하류지역에 이를수록 다양하게 변화하고, 또 ②제내외지와 범람지역, 물가의 저습지나 유수지 등 환경의 차이에 따라 종류나 생활상이 다른 식물로 형성되어 있다. 일반적으로 육지생물의 식물군락을 수변식생, 수생식물을 수초라고 한다.

하천에는 도시화·시가화가 진행되는 가운데에서도 비교적 자연 그대로의 식생이 많이 남아 있다. 그것은 바꿔 말하면 지형이나 수환경의 특수성에 의한 종자구성이나, 홍수시의 식생파괴에 의한 전이의 역행과 인위에 의한 토지이용의 제한을 계속적으로 받아온 결과이다. 고수부지에는 기후나 표고 등의 지리적 조건, 토양조건, 그리고 하천의 형상, 미지형 및 수환경의 상이함에 대응한 군락과 도시지역에 보이는 하천개량과 제외지의 경작 등 인위적인 영

사진 2.11　상류의 자연(홋카이도(北海道)·소운쿄우(層雲峽))—수생곤충, 산천어 등의 물고기, 수변의 새, 수변의 수림, 여울과 소가 있는 흐름, 산의 삼림

사진 2.12　중류의 자연(센다이(仙台)시·히로세가와(廣瀬川)—고수부지의 버드나무나 참억새, 삼각주가 있는 흐름, 수생곤충, 수초, 물새, 피라미 등의 물고기

사진 2.13　하류의 자연(후쿠오카(福岡)현·지쿠고가와(筑後川) 구루메(久留米) 부근)—고수부지의 목초지, 물가의 버드나무 등의 관목과 풀, 고수부지의 풀과 꽃, 참억새, 싸리 등, 잉어, 붕어 등의 물고기

향을 받은 2차적인 식생이 혼재되어 있다. 목본류 초본으로는 오리나무, 버드나무 종류, 물억새, 갈대와 같은 다년생 수생식물이, 제방에는 닭의장풀 등의 1년생 풀이나 연화초(蓮華草) 등의 2년생 풀과, 생활형이 다른 다종다양한 식물이 미지형(微地形)에 대응하여 생식하고 이에 따른 동물군집이 성립되어 있다.

b. 지역 환경과 하천생태　　최근 도시화에 따른 지역 환경의 변화가 하천에도 많은 변화를 일으키고 있다. 용수의 취수에 의한 하천수의 감소·수위저하, 주변농지의 택지화에 의한 오수유입, 게다가 시가화에 따른 하천개량 등으로 자연식생은 많은 영향을 받고 있다. 귀화식물이라고 불리는 외래식물 뿐 아니라, 귀화동물도 침입하여 이들의 종자구성·분포에도 많은 변화가 생겨나고 있다.

c. 생태계 조사　　수변에는 사계절을 통해 다종다양한 동식물이 서식하고 있어, 종류뿐만 아니라 수량으로도 지구상에서 가장 복잡한 계통을 구성하고, 또 생산성도 높은 것으로 알려져 있어, 환경보전상 중요한 장소이다.

또한 수변은 중저목을 중심으로 한 덤불이나 풀밭이 퍼져 있기 때문에 화초의 열매나 곤충이 많고, 이것을 먹이로 하는 물새의 생식지로서 중요하다.

이들 종과 생태를 참고로 보다 좋은 보전대책을 계획·실시하기 위해 연간 계획적으로 계절별 조사를 실시하여 전체적인 동식물의 생태를 파악하는 것이 필요하다. 이 때, 단순히 동물이나 식물의 리스트를 작성하는 것뿐 아니라 식물사회학적인 조사와 함께 종자 상호 간의 관계에도 주의하여 그러한 환경과의 관계도 기술해야 한다.

d. 동식물과 환경자연도　　자연파괴나 환경오염 등의 종합적인 평가를 위해 동식물의 구성종에 따른 서열로 환경의 질을 표현하는

「자연도(自然度)」라는 지표가 사용되고 있다. 환경청에서는 1978년부터 녹음의 국세조사 실시하여 그 결과를 공표하고 있다.

특히 수변에 대해서는 「육수역 자연도 조사」가 실시되고 있다. 하천에 대해서는 투시도 등의 이화학적 성질상태와 어류나 저생생물(低生生物)에 의한 지표종류의 조사가 실시되고, 이것을 근거로 종합적인 자연도를 판정하고 있다.

그러나 일반적인 육수역 자연도는 낮아도 부분적으로는 귀중한 식물이나 야생동물의 개체나 군락의 생육지·생식지, 혹은 번식지·도래지 등을 포함하고 있는 경우가 있으므로 종합적인 검토가 필요하다. 더욱이 도시지역에서 하천의 자연은 인위적인 영향에 의해 비중은 낮지만, 주변의 토지이용·자연도와 비교하면 중요하다.

자연식생을 보전하려고 할 때는 수변에 인공식재는 가능한 한 피하고, 현지에 있는 수종·식생의 활용과 보전을 도모해야 한다. 하천부지의 공원이나 제방 위의 가로수 등에 대해서는 수종의 선정에 주의하고, 식수의 조합을 식재장소에 적합한 것으로 해야 한다. 그러나 제비붓꽃이나 꽃창포 이외에는 일반적으로 원예식물로 유통되지 않으므로, 오리나무나 버드나무류를 사용하는 경우에는 공사착공 전에 씨에서 자라나게 하든가 삽목 등에 의한 자기증식을 실시하는 것이 바람직하다.

e. 물 속의 생태　　수중에서는 플랑크톤(부유성 미생물), 저생생물(低生生物), 수생곤충, 그리고 이것을 먹이로 하는 어류나 양서류(兩生類) 등이 생식하고 있다. 일생을 수중에서 지내는 것, 유생기에 일시적으로 생활하는 것(잠자리, 반딧불) 등 다양하다.

수생곤충의 생태에서 조사된 생물의 서식분포이론에서 알 수 있듯이, 다양한 환경차이에 적

사진 2.14　수중과 수변의 자연(야마나시(山梨)현·가쓰라가와(桂川) 오시노무라(忍野村))—수초, 미나리·갈대 등 수변화초, 피라미·산천어 등의 물고기

사진 2.15　초원과 고수부지의 자연(도쿄·다마가와(多摩川))—물억새 군락, 야생토끼, 물새

사진 2.16　시가지의 콘크리트구조물과 자연(도쿄(東京)·시부야가와(澁谷川))—수중의 미생물, 세균류, 조류(藻類, 수초) 등의 자연

응한 생물이 각각의 장소에서 생활하고 있으므로 특정 종의 보전대책은 다른 종의 생활에 영향을 미치게 되므로, 결과적으로 종합적인 보

전대책이 되지 않을 수도 있다.

(2) 하천의 자연보전대책

a. 자연소재의 활용　　현재 하천에 있는 둥근 돌이나 깨진 돌 등의 자연석은 하천구조물로서, 또는 생물의 서식처로서 바람직할 뿐만 아니라, 거기에 생식하는 생물에게 있어서는 필요한 생활을 위한 자원이다.

콘크리트로 이루어진 하천개량은 물을 담는 그릇으로만 기능하는 단순한 구조재의 하천구조물로서, 이미 다양한 생물상은 찾아볼 수 없다. 생물은 각각의 미세한 환경에 적응하면서 서식하고 있으며, 그것들 상호가 복잡한 사회를 구성하고 있기 때문이다.

b. 수방림, 잡초, 돌쌓기　　근대의 치수사업에서는 방재기술의 발달 등에 의해 댐에 의한 홍수조절·하천의 보수, 제방에 의한 하천개량 등 물리적인 정비에 중점을 두고 종래의 수방림이나 유수지(遊水池)로서의 범람원은 시가화와 함께 없어지고 있다.

그러나 거꾸로 최근의 도시화 속에서 녹지나 오픈스페이스를 확보하기 위해서도 거의 자연상태 그대로 남아있는 수방림이나 유수(流水) 시설의 중요성이 점점 재인식되고 있다. 그리고 수방림이나 여기에 수반되는 돌쌓기 등의 제반시설은 유적이나 문화재로 정의되는 경우가 많으므로, 가능한 한 자연 상태 그대로를 보전하는 것이 바람직하다.

또한 하천에 있는 삼각주나 수방림에는 원래 그 지역에 분포하고 있지 않은 상류지역의 귀중한 식물이 흘러 들어와 번식·군락을 형성하는 경우가 있으므로, 조사하여 보전대책을 검토해야 한다.

c. 다공질의 공간·외피　　하천구조물은 가격이 저렴하고, 많이 얻을 수 있고, 구조적 균일성과 안정성을 가진 흙이나 석재(돌쌓기)를 주로 사용해왔기 때문에, 식물이나 곤충 등 미생물의 생활공간으로서는 비교적 양호한 공극(空隙)을 제공해왔다.

그러나 최근 시가화에 따른 방재 안전성의 이유에서 하천구조물·소재의 강도나 시공성 등에 따라 콘크리트나 콘크리트 2차 제품에 해당되는 블록 등을 사용하는 빈도가 증가하고, 옹벽 등 콘크리트로 고정한 것이 사용됨으로 인해 도시하천에서 생존할 수 있는 생물의 폭이 크게 한정되고 있다.

시공지역이나 장소 혹은 부위 등, 부분적이라도 종래의 토목재료나 공법을 활용할 수 있는 부분은 가능한 한 사용하고, 환경호안(環境護岸) 등의 질적 향상을 도모하여야 한다.

d. 하천공사와 유의점　　자연보전대책을 강구할 필요성이 있는 경우나 치수상 지장이 없는 범위에서는 다음과 같은 내용에 유의함으로써 자연보전대책을 실시하는 것이 바람직하다.

① 환경·식생조사는 사계절을 통해서 실시하고, 계절에 따른 보전계획을 세울 것(겨울철 조사나 문헌조사로는 좋은 보전계획이 나오지 않는다).

② 하천단면은 상황에 따라서 여울과 소, 수위차를 둔 구조로 함(수생동물의 서식분포 이론).

③ 호안은 가능한 한 자연석을 이용하는 등, 지형이나 하천의 형상에 따라 여러 종류의 구조형태를 채용함

④ 제방이나 고수부지의 일부에 현장에 있는 흙을 이용함(토양 속에는 다양한 매장종자, 곤충의 알, 번데기, 토양미생물이 살고 있다).

⑤ 제방이나 고수부지의 일부에 예전에 있던 제방의 표토나 잔디를 떼어내어 이용한다(다년생 초본의 구근이나 뿌리, 귀뚜라미 등의 알).

⑥ 경우에 따라 이식 가능한 것은 공사구역 밖으로 이식하여 현황의 동식물의 보전을 도모하고, 새로운 이입, 이식은 자제한다.

⑦ 다년생 초본 중에서 종자번식을 하지 않는 것은 이식이 필요(꽃무릇, *Lycoris radiata var. radiata*), 왕원추리, *Hemerocallis fulva form. kwanso*) 등).

⑧ 이식공사를 포함해서 보전을 위한 공사·공법도 계획 실시한다(이치노가와(一ノ川)·마마가와(眞間川)의 벚나무 가로수, 요도가와(淀川) 완도의 사례).

⑨ 공사후의 회복상황 점검, 공사가 완료 된 시점이 보전·관리의 개시시점이다. 보전계획의 결과와 비교·재검토를 실시하여 필요한 처치를 실시한다.

(3) 하천의 식생회복

하천의 자연을 보전하기 위해서는 하천영역에 생식하고 있는 식생 혹은 군락을 보전·재생하는 것이 최상이다.

그러나 하반식생을 구성하는 수종은 원예·조경식물로서 대부분 유통되고 있지 않으므로, 가능한 한 현지에 있었던 수목을 이식하든지, 아니면 묘목이나 근주를 확보하여 가식하거나 삽목(挿木) 또는 근복(根伏)시키는 방법에 의해 재생을 도모할 필요가 있다. 또 개량공사에 맞추어 종자를 보존하고, 모종밭에 묘목을 배양·공사 후 이식하는 등의 방법을 취하여 계획적인 보전대책을 검토할 필요가 있다.

a. 생태계와 수종

하천초지에 자생하는 수목은 개화기에는 꿀의 생산지로서 곤충이 모여든다. 이러한 잘 익은 열매를 찾아, 혹은 휴식장소나 번식장소를 찾아, 다양한 조류가 사계절 내내 모여 있다. 또 수목뿐만 아니라 제방이나 하천부지에 무성한 수많은 포아풀과(科)

사진 2.17 야생조류의 관찰(야마가타(山形)현·모가미가와(最上川))

를 대표로 하는 잡초 종자는 봄이나 가을에 찾아드는 철새나 쥐 종류를 비롯한 소형포유류에게 중요한 먹이를 제공한다. 초원과 초원 속에 있는 교목은 이들 작은 새나 작은 짐승을 포식하는 맹금류나 물고기를 포식하는 물새가 먹이를 먹거나 번식하는 중요한 장소로도 제공된다.

천변에 식재하는 수종을 선정하는 데 있어서는 아름답지만 열매가 맺히지 않는 원예종류나 병충해에 약한 화목보다는, 그 하천환경, 자연생태계에 적합한 수종, 조합을 고려해야 한다.

b. 꽃과 사계절의 자연

하천의 자연경관을 사계절 내내 연출하는 것은 역시 식물이다.

연장 12km, 하폭 약 200m의 하천지역에는 500종 이상의 식물이 생식하고 있다는 보고가 있다. 이른 봄의 뱀밥풀이나 봄나물을 시작으로, 한여름에 보이는 짙푸른 갈대나 수초, 황금 논밭에 서 있는 꽃무릇과 가을의 푸성귀(미나리·냉이·쑥·별꽃·광대나물·순무·무), 마른풀과 은색 참억새의 겨울. 도시화·시가화되는 과정 속에서 하천영역에는 그곳에서 생활하고 있는 사람들에게 계절이 찾아왔음을 느끼게 하고, 정서적 만족을 줄 수 있는 자연이 필요한 것이다[10].

2.5 수질 보전

수질악화는 ①탁해지거나 이상한 색으로 변하거나, 냄새가 나는 등 오염 그 자체가 불쾌감을 주는 것, ②플랑크톤이나 물고기, 이것을 먹이로 삼는 조류 등 생물환경으로서 하천이 바람직한 모습을 잃어 가는 것, ③독극물이나 병원균 등 인체에 유해한 물질을 함유함으로써 이용하는데 방해가 되는 것 등의 측면에서 하천을 이용하고 경관을 즐기는 입장에서 문제가 된다.

수질문제는 하천경관의 배경이 되는 중요한 전제조건이며 수질이 나쁜 하천의 경관정비계획은 수질보전계획과의 보조를 취하면서 추진해야 한다.

(1) 물의 오염

a. 오염원인　　물의 오염은, 오염의 원인이 되는 물질이 수중에 부유하고 있는 이유에서 발생한다. 물 위에 떠다니고 있는 물질을 「부유성 물질」, 녹아있는 물질을 「용해성 물질」이라 한다.

우리들이 하천을 조망하는 경우, 직접 하천오염으로서 느끼는 것은 물의 탁도와 색이며, 이러한 혼탁함은 거의 부유성 물질이 원인이 된다고 생각해도 좋을 것이다. 부유성 물질에는 비가 온 후에 더러움의 원인이 되는 점토와 같은 미립자 등과, 수중의 미생물에 해당하는 박테리아나 플랑크톤 등이 있다.

우리들이 직접 볼 수 없는 오염은 수중에 녹아 있는 용해성물질이 주된 원인이 되고 있다. 용해성 물질에는 유기물, 질소나 인(燐)을 포함하고 있는 영양염류(榮養鹽類), 중금속 이온, 독극물 등이 있다.

b. 유기물　　유기물에는 당류(糖類), 단백질이나 지방, 유기합성화합물 및 이것들의 분해물 등이 있다. 유기물에 의한 오염의 원인은 동물의 배설물, 생물체의 분해물, 가정배수, 식품공업, 펄프공업·석유화학공업 등의 공장배수가 하천으로 유입되기 때문이다.

질소(N)와 인(P)은 식물이 생명을 유지하기 위해 체외로부터 받아들이는 염류(鹽類), 즉 「영양염류(榮養鹽類)」라고 하는 원소의 하나이다. 특히 질소와 인은 자연수중에서는 다른 원소와 비교해서 필요도가 높고, 식물 플랑크톤의 증식에 영향을 가장 많이 끼치는 원소이다. 영양염류가 수중에 증가하면, 조류(藻類) 예를 들면 푸른 이끼 등이 증식하고, 물의 탁도와 생물체의 부패에 따른 악취, 수중산소의 결핍현상 등이 일어난다. 이것을 부영양화 현상(富榮養化現象)이라 한다. 이러한 현상을 일으키는 원인 중에서 가장 중요한 것이 질소와 인이다.

영양염류는 유기물이 박테리아에 의해 분해되면서 만들어진다. 또 가정배수, 농업배수, 공장배수 중에 들어있다. 합성세제가 문제가 되는 이유 중 하나는 합성세제에 인(P)이 함유되어 있기 때문이다(지금은 인이 함유되지 않은 세제도 나오고 있다).

d. 중금속　　수오병(水俁病)의 원인이 된 수은을 비롯하여 납, 카드뮴 등의 중금속이나 비소(As)는 인체나 동물에 흡수, 축적되어 기능장애나 중독증상 등을 일으키는 원인이 된다. 이러한 물질은 약품공장이나 제련소를 비롯한 여러 공장의 배수에 함유되어 있다. 공장배수를 규제하는 이유는 여기에 있다.

e. 독성물질　　페놀, 시안(탄소와 질소가 화합한 유독성 기체), 유기인(有機燐)등은 급격하게 동물을 죽음으로 이끄는 독성을 갖고 있다. 또 PCB 등은 체내에 축적되어 만성중독을 일으키거나, 트리할로메탄(trihalomethane)과 같

표 2.4 저습지역(윤중지역)의 화초 지도(흙·물·빛의 종합 풍토)[10]

계절 (경관) 지형 구분	봄 (어린 풀)	여름 (모내기·태풍)	가을 (추수)	겨울 (낙엽)

완선상지
 	
자연제방
	·피어나는 원예화초
	·야생초가 싹틈
	·쑥·쑥부쟁이·살갈퀴
	·민들레·뱀밥·엉겅퀴
		·둑 벌판의 엉겅퀴
		·드넓은 잔디밭
		·푸르게 변한 벼
		·전답의 가지
		·토란
		·흐름에 산들거리는 물풀
			·주거지에서 보이는 산의
			  단풍
			·황금들녘으로 물결치는 논
			  밭의 무·배추·파·고구
			  마
			·울창하지만 쇠퇴하는 잡초
			·색을 내기 시작하는 감
				·주거지에서 보이는 산의 논
				·밭이나 밭두둑에서 서리
				·느티나무·은행나무 낙엽
				·높은 산에서 부는 바람
				·떨어지는 은행나무의 열매
				  무말리기

배후습지	·논을 메우는 연꽃 ·점차 증가하는 딸기 ·하우스 ·야생초가 싹틈 ·참새 쫓는 총소리 ·미나리 ·밭두둑의 참소루쟁이 ·잡초가 싹틈	·밭두둑의 참소루쟁이 ·비름 ·미나리 ·수변에 떠 있는 물옥잠 ·벼의 푸른 물결 ·천변의 줄·갈대	·황금들녘으로 물결치는 논 ·저습지역 둑의 참억새 ·고사하는 잔디 ·줄·갈대·구교맥(溝麥)	·늘어서 있는 딸기 하우스 ·짚을 깔아놓은 논 ·나무가 말라 황폐해진 ·오솔길에 있는 마른풀

삼각주	·참새 쫓는 총소리
	·길에 있는 풀이 싹틈
	·민들레·제비꽃
		·수변의 마름
		·수면에 떠 있는 풀
		·물옥잠 군락
		·물옥잠 수로를 메운 잡초
		·구교맥(溝蕎麥)·버드나
		  무·잡목
			·윤중제의 고사
			·황금들녘으로 물결치는
			·논둑의 참억새·율무·잔
			  디
				·늘어서 있는 야채 하우스
				·길가의 마른풀
				·논에 남아 있는 짚 무더기
				·반짝이는 은빛세계

하천부지
(유수지)
(遊水池)
	·녹색으로 물드는 잡목
	·울창해지는 잡초
	·하천변의 버드나무새싹
	·삼각주를 둘러싼 갈대·
	  줄·큰고랭이
		·번성하는 줄·갈대
		·큰고랭이
		·삼각주를 이용한 경작
		·목초가 드넓게 펼쳐짐
		·잡목·잡초·덩굴
			·윤중제의 마른풀
			·강변 버드나무의 낙엽
			·색이 들기 시작하는 쥐참
			  외
				·천변 버드나무잎의 고사
				·잡목·잡초의 낙엽
				·잎이 마른 상태에서 흔들리
				  는 큰 가지·작은 가지
				·때때로 덮쳐오는 눈 폭풍

이 발암물질로서 문제가 되는 물질도 있다. 살충제, 살균제, 제초제 등의 농약은 극약에 해당한다. DDT와 같이 장기적으로 위험한 것도 있다. 그 외에 방사성 오염물질 등도 문제가 된다.

f. 병원균　사람이나 동물에게 질병을 일으킬 수 있는 세균을 병원균이라 한다. 콜레라균처럼 전염병의 원인이 되는 것이나 식중독균 등이 있다.

(2) 수질오염 측정과 평가

물이 어느 정도 오염되어 있는가를 한 종류의 물질만을 대상으로 평가하는 것은 어렵다. 그래서 수질오염을 종합적으로 나타낼 필요가 생겨, 우리들이 오염되었다고 느끼는 수질의 상태를 비교적 잘 나타낼 수 있는 소수의 지표를 생각하였다.

하천에는 혼탁한 상태를 나타내는 「부유물질(SS)」과 유기물에 의한 오염의 양을 나타내는 「생화학적 산소요구량(BOD)」이 주로 사용되고 있다.

SS는 입자크기 2mm이하의 수중에 떠 있는 물질의 무게를 mg/ℓ(ppm)로 나타낸 것이다. 물을 여과하여 여과지에 모인 물질의 무게를 측정한다.

BOD는 수중의 유기물을 영양원으로 하여 미생물이 증식·호흡할 때 소비되는 산소량으로, 20℃에서 5일간 소비되는 산소량을 mg/ℓ(ppm)로 나타낸 것이다. 표준 상태의 물에 균을 넣어 녹아있는 산소량 「용존산소(溶存酸素, DO)」(mg/ℓ)를 측정하고, 빛을 비추지 않은 상태로 20℃에서 5일간 방치하여, 다시 DO를 측정하여 그 차이를 구한다.

a. 환경기준　　하천에는 「공해대책기본법」에 의해 사람의 건강보호에 관한 수질항목(중금속이나 독극물)과 생활환경의 보전에 관한 수질항목(pH, BOD, SS, DO, 대장균 수)에 대해 환경기준이 설정되어 있다[11](표2.5, 2.6).

pH는 수소이온농도로 물맛, 물고기나 플랑크톤 등 생물의 생존, 금속이나 콘크리트 등의 부식성 등에 관계된 기본적인 지표이다. 7이 중성이며, 0에서 7이 산성, 7에서 14가 알칼리성이다.

DO는 「용존산소(溶存酸素)」라고 하면, 수중에 녹아 있는 산소량을 mg/ℓ(ppm)로 표시한다. 이것이 낮아지면 오염과 악취가 심해져 물고기가 살 수 없게 된다.

대장균수는 물 100㎖ 속에 대장균수를 추정치로 구하여 시료오염여부(MPN)를 판단하는 지표로, 소화기계통 전염병이나 식중독균의 존재 가능성을 판단한다.

환경기준의 건강항목에서는 카드뮴 0.01ppm 이하나 총 수은 0.0005ppm 이하 등을 정해 전국 일률의 기준치가 설정되어 있다[12](표2.5).

생활환경항목에서는 하천, 호소, 해안지역에 대해 각각의 수질등급에 의한 유형이 설정되고, 하천에서는 pH, BOD, SS 등에 따라 AA~E의 유형으로 나뉘어져 있다(표2.6). AA, A유형에서는 BOD 1~2ppm 이하, SS 25ppm 이하로 매우 깨끗한 물이며, D, E유형에서는 BOD 8~10ppm 이하, SS 100ppm 이하로 오탁(汚濁)이 진행되고 있는 수역이다. 일반적으로 하천상류는 AA, A유형에 해당되며, 중류, 하류로 내려옴에 따라 오탁(汚濁)해져 D, E유형이 된다.

b. 생물지표　　수중생물을 지표로 수질 오탁(汚濁)도의 종합적인 평가를 실시할 있다. 여기에는 생물학적수질등급으로서 강부수성(強腐水性, ps), α중부수성(中腐水性, αm), β중부수성(中腐水性, βm), 빈부수성(貧腐水性, os)으로 분류하는 방법이나, 다양성 지표 등을 사용한 방법 등이 있다.

특히, 하루살이 등 수생곤충의 유충은 강에 있는 돌 밑에 있는데, 어린이라도 도감을 한 손에 쥐고 수질판정을 비교적 간단하게 실시할 수 있으며, 초·중학교 학급이 나 주민단체 등이 강의 오염도를 판정하는 데 이용되고 있다.

시가(滋賀)현 오오츠(大津) 시내의 하천에 게시되어 있는 환경기준의 유형과 「수질」, 「생물」, 「시감(視感)」에 관한 간판을 그림 2.5에 나타내고 있다.

(3) 수질보전대책

a. 기본개념　　하천 자체에도 수질정화능력이 있어, 하류로 내려감에 따라 침전이나 생물활동에 의해 수질은 좋아진다. 그러나 하천의 정화능력 이상으로 오탁(汚濁)물질이 유입하고 있는 하천도 많다.

하천으로 배수를 방류하기 전에 배수처리를 실시하여, 오탁(汚濁)물질을 하천에 유입시키지 않는 것이 가장 중요하다. 또, 하천의 정화능력을 초과하는 오탁(汚濁)물질을 내포하고 있는 배수는 콘크리트 수로에 의해 직접 하천으로 유입시킬 것이 아니라, 자연 상태에서 토양으로 침투시키거나 생물에 의한 흡수 등의 정화과정을 거친 후에 하천으로 유입될 수 있도록 하천유역전체를 재고할 필요가 있다.

b. 오수대책　　하천에 유입되는 오수는 공장배수, 가정배수, 농업배수 등이 있다.

공장배수는 「수질오탁(水質汚濁)방지법」에 의해 배수의 농도규제가 실시되고 있다.

가정배수에 대해서는 하수도를 건설하는 것이 가장 중요하지만, 현재 하수도 보급률은 낮다. 앞으로 도시교외지역이나 농촌지역에서도 소규모의 하수도를 점진적으로 계획해 나갈 것으로

표 2.5 사람의 건강 보호에 관한 환경기준

항목	카드뮴 (Cd)	시안	유기 인	납	크롬	비소	총 수은	알킬수은 (R-Hg) 수은	PCB
기준치	0.01ppm 이하	검출되지 않을 것	검출되지 않을 것	0.1ppm 이하	0.05ppm 이하	0.05ppm 이하	0.0005ppm 이하	검출되지 않을 것	검출되지 않을 것

표 2.6 생활환경보전에 관한 환경기준(호소를 제외한 하천)

유형\항목	이용목적의 적응성	기 준 치					해당수역
		수소이온농도 (pH)	생물화학적 산소요구량 (BOD)	부유물질량 (SS)	용존산소량 (DO)	대장균 수	
AA	수도 1급 자연환경보전 및 A 이하에 속하는 것	6.5 이상 8.5 이하	1ppm 이하	25ppm 이하	7.5ppm 이상	50MPN/100㎖ 이하	환경청 고시 제59호 제1의 2의 (2)에 의해 수역 유형별로 지정하는 수역
A	수도 2급 수산 1급 수영 및 B 이하에 속하는 것	6.5 이상 8.5 이하	2ppm 이하	25ppm 이하	7.5ppm 이상	1,000MPN/100 ㎖ 이하	
B	수도 3급, 수산 2급 및 C 이하에 속하는 것	6.5 이상 8.5 이하	3ppm 이하	25ppm 이하	5ppm 이상	5,000MPN/100 ㎖ 이하	
C	수산 3급 공업용수 1급 및 D 이하에 속하는 것	6.5 이상 8.5 이하	5ppm 이하	50ppm 이하	2ppm 이상	—	
D	공업용수 2급 농업용수 및 E에 속하는 것	6.0 이상 8.5 이하	8ppm 이하	100ppm 이하	2ppm 이상	—	
E	공업용수 3급 환경보전	6.0 이상 8.5 이하	10ppm 이하	쓰레기 등의 부유물이 보이지 않을 것	2ppm 이상	—	

생각된다.

도시교외지역 등에서는 정화조가 사용되어왔으나, 각 가정용 정화조는 배설물만을 처리하는 것이었다. 가정에서 배출되는 유기적인 오탁물(汚濁物)의 2/3정도를 차지하고 있는 잡배수는 처리되지 않은 상태로 방류되어, 하천의 오염원이 되어왔다. 최근에는 가정용 합병처리 정화조가 시도되고 있어 잡배수도 처리를 하는 경향이 있다.

c. 수로정화 처리가 곤란한 배수로는 오염

원인을 단정할 수 없는 것(비점오염원)이 있는데, 농업용수나 초기우수 등은 수로나 하천에서 수질정화를 하는 것으로 시도되고 있다. 즉 수로 내에 생물이 부착할 수 있도록 「접촉호재(接觸濾材)」를 설치하여 물이 흐르는 사이에 호재(濾材)에 부착된 생물막의 작용으로 수질정화를 도모하는 것이다. 「접촉호재(接觸濾材)」에는 돌, 플라스틱제품, 섬유로 된 것 등 배수처리에 사용되고 있는 것이 이용된다.

또한, 수로에 물옥잠 등의 식물을 심어 질소,

인(P) 등 영양염류의 정화를 꾀하고 있다.

수로정화는 원래 자연이 갖고 있었던 정화능력을 더욱 촉진시킴으로서 수질정화를 도모하려고 하는 것인데, 많은 에너지를 투입한 배수처리장치와 비교해 보면 정화능력에는 한계가있으며, 배수처리는 어디까지나 오탁(汚濁)배출원에서 실시하고, 수로 등에서는 배수처리의최후마감을 생각하는 것이 바람직하다.

d. 유해물질　　농약이나 중금속 등의 유해물질을 환경 속에서 처리하는 것은 곤란하므로, 배출원에서 처리하거나 사용량을 제한해가는 것이 필요하다.

e. 정화용수　　그 외에 소하천의 정화는 근처에 큰 하천이 있고 수량이 확보되는 경우에는 큰 하천의 물을 정화용수로 작은 하천에 유입시키는 작업이 실시되고 있다. 또 최근에는하수처리장의 처리수를 더욱 고도로 처리한후, 정화용수로서 소하천 등에 이용하는 것도실시되고 있다.

(4) 수질보전의 사례

앞서 기술한 바와 같이 하천의 수질을 보전하기 위해서는 먼저 오탁배출원에서 처리를 실시하고, 하천으로 오탁물질을 배출하지 않는 것이 원칙이지만, 여기서는 하천을 이용한 수질보전대책 등의 사례에 대해 기술한다.

a. 가정에서의 발생원 대책　　먼저 잡배수대책은 시가(滋賀)현, 나가노(長野)현, 이바라키(茨城)현 등의 호소 주변 지역에서 긴급한 대책으로서 실시되고 있다. 각 가정 부엌의 배수에서 가능한 한 작은 쓰레기도 제거하기 위해,개수대 홈통에 망을 조밀하게 하거나, 여과지로 된 주머니를 함께 사용하고 있다. 또 집집마다 잡배수용 장치를 두어, 오탁물질을 침전시켜 제거하고 있는 곳도 있다.

이러한 대책은 주민의 높은 관심과 협력이 가장 중요하다. 또, 가정용 합류식 정화조의 설치를 촉진시키기 위해, 도쿄(東京)나 나가사키(長崎)현 등에서는 보조금 제도가 설치되었다.

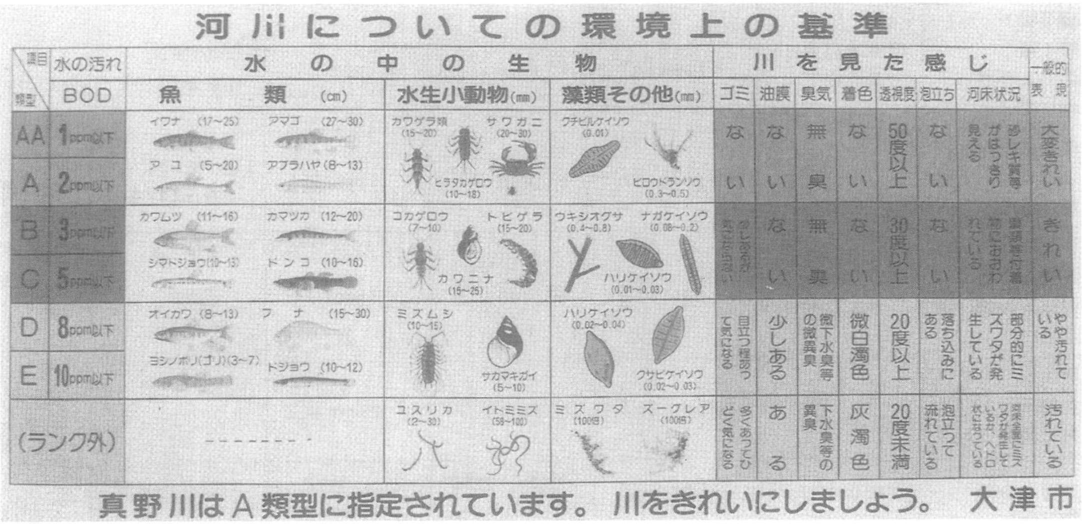

그림 2.5　수질, 생물, 시감 오오츠(大津)시의 사례

b. 수로정화   수로정화에 관해서는 접촉호재(接觸濾材)에 의한 정화나 물옥잠을 이용한 정화 등이 시도되고 있다. 시가(滋賀)현 아츠지쬬우(安土町)에서 시도되고 있는 물옥잠에 의한 수로정화 사례를 그림 2.6에 나타내었다[14].

자갈을 사용한 사례로는 다마가와(多摩川)의 지류 노가와(野川)에 설치된 역간(礫間)정화시설이 있다. 또, 하치오지(八王子)시에서는 주민들이 목탄(木炭)에 의한 하천정화가 시도하고 있다.

c. 정화용수   수질이 좋은 큰 하천의 물을 정화용수로 도입한 사례는, 구루메(久留米)의 이께마치가와(池町川), 도쿄도의 후루가와(古川)나 고마쯔가와(小松川)에서도 보이는데, 이는 소하천의 빠른 효과를 갖는 정화대책으로 효과적이다. 어린이들이 이러한 물에서 노는 경우에는 모래여과에 의해 부유물질량(SS)을 제거하거나, 소독을 실시하는 등의 주의가 필요하다.

최근에는 하수처리수를 고도 처리하여 정원에 흐르는 물로 이용하거나, 소하천의 유지용수로 사용하고 있기도 하다. 산불진화용 소방용수, 다마가와(玉川)상수, 오사카(大阪)성의 해저, 가누마(鹿沼)시 등의 사례가 있다.

(5) 바람직한 하천수량

하천경관을 생각할 때, 수질측면에서 일반적으로는 항상 풍부한 물이 흐르는 것이 바람직하다.

지금까지 비교적 큰 하천은 상세한 유량조사가 실시되고 있으며, 갈수량, 최저수량, 평균수량, 최고수량 등을 구하고 있다.

하천경관과 마찬가지로 수질보전의 관점에서는 평균수량(1년 중 185일 이상을 유지하고 있는 수량)이나 최저수량(1년 중 275일 이상 유지하고 있는 수량)이 중요하며, 물고기 등의 생식에 지장을 주지 않는 일정이상의 수량이 확보되는 것이 바람직하다.

도시 소하천은 하수도의 보급으로 인해 가정배수의 유입이 없어져 수량이 감소하고 있다. 이러한 경우에는 큰 하천에서 정화용수를 도입하는 등의 대책에 의해 수량을 유지하고, 오니(汚泥)가 하상에 쌓이지 않도록 유속을 항상 확보할 필요가 있다.

2.6 시간변화의 수용

주야, 춘하추동(사계절), 년·월(해가 바뀌는)과 하천은 「시간」에 따라 다양한 표정을 보여준다. 이러한 풍부한 표정을 수변의 경관설계에 수용하지 않을 수 없다. 여기에서는 「시간」마다 하천의 경관적 특징과 그것을 경관설계에 활용할 때의 유의점에 대해 기술한다.

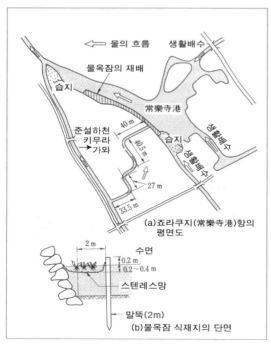

그림 2.6 아츠지쬬우(安土町) 죠라쿠지(常樂寺)항 물옥잠에 의한 수질변화

(a) 낮

(b) 해질녘

사진 2.18 하루의 변화(교토(京都)・가쯔라가와(桂川) 아라시야마(嵐山))

(1) 일일변화

경관이 크게 변하는 새벽녘과 석양이 질 때가 포인트이다. 낮에는 태양의 움직임에 따른 그림자의 변화에 주목하는 것이 좋다.

a. 새벽녘

(ⅰ) 경관의 특징

새벽이 되면서 깜깜했던 하늘은 진한 남색에서 반투명한 옅은 남색으로 바뀌면서 한쪽에서부터 밝아온다. 동쪽 하늘은 회색 하늘빛이 되고, 구름은 보라색으로 물들기 시작한다. 하늘이 주홍색으로 물들기 시작하면 곧이어 일출이 시작된다. 주변을 살펴보면 암흑 속에 가려 있던 모든 물체가 밝게 비추어 이쪽으로 얼굴을 향해 있다.

시간과 함께 변화하는 빛이나 하늘의 색, 어둠 속에서 모습을 드러내는 물체. 매일 반복되는 이러한 경관변화의 드라마는 수면에 반사되어 조망되면서 한층 더 장대하고 극적으로 된다. 수변이기 때문에 발생하기 쉬운 안개도 수변의 경관을 더욱 매력적으로 만든다.

(ⅱ) 경관설계의 유의점

새벽녘, 일출에 따른 경관변화를 물에 비치면서 조망할 수 있는 장소에 주목하는 것이 경관설계의 포인트가 된다. 수면은 가능한 한 넓고 잔잔한 것이 바람직하다. 태양이 뜨는 위치는 계절에 따라 크게 차이가 나므로, 가장 좋은 위치에서 일출을 볼 수 있는 장소를 고려할 필요가 있다.

춘분이나 추분, 혹은 하지나 동지, 또는 설날 등과 같이 특정 날짜에 한정하여 조망과 조망하는 장소를 설계하는 것도 생각해볼 수 있다.

세이쇼(淸少納言)가 "봄은 희망의 빛(黎明)"이라고 한 것에 따라 봄이 밝아오는 것에 중점을 두고 수변을 연출하여 명소로 만드는 방법도 있다.

b. 낮

(ⅰ) 경관의 특징

태양의 움직임에 따라 변화하는 그림자는 재미있다. 그러나 그것은 상당히 미묘한 변화로서 아침이 밝아올 때나 해가 저물 때의 변화와 비교해보면 인상적이지 못하다.

(ⅱ) 경관설계의 유의점

변화하는 그림자가 주제가 되므로 그림자가 없으면 성립될 수 없다. 그림자는 경관전체에 안정감을 준다. 또한 물체의 형태에 입체감을 주고, 형태를 확실히 볼 수 있게 하는 작용도 한다. 그러므로 수변경관에 그림자를 만들어내고 이러한 것이 경관 설계의 유의점이다.

(a) 봄의 풍물 벗나무 제방(요코하마(橫浜)시·카시오가와(栢尾川)산책로·토츠카(戸塚)역부근)

(b) 여름의 풍물 등롱 흘려보내기와 수변의 요리점(가나자와(金澤)시·아사노가와(淺野川))

사진 2.19 계절의 풍물

둑, 물막이, 수문, 다리 혹은 호안 등 하천구조물의 디자인은 그림자의 효과를 배려한 고안이 필요하다. 수목을 배치하여 나무그림자를 만드는 것도 바람직하다.

c. 해질녘

(ⅰ) 경관의 특징

지는 태양. 시시각각 색이 바뀌는 하늘과 구름. 붉은 빛으로 밝게 비추고, 석양이 지거나 남아 있는 빛이 하늘을 배경으로 실루엣만을 드러내는 지상의 물체. 감각은 바람 소리·파도 소리로 시각에서 청각으로 바뀌게 된다. 눈을 돌리면 동쪽 하늘에는 달이 떠 있다. 새벽녘과 마찬가지로 해질녘의 경관변화도 물에 반사시켜 조망하면 한층 매력적이다.

(ⅱ) 경관설계의 유의점

새벽녘과 마찬가지로 해질녘의 경관변화를 물에 반사시켜 조망할 수 있는 장소를 선정하는 것이 포인트이다. 아주 넓고 조용한 수면이라면 더할 나위가 없을 것이다.

더운 날을 바다에 넣고 있는

모가미가와(最上川) 파초(芭蕉)

이것은 일본해와 모가미가와(最上川)를 무대로 한 석양의 풍경이다. 석양에는 이 정도 스케일의 크기가 어울린다.

춘분이나 추분, 혹은 하지나 동지 등의 특정일에 더욱 아름다운 석양을 볼 수 있는, 그러한 수변명소가 되도록 설계한다. 이벤트도 고려해 두면 재미있을 것이다.

혹은 "가을은 해질녘"이라는 세이쇼(淸少納言)의 말을 따라, 가을의 해질녘을 더욱 더 매력적으로 할 수 있도록 수변명소를 설계하는 것도 생각해볼 수 있다.

달은 물에 반사시켜 조망하는 것이 가장 어울리고 수변은 고대로부터 달구경의 명소로 선정되어왔다. 특히, 동쪽 하늘에서 떠오르는 음력 8월 한가위를 물에 반사시켜 조망하는 명소가 예전에는 많았다. 따라서 이들 중 본받을 만한 것이 있지 않겠는가.

(2) 계절변화

계절변화를 알려주는 것은 사계절을 채색하고 특징짓는 풍물이나 행사이다. 그러므로 이러한 풍물이나 행사에 주목하여 이것을 수변의 경관설계에 수용하는 것이 여기서의 포인트이다.

a. 사계절 하천경관의 특징 계절의 변화를 알려주는 풍물이나 행사는 계절단어로서 우리

(a) 기후(岐阜)현 구조하치만(郡上八幡)·요시다가와(吉田川)

(b) 관음사(觀音寺)(아키타(秋田)현 요코테(橫手)시·요코테가와(橫手川))

사진 2.20 기상 변화 — 눈이 내린 하천

들에게 상당히 친숙한 것이 많다. 이러한 단어를 들으면 계절 변화를 알려주는 경관이 어떠한 것인가를 바로 연상할 수 있도록 해 준다.

여기에서는 하천과 관련 있다고 생각되는 대표적인 계절단어를 계절별로 들어 사계절 하천경관의 특징을 표현하고자 한다.

다음에 기술하는 단어는 어디까지나 일반적예로 실제로는 각 지방 특유의 계절단어(풍물, 행사)로 표현하는 것이 적합하다.

(i) 봄에 나타나는 수변의 계절단어

안개 / 수온상승 / 봄의 강 / 해빙 / 눈이 더러워진다 / 봄 샘물 / 건초 태우기 / 개구리 / 종달새 / 기러기 / 뱅어 / 나비 / 벚꽃 / 황매화나무 / 버드나무 / 봄나물 / 꽃 / 봄 풀 / 수초 새싹 / 연꽃 / 민들레 / 뱀밥 / 앵초(櫻草) / 미나리 / 쑥 / 들풀 / 꽃구경 / 종이인형 띄워 보내기 행사 / 보트경기

(ii) 여름에 나타나는 수변의 계절단어

여름 강 / 장마 / 오월의 비 / 소나기 / 구름 낀 봉우리 / 무지개 / 저녁놀 / 맑은 물 / 폭포 / 샘물 / 물방울 / 개구리 / 은어 / 반딧불 / 매미 / 잠자리 / 꽃꽂이 / 여름 풀 / 개구리밥 / 넝쿨 / 푸른 갈대 / 붓꽃 / 창포 / 제비붓꽃 / 여름 가로수 / 새잎 / 푸른 나뭇잎 / 버들잎 / 연날리기 / 이슬 / 노대(발코니) / 관람석 / 강의 평상 / 오리로 고기 잡는 어부 / 밤낚시 / 물고기그물 / 서늘한 바람을 쐼 / 뱃놀이 / 불꽃놀이 / 물놀이 / 벌초 / 곤충채집 / 강 놀이 / 축제 액땜 행사(음력 6월 그믐날)

(iii) 가을에 나타나는 수변의 계절단어

가을하늘 / 조개구름 / 팔월한가위 / 은하수 / 가을바람 / 태풍 / 가을비 / 안개 / 이슬 / 가을이 맑다 / 물이 맑다 / 가을 물 / 가을 강 / 철새 / 할미새 / 도요새 / 기러기 / 연어 / 잠자리 / 벌레 / 단풍나무 / 잡초의 꽃 / 오쿠리비(送り火)[1] / 잡초의 열매 / 잡초의 이삭 / 코스모스 / 벼이삭 / 농어 / 갈대 소리 / 수초 / 단풍 / 갈대 벌 초 / 칠석제 / 분재 / 등롱(燈籠)[2] 흘려보내기

(iv) 겨울에 나타나는 수변의 계절단어

짧은 하루 / 찬바람 / 소나기 / 싸라기눈 / 진눈깨비 / 서리 / 눈 / 풀이 마른 들판 / 물이

---

1) 오쿠리비(送り火)
   우란분(盂蘭盆) 마지막 날 저승에 돌아가는 선조의 혼백을 보내기 위하여 피우는 불.
2) 등롱
   나무·동·금속 따위로 만든 테두리 안에 불을 붙이게 한 기구.

말라 버림/겨울 강/얼음/오리/원앙새
/물새/백조/학/낙엽/겨울 가로수/겨
울 화초/화롯불/눈 구경/겨울 낚시/스
케이트

b. 경관설계의 유의점 먼저 첫 번째는 수
변에 계절경관이 있고, 수변에서 실시되는 계
절행사가 있어야 한다.

천문·지리와 관련 있는 계절경관은 앞서 기
술한 계절단어를 참고로 하면서, 각 지역에서
찾아내야 한다. 새나 물고기나 곤충 등 동물의
풍물, 또 잡초나 꽃이나 나무 등 식물의 풍물
에 대해서는 이들 동물이나 식물이 생식·생육
할 수 있는 환경으로 만들어야 한다.

계절행사에 대해서는 유행이 지난 것은 재흥
(再興)을 생각해보고, 없는 경우에는 토지·장
소·계절에 적합한 행사를 새롭게 만든다.

두 번째로 필요한 것은 이들 풍물을 조망하면
서 편안하게 쉴 수 있는 장소와 이들 행사가
실시되는 장소를 수변에 정비하는 것이다. 대
개는 넓은 강변이 있다면 그것으로 충분한 경
우가 많다. 그러나 경우에 따라서는 가설적인
시설도 필요하다.

(3) 기상변화

시간과 함께 변하는 기상변화는 수변경관을
더욱 흥미진진하게 한다. 특히 비, 눈, 안개, 바
람 등의 기상요소는 중요한 것으로, 이미 알고
있는 바와 같이 수변의 계절단어에도 선정되어
있다.

비·눈·안개·바람의 표정을 몇 개만 들어보
겠다. 이들의 표정을 조망할 수 있도록 할 것,
혹은 효과적으로 조망할 수 있도록 할 것, 이
것이 경관설계의 포인트가 된다.

비나 눈이나 바람에 대해서는 이것으로부터
신체를 보호하는 장소, 대개는 그런 장소에서
조망하는 것이 바람직할 것이다. 배를 띄우거

나, 수변에 나무 그림자나 정자·건물 등을 설
치하는 것을 생각할 필요가 있다.

(ⅰ) 비
빗발/빗발에 의한 대기의 연기/비에 축
축해진 물체/빗방울(낙숫물)에 의한 수면
의 파문/빗소리/빗속의 천둥/구름의 움
직임/비가 개인 후에 나타나는 무지개

(ⅱ) 눈
흩날리듯 내리는 눈/물에 떨어져 없어지
는 눈/눈이 달라붙은·눈이 쌓인 주위
물체의 눈경치/조명에 의한 눈경치의 연
출

(ⅲ) 안개
안개의 확산과 이동/길게 뻗쳐 있는 안개
/안개 속에서 난반사하는 빛/안개로 인
해 보이기도 하고 안보이기도 하는 주위
의 경치

(ⅳ) 바람
수면을 스쳐 가는 물결/바람에 흔들거리
는 참억새나 버드나무 등의 식물바람 소
리/바람에 날려 오는 향기

2.7 활동의 수용

(1) 하천에서의 활동

하천에서는 다양한 활동이 이루어지고 있다.
경관설계 주제가 되는 것은 하천을 활용하는
것이며, 하천경관을 만드는 것으로 이어진다.

a. 활동내용에 의한 분류
(ⅰ) 민속신앙활동
하천은 다양한 의미를 부여받아왔다. 청정감
이 목욕 재개하는 신앙을 낳았고, 상하류의 연
속감이 별세계로 향하는 「길」로서 무릉도원
의 전설을 낳았으며, 위기감이 물신이나 갓빠3)

---

3) 갓빠
물 속에 산다는 어린애 모양을 한 상상의 동물.

전설을, 신비감이 이야기 거리를 만들어 냈다. 모든 장소를 밝은 친수공간으로 조성할 것이 아니라, 장소에 따라서는 전설성이나 민속성을 중시한 하천조성이 필요하다.

(ii) 생산·생활 활동

하천에서는 생산 활동이나 생활 활동이 이루어진다. 생산 활동으로는 선박을 이용한 운반, 고기잡이를 첫 번째로 들 수 있고, 날염(捺染, 천에 무늬를 찍는 염색법)이나 방목, 강변의 포장마차, 수변의 음식점 등부터 많은 생업이 강변에서 성립되었다. 천변은 도시 속에서 특별한 가치를 가진 장소라는 점에서, 천변의 생산 활동을 경관조성에서 수용하는 것은 의미가 깊다.

(iii) 사회활동

벌초나 쓰레기 줍기, 수질개선운동, 자연보호운동 등의 활동은 하천의 유지관리에 있어서도 중요한 역할을 하고 있으며, 앞으로도 활성화시켜야 한다.

(iv) 교육활동

대도시나 지방도시 등의 초·중학교의 교육상, 전국적으로 하천이 주변에 있는 자연관찰의 장소로 이용되고 있다. 교가·시(詩)에서 칭송되고, 어린이들이 배우는 교과서에 기재되어 있는 하천의 이상적인 모습과 오늘날 우리가 보고 있는 실상과의 격차는 너무나 크다. 다음 세대를 위해서도 하천의 바람직한 모습을 회복하는 것은 중요하다.

(v) 여가활동

물놀이, 고기잡이, 조류관찰, 캠프, 꽃구경, 스포츠, 산보, 사이클링, 휴게, 불꽃놀이 등의 이벤트, 사생대회 등이 강에서 이루어지고, 이것이 오늘날에는 하천부지를 이용하는 주 목적이 되고 있다. 이러한 활동은 하천과 사람들을 새로운 의미에서 연결 지우는 것으로, 현대 하천 기능의 일익을 담당하고 있다.

b. 물과의 관계에 의한 분류

이상에서 보아온 활동을 물에 의존하는 활동, 물과 관련된 활동, 물에 의존도 관련도 하지 않는 활동이라는 관점에서 분류하는 것도 가능하다. 하천을 정비하는 입장에서는 이러한 분류가 편리할 것이다.

(i) 물에 의존하는 활동

낚시, 물놀이, 배, 보트놀이 등 물의 존재가 불가결한 활동을 말한다. 따라서 이러한 활동은 하천의 수질이나 흐르는 상황에 크게 좌우된다. 그 장소의 수심이나 유량, 수변의 상태, 수질 등에 따라 활동의 입지가 좌우된다. 활동하기에 가장 적합하게 흐르는 장소에는 활동을 고려한 호안정비가 바람직하다.

(ii) 물과 관련된 정서적 활동

물과 직접적인 관련은 적으나, 정신적인 윤택함이나 평온함과 같이 하천공간이 갖고 있는 자연이나 광장성 등의 정서적 특성과 관련된 활동이다. 산책, 휴게, 나물채취 등이 이런 유형에 속하는 활동이다. 이러한 활동은 친수활동과 비교해서 도입에 대한 제약도 작고, 하천공간에 대한 주된 활동의 하나로서 보다 적극적인 도입을 도모해야할 활동이다.

(iii) 물과 관계가 없는 공간 이용적 활동

야구, 테니스 등 수변과의 연관성이 없이 하천공간이 갖는 넓은 오픈스페이스를 이용한 활동이다. 도시에 오픈스페이스가 부족하기 때문에 이러한 활동에 하천공간이 이용되는 경우가 많은데, 그 도입을 무제한적으로 수용할 것이 아니라, 하천공간의 질서 측면에서 선택적인 수용이 필요하다.

(2) 활동공간 정비시의 유의점

하천에 활동공간을 수용함에 있어서 유의사항으로는 다음 4가지를 들 수 있다.

a. 비(非)·단일목적 공간조성   원래 하천

공간은 자유롭게 사용되는 공간이며, 다양한 활동·이용에 개방된 공간이어야 한다. 그러나 지금까지의 하천공간정비는 각종 운동장이나 코트, 아동공원적인 놀이기구광장과 같이 단일목적을 갖는 공간조성을 추진해 온 경향이 있다.

이러한 단일목적을 갖는 공간정비는 당연히 그 이외의 활동을 수용할 수 없어, 하천공간에서의 활동에 제한을 줄 뿐만 아니라, 그 외의 활동에 대해 배타적이기도 하다.

이러한 공간조성이 진행된 이유 중 하나는, 하천공간에서 전개되는 활동을 테니스, 물놀이, 낚시와 같이 단일명칭으로 취급했기 때문이다. 하천공간에서 전개되는 활동에는 이와 같이 목적적 활동도 분명히 들어있으나, 실제로는 하나의 명칭으로 부를 수 없는 비목적적 활동이 더 많다.

하천의 공간조성에서는 그것이 이러한 목적적 활동만을 위한 단일 목적적 공간배치가 아닌, 사용자 측의 의도에 따라 다양한 활동에 대응할 수 있는 상당히 유연성이 높은 공간조성이 되도록 유의해야 한다. 예를 들면, 자유로운 잔디광장이나 풀밭광장, 작은 기복이 있는 고수부지, 사이클·산책·방재피 난로·관리용 통로를 겸한 도로를 만들고, 낚시나 물놀이도 가능하고 생물이 사는 곳도 되며 자연스럽게 잡초가 자라날 수 있도록 군데군데 돌을 놓아두거나, 고정물이나 물가의 도로 또는 테라스 등을 만든다.

b. 비(非)이용시의 공간정비　활동공간정비에서 비교적 잊어버리기 쉬운 것은 이용하지 않을 때의 풍경 문제이다. 활동을 위한 공간·시설은 그것이 사용되어야만 비로소 그 기능을 발휘하는 것이므로, 그것을 전제로 한 공간조성이 실시되고 있다.

그러나 실제로는 그것이 사용되고 있지 않는 시간도 상당히 있다. 도시주변의 하천부지에 많이 정비되어 있는 야구장 등은 평일에 대부분 사용되고 있지 않은 경우가 많다. 이러한 경우를 생각한다면 하천의 경관설계에서는 비(非)이용시의 풍경에도 충분히 배려할 필요가 있다.

운동장과 같은 운동시설은 그것이 이용되고 있을 때 사람들의 움직임만으로도 충분히 매력적인 풍경이 되므로, 경관설계에서는 이용되고 있지 않을 때의 풍경이 중요한 문제가 된다. 아무도 없는 게이트볼장, 테니스장, 운동장이 아닌 비·단일목적적 공간조성으로도 이어져야 하겠지만 우선 잔디를 심어 관리 면에서도 빈틈없는 광장이라는 형태를 취하는 것도 하나의 해답이 될 수 있다.

c. 공간으로서 장소의 정비　하천공간에서 사람들의 활동을 그 내용이 아니라 움직임의 유형으로서 살펴보면, 일상의 하천공간정비에서 취급되고 있는 제방, 고수부지, 호안과 같은 범주를 초월하여 사람들의 움직임이 전개되는 것도 알 수 있다.

즉, 고수부지의 광장이나 물가의 호안과 같은 부분만으로 사람들의 활동이 충족될 수 있는 것이 아니라, 고수부지에 앉아 있는 사람도 물을 접하기 위해 내려갈지도 모르며, 근처에서 낚시를 하고 있는 사람을 보러갈지도 모른다. 이용자는 다양한 활동을 하천부지 전체를 사용하면서 복합적으로 실시하고 있다. 하나의 명칭으로 취급될 수 없는 사람들의 움직임이야말로 하천공간에 있어 활동의 본질인 것이다.

이러한 사람들의 실제적인 움직임을 고려한 공간조성에서는 그 장소를 제방, 고수부지, 호안과 같은 구분을 뛰어넘은 공간으로서 취급할 필요가 있다.

또, 제방 이외에도 호안, 고수부지 등은 각각 계단, 수변테라스, 강이 들어온 부분, 사주 등 다양성 있게 디자인하여 다양한 활동에 대응하는 것도 필요하다. 물과의 조화를 의도로 한 수변정비를 생각한다면, 거기서부터 파생하는 다양한 활동(물놀이하는 어린이를 지켜보는 부모가 쉬는 공간, 같이 식사를 할 수 있는 나무 그늘 공간 등을 위한 공간정비를 종합적으로 생각하는 것이 중요하며, 그렇게 함으로써 호안, 고수부지와 같은 구분은 자연히 없어질 것이며, 더 나아가서는 제외지, 제내지와 같은 구분도 뛰어넘을 것이다.

d. 「보고·보여지는」 관계   하천공간에서

의 활동 외에도, 사람들의 활동은 활동을 하고 있는 본인 뿐 아니라 그것을 보는 사람에게 있어서도 매우 매력적인 요소이다. 이러한 특성을 활용한 정비로서 관람석 호안과 같은 시설도 만들어지고 있으나, 좀더 넓은 의미에서 「보는·보여지는」과 같은 관계를 활동을 위한 공간조성에서 생각하는 것이 필요하다.

관람석 호안과 같이 격식을 갖춘 시설만을 설치하는 것이 아니라, 제방상단에 약간의 융통성을 보여주거나 호안의 부분적인 돌출이나 약간의 높이차를 이용하는 등의 고안으로 부담 없이 「보고·보여 지는」 관계에 충실 하는 것도 중요하다.

사진 2.21   사주부에서의 다양한 활동(이바라키(茨城)현·나카가와(那珂川))

사진 2.23   수제를 이용한 활동(도쿄(東京)·다마가와(多摩川))

사진 2.22   보를 이용한 활동(가나자와(金澤)시·사이가와(犀川))

사진 2.24   「보는·보여지는」 관계의 사례(도쿄(東京)·다마가와(多摩川))

3 장

하천경관계획의 수립과정과 사례

3.1 하천경관계획의 수립

(1) 하천경관계획 관련항목

먼저, 계획의 추진방법이나 목표설정에 영향을 주는 항목에 대해 정리해 본다.

a. 계획의 위상　이 계획은 무엇을 위해, 무엇을 할 것인가에 관련된 것으로 다음과 같은 항목을 확인하면서 그 계획의 위상을 확실히 할 필요가 있다.

① 계획단계(기본계획인가, 실시계획인가)
② 전제가 되는 계획과 조건(하도계획 등)
③ 관련계획에 대한 위상(도시계획, 공원계획 등과의 관계)
④ 계획보고서와 설계도서의 사용방법(실시를 목표로 할 것인가, 계몽하는 것이 중요한가)
⑤ 계획의 기간과 비용(언제까지, 어느 정도의 내용을, 얼마정도에)

b. 계획의 주체　계획을 실시하는 주체는 하천이라면 하천관리자이지만, 하천 이외의 지역을 포함한 계획이라면 지자체나 민간인 등도 포함된다. 계획을 책정하는 주체가 하천의 관리자 이외의 경우(예를 들면 도시정비구상에서 하천관련계획)도 있다. 강에서 수익을 얻는 수리조합이나 강을 놀이장소로 하고 있는 광역주민이나 천변주민 등도 계획의 영향을 받고 있으므로, 관련된 다양한 주체의 의견에 대한 배려나 조정이 필요하게 된다.

c. 계획의 대상　계획에서 고려해야 하는 대상의 범위를 설정하는 것은, 목표설정과 관련된 중요한 문제이다. 천변에 커다란 공원이 있는 경우, 공원과 하천의 일체적 설계는 가능한가, 하천의 관리용 도로와 강변도로와 겸용할 것인가, 하지 않을 것인가 등, 계획대상의 범위를 어떻게 한정하는가에 따라 호안설계도

크게 바뀐다.

d. 목표설정　계획의 목표설정은 어떤 개념으로 어떤 공간을 만들 것인가 하는 것이다. 즉, 개념이나 주제에 관련된 것이다. 이것은 계획의 연차목표와 계획의 사용기간과 관련 있다. 토목 구조물은 장기적인 사용 연한을 가져, 한 번 만들면 골격적인 구조에 대해서는 수정할 수 없다. 따라서 20~50년 앞을 내다본 목표 설정이 필요하다. 주변 지역의 환경 현황과 장래 상이나 가능성을 주시하면서 판단할 필요가 있다.

(2) 하천경관계획의 수립과정

하천경관계획은 종합적으로 질 높은 하천디자인을 목표로 하고 있다.

하천경관계획은 하천의 계획과 설계과정(그림 3.1) 속에서는 홍수방어계획(치수)과 저수계획(低水計劃), 이수와 병행해서 환경보전계획 속에 위치하고 있다. 그러나 그것은 홍수방어계획과 저수계획, 그 밖에 지역·도시계획 등과도 깊게 관계되고 있다. 어느 계획에서도 관련된 계획과 전혀 독립적으로 실시할 수는 없다. 그러므로 경관계획에서는 다른 관련된 계획을 전제조건 또는 제약조건으로 당연히 수용해야 한다.

사회적 요청으로서 치수안전성은 중요한 과제로 홍수방어계획이 가장 우선된다. 하천이나 지역에 따라서 치수상의 안전도가 낮아 치수안정성을 높이는 반면 경관에 대한 배려가 거의 실시되지 않는 경우도 있을 것이다. 또 안전도가 낮아 이것을 높이는 한편, 환경 면에서 중요한 장소에 대해서는 공간을 확보하는 수단을 강구하는 등 경관 면에서 대책이 필요한 경우도 있을 것이다. 치수안정성이 높은 곳에서 경관적측면의 요청이 높은 곳도 있을 것이다. 이렇게 다양한 경관상의 필요성에 따라서 경관을

계획 속에 수용시키면 된다. 향후 질 높은 환경조성에 대한 사회적 요청이 높아지는 가운데 상황을 지켜보면서 장기적 관점에서 대처하는 것이 중요하다.

하천경관계획의 수립과정은 기본계획단계와 실시계획단계로 크게 나눌 수 있다(표3.1).

a. 기본계획단계 기본계획단계에서는 먼저 전제조건으로서, 「계획구역」과 「계획이미지」를 설정해둘 필요가 있다. 이러한 단계에서 경

관 계획의 필요성, 타당성을 확인한다. 만약, 이 단계에서 잘못하면 그 후의 계획이 의미를 잃거나 대폭적 수정을 필요로 하게 된다.

다음에는 하천과 천변에 대한 정보를 수집한다. 계획이미지에 따라 자연스럽게 조사항목 속에서 중요한 것이 정해지면 그것에 대해서는 상세한 조사를 실시하면 된다. 그 결과로부터 두 개의 조닝을 실시한다. 하나는 하천특성에 따른 하천의 조닝이다. 그 결과를 사용해 계획

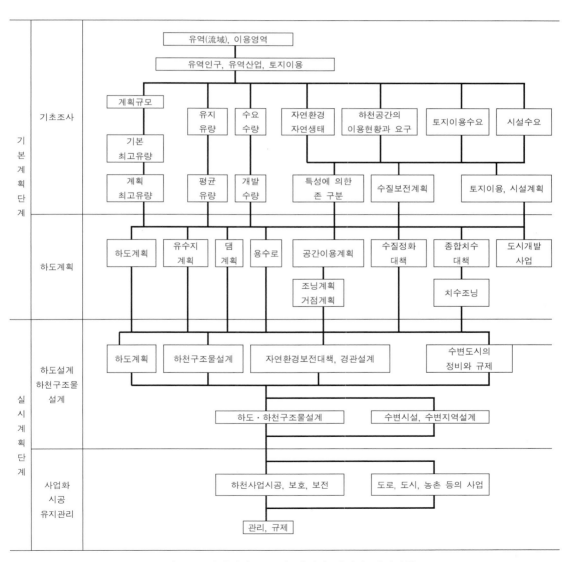

그림 3.1 하천계획 흐름의 개략과 관련된 제반계획

표 3.1 하천경관계획 수립과정의 개략

계획 단계	계획 항목	내 용
기본계획단계 전제조건의 정리	계획목표연도 계획구역의 설정 계획이미지 설정	· 계획의 목표연도를 설정 한다 · 유역, 전 지역, 전 도시, 하천의 일부구간 등 계획의 대상이 되는 구역 및 조사 대상으로 하는 구역을 설정 한다 · 대상구역에 대해 어떠한 계획을 실시할 것인가에 대해 이미지 작성
조사	하천 및 유역이용지역의 현황 파악	· 자연생태 : 수질, 평균수량, 하수도계획, 공원녹지계획, 환경관리계획 · 하천과 지역공간 : 하천구조, 수해실적, 최고유량, 개수계획, 도시계획, 도로계획, 토지이용, 관광계획 · 심리행동 : 시민의 이용 및 의향, 지자체의 의향 · 사회경제 : 물의 이용상황, 용수로, 이수(利水)시설 · 문화 : 역사적·문화적 자원, 행사 이벤트
조닝 Ⅰ(분석)	지구특성분류	· 조사데이터에서 하천의 특성별 지구분류, 제약이 되는 조건 정리
조닝 Ⅱ (계획)	계획단위의 설정	· 조닝Ⅰ에 의거하여, 계획상 단위로서 목표설정, 제약조건 등과 더불어 긴급도, 가능성 등도 검토를 실시하여, 일체적으로 계획을 실시하는 구역으로 나눈다 · 거점으로서 특히 중점적으로 정비를 실시하는 지구를 선정한다
평면도 1/50,000~ 1/10,000	조닝계획 목표와 방침 명시	· 하천전체, 존과 거점의 목표와 방침 · 존의 정비방침, 사업방침, 사업 프로그램 · 네트워크 계획
실시계획단계 기본설계 평면도 1/1,000~1/500 단면도 1/200 투시도 (모형)	설계구역의 설정	· 거점, 존의 설계대상구역을 정한다
	상세조사	· 하천 및 천변의 상세정보를 수집 · 이용상황, 이용예정·주민의 의향조사 · 하천부지의 확인·기존수림, 재료, 법선 등 상세 · 천변의 토지이용, 건물이용, 개발동향의 조사 · 저수위
	상세설계 대안 작성과 평가	· 설계목표, 전제, 제약조건의 확인 · 대체안의 설계와 가능성의 검토 · 대체안의 평가시점과 평가, 비용의 개상
	설계안의 결정	· 설계대안의 관련계획이나 종합적 견지에서의 검토에 의거한 결정
실시설계 상세도 투시도	기본설계 조건과 가능성 재검토	· 설계조건의 확인 · 구조검토와 확인 · 비용산정과 확인
	상세구조의 검토	· 디테일의 마감을 검토 · 미지형, 재료의 상세결정

단위 설정과 목표 및 방침을 정하는 것이 두 번째 조닝이다.

b. 실시계획단계   실시계획단계에서는 「기본설계」와 「실시설계」로 나뉘어 진다. 기본설계에서 목표가 되는 이미지가 거의 결정되었다고 생각해도 좋다.

기본설계에서는 설계구역을 정해서 상세조사를 실시한다. 상세조사에서는 기본계획에서의 조사결과를 보강하고, 중요한 문제점이나 설계목표와 관계되는 중요한 조사항목에 대해서는 특히 자세하게 실시한다. 그 결과를 가지고 상세설계를 실시한다. 여기에서는 설계목표와 전제조건 및 제약조건을 확인하고, 대안의 작성과 평가를 실시한다.

그 위에 종합적인 판단에서 계획안을 결정하고, 실시설계·시공, 관리로 작업을 추진한다.

3.2 하천경관의 조닝수법

(1) 하천경관계획과 조닝

a. 조닝의 목적　　조닝이란 일정지역을 어떠한 목적이나 특징에 따라 존(지구, 지대)으로 구획하는 것이다. 단순한 지역분석을 위해서가 아닌, 계획행위의 일환으로서 조닝을 실시한다면, 그것은 각 존(zone)별로 공통되는 시책이나 계획수법을 실시하거나, 공통목표로 존을 향하도록 하는 것을 전제로 하여 실시된다. 따라서 조닝의 이면에는 자칫하면 존이 획일화될 위험성이 내포되어 있다. 그러나 다른 조닝계획에서도 대체로 그런 것처럼 경관계획에서 조닝을 실시하는 것은 동질적이고 단조로운 경관을 만들어 내기 위해서가 아니다. 존에서 경관의 다양성을 부정하지 않으면서 통일감을 부여하기 위해서이다.

또한, 지역조건이나 하천의 공간기능과의 정합을 도모하고, 장소에 적합한 경관을 만들어 내기 위해서이다. 장소가 갖고 있는 자질을 찾아내고, 그것에 어울리는 경관정비의 목표, 기본방침을 설정하여, 이것을 지침으로 보다 구체적인 경관설계를 실시한다. 목표, 방침은 경관의 주제(테마, 모티브), 계획이미지로 바꿔 말해도 좋다. 이것을 설정하는 것이 하천경관계획에서 조닝의 목적이다.

그런데, 하천경관은 기능공간으로서 하천공간의 모습에 크게 규정받는다. 따라서 하천공간의 구성문제를 제쳐두고 경관설계를 실시하는 것은 불가능하며, 경관계획과 공간계획이 동시에 실시될 필요가 있다. 그래서 하천경관의 조닝을 할 때 하천공간의 조닝도 실시하게 된다. 그것은 하천공간의 기능배치(토지이용)계획이며, 활동, 시설배치이기도 하다.

b. 조닝의 과정　　조닝은 개괄적으로는 다음과 같은 과정에 따라 실시된다.

① 현황·실태조사
② 계획·예측
③ 분석 및 조닝
④ 계획으로서의 조닝
⑤ 종합적인 조닝과 존별 경관 목표(테마) 설정

조닝은 대상하천과 그것을 포함한 지역특성에 따라서 실시된다. 따라서 먼저 현황·실태조사가 실시된다. 다음으로, 경관계획에 있어 전제조건이 되는 계획·예측을 실시해야 하지만 많은 경우 이 단계에서는 기존의 정해진 계획에 따르는 것으로 충분하고, 그 조사가 중요한 부분을 차지한다. 새로운 계획·예측을 실시할 경우에는 관련계획, 관계기관과의 조정이 불가결하다.

그리고 조사결과의 분석과 조닝이 실시되는데, 조닝에는 분석을 위해 실시하는 것과 계획으로서 실시되는 조닝이 있어, 양자를 구별하는 것이 바람직하다. 전자는 지역분석으로서 현황·실태조사에 의거하여 여러 항목에 걸쳐 대상지역을 같은 성격의 존으로 구분하는 것이며 먼저 이것이 실시된다.

c. 경관계획을 위한 조닝의 대상범위

하천경관의 계획·조작의 대상이 되는 지역의 범위를 생각할 때, 하천 내부로 한정하지 말고 다음과 같이 하천과 시각적으로 직접 연결되어 있는 지역(가시영역)을 염두에 두어야 한다.

① 하천 내
② 하천 내에서 시야에 들어오는 지역
③ 하천 밖에서 하천과 같이 보이는 지역
④ 하천을 보는 것이 가능한 지역

위에서 기술한 ①에 대해서 보다 자세하게 정의하겠다. 계획에서 대상이 되는 하천이 1급 하천(「하천법」 4조. 이하에서는 하천법을 법으로 한다), 2급 하천(법 5조), 준용하천(법 100조)이라고 하면, 「하천구역」이 하천 내에 있다고 생각해도 좋다. 이 범위는 계획의 주 대상이다. 여기에서는 이것을 「1차 영역」이라 하겠다.

하천구역 이외의 지역에서도 공공에 의해 사업을 실시하는 것이 가능한 지역이나 하천구역에 인접하여 경관적으로 영향이 큰 것은 1차 영역에 포함시켜야 한다.

1차 영역 외에 ②에서 ④까지의 지역을 합쳐 2차 영역이라 한다. 2차 영역도 간접적으로라도 조작을 가하여, 하천경관의 형성에 기여시키는 것이 가능하다. 즉 토지, 건축물 등의 공작물, 자연물이나 녹음 등에 대해서 법적인 규제를 가하여, 그것들을 보존·보전하거나 어떠한 방향으로 유도하는 것이 가능하다. 따라서 이들 양쪽 지역은 조작가능 한 것으로 보고 계획해도 좋다.

그렇지만 본 계획에서는 1차 영역만을 조닝의 대상범위로 하겠다. 2차 영역도 하천이 흐르는 지역의 계획(도시계획 등)과의 관련 등에서 위에서 기술한 것과 같은 조작이 실제로 가능하고, 그리고 필요하다면 계획대상지역에 포함시켜야 하겠지만 여기에서는 거론하지 않겠다.

d. 하천경관계획에서 고려할 지역의 범위

물론 위에서 기술한 1차·2차 영역이 여기에 포함되며, 양쪽 모두 조사·계획의 대상범위가 된다. 다만 조사항목에 따라 필요한 구역을 추가하거나, 혹은 보다 좁은 범위로 한정하는 경우는 있다. 또 이것보다 넓은 범위의 하천과 문화적·사회적·행동(심리학)적·생태학적으로 관련된 지역에 대해서는 고려가 있어야 하며, 조닝을 위한 제반조사의 대상범위에 추가된다. 이것을 3차 영역이라 한다. 특히, 이하에 기술하는 범위는 중요하게 다루어져야 한다.
① 하천이 주민의 환경인식에 영향을 끼치고 있는 지역
② 하천이 주민의 행동권·생활권에 들어있는 지역
③ 생태학적으로 관련이 있는 지역
④ 유역(流域)

(2) 조닝을 위한 조사항목

조닝을 위한 조사항목을 표 3.2에 나타내었다. 이 표에서는 조사항목을 ①자연·생태적 특성, ②공간·경관적 특성, ③심리·행동적 특성, ④사회·경제적 특성, ⑤역사·문화적 특성의 5개로 구분하고 앞서 기술한 세 개의 영역을 각각 조사대상범위로 한 경우의 조사항목을 가리키고 있다. 구체적인 조사대상범위는 고정된 것으로 할 필요는 없고, 조사항목에서 본 필요성에 따라 바꾸는 것이 좋다. 조사 빈도에 대해서도 마찬가지이다.

a. 자연·생태적 특성　　자연이나 생태계에 관련된 특성이다. 1차 영역은 대상하천구역 및 그것과 직접 관련된 생태계를 갖고 있는 범위, 2차 영역으로는 가시영역, 3차 영역으로는 유역(流域)을 선정하면 좋을 것이다.

b. 공간·경관적 특성　　하천이나 지역에 있어서 공간이나 그것을 구성하는 물적 요소의 행태 및 경관에 관련된 특성이다. 공간의 모습은 경관에 곧바로 반영되므로, 공간과 경관의 특성은 분리하기 힘들고, 동일 범주에 들어 있다. 1차 영역은 조사항목이나 하천특성에 따라 필요한 상하류를 대상하천구역에 포함시킨 범위가 된다. 2차 영역으로는 가시영역을 선정하면 된다. 3차 영역에 대한 조사는 이 단계에서는 거의 필요가 없다고 생각된다.

c. 심리·행동적 특성　　하천에 관련된 주민이나 이용자의 심리적·행동적 특성으로 경관특성과 중복되지만, 전항의 것이 물리적 측면에서의 접근인데 반해, 이것은 인간적 측면에서의 접근에 의해 파악되는 경관특성이다. 1차

영역은 공간·경관특성의 경우와 마찬가지로 하천구역과 상하류이다.

이 범위에서는 하천에서의 이용행동이 주요한 조사항목이다. 2차 영역에 한정하는 그런 조사는 없다고 생각해도 좋을 것이다. 3차 영역은 하천을 중심으로 하는 생활권, 행동권, 하천이용의 유치권 등인데, 그 구체적 범위는 조사항목에 의해 정해진다.

d. 사회·경제적 특성

사회(생활)나 경제에 관한 특성이다. 물의 이용(취수, 배수), 하천의 산업적 이용이 그 주된 내용이 된다. 1차 영역은 위에서와 같다.

e. 역사문화적 특성

하천과 관련된 역사나 문화 혹은 유형·무형의 민속에 대한 특성이다.

(3) 조닝

a. 조닝의 내용

조사결과를 사용하여 먼저 대상이 되는 하천 및 주변지역의 특성을 파악하기 위한 분석을 실시한다. 이 때 앞서 기술한 분석항목별로 대상지역을 같은 특징·특성을 가진 구역으로 구분한다. 조닝의 결과는 도식화하는 것이 좋다.

도식화는 지도상에서 실시한다. 하천구역 및 주변지역을 길이 방향이 유축방향, 폭 방향이 하천횡단면방향에 대응하는 「띠」로 보다 추상적으로 표현하는 것이 편리한 경우도 있다.

이미 기술한 바와 같이 분석으로서의 조닝과 계획으로서의 조닝은 다르다. 그러나 분석으로서의 조닝도 계획으로서의 조닝에 유용하게 사용될 수 있도록 해야 함에 유의하기 바란다.

하천공간계획으로서의 조닝을 위해 필요한 분석데이터는 요컨대 기능공간으로서의 자원성(활용 가능한 장소로서), 기능배치의 필요성, 제약조건으로서의 자연·생태적 특성에서 본

토지이용가능성 등이며, 분석은 이것과 관련되는 항목에 관하여 실시하는 것이 좋다(표3.2).

경관계획을 위해서는 경관형성 장소로서의 자원성(자원의 질), 전제가 되는 활동이나 기능공간(시설) 등의 분석정보가 필요하다. 한편 양자에 필요한 정보는 중복될 가능성이 있다.

b. 분석으로서의 조닝

「자연·생태특성」으로서 식물에 대해서는 육생(陸生), 습생(濕生), 수생(水生)별, 동물에 대해서는 포유류, 조류, 어류, 곤충류, 수생곤충류, 패류, 양서류·파충류 별로 분포현황을 조사하고, 특히 다음 사항은 중요하므로 분석, 조닝이 필요하다.

① 귀중한 종류의 분포상황
② 귀중한 종류라고는 할 수 없지만, 생태계가 생물 관찰·학습의 대상으로서 소중하다고 생각되는 것
③ 귀중한 종류라고는 할 수 없지만, 생태계가 자연경관으로서 훌륭한 것

「공간·경관특성」으로서는 다음과 같은 항목의 분석데이터를 필요로 한다고 생각된다.

① 1차 영역(하천구역)의 횡단면 유형—하천구역의 공간형상을 알기 위해 필요하다. 몇 개의 유형으로 나타내거나 다음과 같은 단어로 표현해도 좋을 것이다[1].
   ⓐ 복단면형
   ⓑ 단단면·완경사 호안형
   ⓒ 단단면·급경사 호안형
   ⓓ 기타(원시 하천형)
② 하천구역의 횡단면 치수—하천구역의 공간형상을 파악하고, 하천특성, 이용가능성을 찾아내는 데 필요하다. 하천전체너비, 고수부지 너비, 저수로(低水路) 폭 등은 특히 중요하다.
③ 하천구역의 평면형상—단면을 구성하는

표 3.2 조닝을 위한 조사항목

특성 \ 영역구분	1차 영역	2차 영역	3차 영역
자연·생태적 특성	【현황】 유수(流水) · 수질 · 유황(流況) 　지형·지질 식생 · 육생, 수생, 습생(濕生) 　생물생식 · 포유류, 조류, 어류, 곤충 　류, 패류, 양서류, 파충류 【계획】 수질기준	【현황】 지형·지질 생태계	【현황】 지형 생태계
공간·경관적 특성	【현황】 하천부지의 토지이용현황 하천구조현황 · 하천평면·단면(형상·치 　수) · 하천구조(공작)물(종류·위 　치·규모·재료) 하천경관자원 · 폭포·정수면·계곡 · 명승지 【계획】 하천개수계획 하천환경관리계획	【현황】 토지이용현황 주요지물현황 · 구조물, 공작물 · 도로, 철도 · 주요자연물 경관특성 · 랜드마크, Edges · 주요 기존 시점장 【계획】 도시계획(사업) · 공원 녹지사업 · 재개발계획 · 교통망계획 · 하수도계획 지역지구지정 · 도시계획법 · 자연공원법 · 삼림법	【계획】 도시계획(사업) · 공원녹지사업 · 재개발계획 · 교통망계획 · 하수도계획 지역지구지정 · 도시계획법 · 자연공원법 · 삼림법
심리·행동적 특성	【현황】 하천이용현황 · 이용종별 · 장소 · 이용·빈도시간 · 도달시간·수단 이용자의 경관이미지	【현황】 이용현황 · 주요 시점장의 이용자 · 부근의 공원, 운동장 등 　의 이용자 이용자의 경관이미지 · 주요 시점장의 이용자	【현황】 주민의식 · 하천이용의향 · 하천정비의향 · 하천에 대한 경관이미지
사회·경제적 특성	【현황】 하천이용현황 · 취수·배수 · 산업적 토지·수면이용(관 　광, 어업, 선박운행, 골프 　장, 기타) 【계획】 하천종합개발계획		【현황】 사회적 활동·조직 · 수해방어활동, 조직 등 · 미화단체 등 · 주민활동(하천의 청소 등) 【계획】 지역종합개발계획
역사·문화	유적·사적·문화재 역사적 건조물·구조물 민속행사		

각 부분의 평면형상이나 흐름을 파악할 필
요가 있다. 위에서 기술한 ①, ②는 유축방
향으로 일정 간격을 가지고 연속적으로 살
펴보면 평면형상의 개략은 알 수 있으나,
정확하게 파악하기 위해서는 유축의 평면
선형이 필요하다.
④ 하천구역 각 부분의 공간·경관상태—하천
　공간의 물적 상태를 보다 명확하게 알 수

있다면, 경관의 모습을 설명할 수 있다. 그
것은 정성적(定性的)인 파악에 도움이 될
것으로, 예를 들어 다음과 같은 것이 있다.
ⓐ 고수부지·초지의 상태—하천공원으로서
　의 정비, 정리된 초지, 초지의 상태, 자연
　의 상태
ⓑ 수변의 상태—콘크리트 법면, 돌쌓기 호
　안, 돌, 풀, 수목

표 3.3　하천에서 이용행동2)

장소에 따른 행동유형	행 동 종 류
수면이용을 주로 하는 행동	선박 운행, 고기잡이 그물 설치, 오리를 이용한 고기잡이, 유람선 운행, 요트, 수상스키, 보트·카누, 윈드서핑, 수상경기, 뗏목 타고 내려오기
수면 및 고수부지를 이용한 행동	정령(精靈)흘려보내기, 치어 방류, 부적 흘려보내기, 수상·수변레스토랑, 물건 판매, 낚시, 수영, 물놀이, 세차, 돌 던지기, 공업작업의 일환
주로 고수부지를 이용하는 행동	건초 태우기, 축제, 꽃구경, 불꽃놀이, 수해방어훈련, 출전식, 여러 가지 훈련, 산보, 연날리기, 개를 데리고 산보, 피크닉, 캠프, 낮잠, 일광욕, 여름날 저녁의 피서, 담화, 아베크족, 조깅, 노상강도, 부랑자, 떠돌이 개, 불법투기, 체조, 육상경기, 롤러스케이트, 야구, 테니스, 축구, 럭비, 배구, 씨름, 고카트(go-cart), 모형 자동차, 모형 비행기, 모형 배, 드라이브, 모토크로스(motocross), 골프, 악기연습, 단체 게임, 소풍, 운동회
고수부지 및 제방을 이용한 행동	사진촬영, 사생(회화), 자연관찰, 사람의 활동을 보는 사람, 곤충채집, 나물(쑥)따기, 갈대벌초
제방의 이용을 주로 하는 행동	사람의 통행, 자동차의 통행, 자전거의 통행, 주차

(주) 久保地, 1984년에서 작성

ⓒ 흐르는 모습—계류, 빠른 여울, 옅은 여울, 흐름을 느낄 수 있음, 흐르지 않음

ⓓ 흐르는 물 속에 있는 돌—돌이 보이지 않음, 하상에 있는 돌이 노출, 강의 일부에 돌이 산재, 강 전체에 돌이산재

ⓔ 제방의 상태—(꼭대기, 법면의 각각에 대해)포장, 미 포장(나지), 초지

ⓕ 하천구조물—수제공, 바닥보, 둑, 통문(樋門), 수문

⑤ 2차 영역(가시영역)의 지형—하천의 공간에 기본적인 구조를 부여하고 있는 것이 지형이다. 가장 간단하게는 산지인가 평지인가를 알 수 있으면 되고, 그 이상의 정밀도를 가진 지형 분류는 적절히 실시되면 된다.

⑥ 2차 영역(가시영역)의 토지이용—하천주변의 토지이용 유형에 따라서 하천경관은 크게 변한다. 가장 간단하게는 시가화 정도로 ⓐ몇 채의 주택이 있거나 없는 곳, ⓑ작은 취락, ⓒ시가지의 3단계정도로 나누면 좋을

것이다. 보다 상세하게는 용도에 의한 토지이용구분, 건물층수·건폐율, 용적률 등에 의한 토지이용구분 등도 각기 의미가 있을 것이다. 용도지역 등 지역지구지정을 포함한 지역의 토지이용계획도 필요한 경우가 있다.

⑦ 1차·2차 영역(가시영역)의 주요지형물의 분포—하천구역 내에서 교량이나 송전탑 등의 점유물이나 공작물, 하천에서 눈에 보이는 건축물, 송전탑·송전선, 고가도로, 철도, 공원시설 등의 구조물이나 녹음, 산 등의 자연물의 분포도 파악할 필요가 있다.

「심리·행동특성」 중에서 1차 영역(하천구역)에서의 행동·이용현황은, 가장 간단하게는 행동의 종류를 불문하고 이용된 장소와 그 이용 빈도의 분포를 파악하면 될 것이다. 보다 상세하게 하려면 행동종류별 분포를 보지 않으면 안 된다. 더구나 산업적 이용을 포함한 행동종류에는 표 3.3에서 열거한 내용들이 있으나, 이들 중에서 중요하다고 생각되는 행동을

파악할 필요가 있다[2]. 유치권이나 이용시간 등에 대해서도 정리해둘 필요가 있다. 3차 영역에 걸쳐 조사한 이용·정비의향에 대해서는 1차 영역에서의 분포를 분석해두지 않으면 안된다.

「사회·경제」, 「역사·문화」에 관한 조사결과에 대해서도 각각 조사범위지역에 대한 분포상태를 그림으로 해 둔다.

c. 자연보전—정비 계획적 조닝 이상의 분석을 근거로 계획으로서의 조닝을 항목별로 실시한다.

먼저, 자연·생태계에 관련하여 하천공간이용과 경관형성의 기본적인 틀을 만들기 위해 보존·보전과 이용·개발의 정도를 규정하는 조닝이 필요할 것이다. 여기에는, 예를 들면 다음과 같은 구분을 생각해볼 수 있다.

① 자연보존구역—전혀 손을 대지 않는 구역
② 자연보전구역—자연생태계를 보전하는 구역으로, 보전을 위해 손을 대는 경우는 있어도 사람의 이용을 수반하지 않는 구역
③ 자연이용구역—지연생태계를 보전하지만, 그것과 모순되지 않는 범위 내에서의 이용은 용인하는 구역
④ 자연정비구역—자연생태계의 보전을 도모하지 않는 구역

d. 경관계획으로서의 항목별 조닝 경관계획을 위해서는 먼저 기본이미지 혹은 기본하천유형에 의한 조닝을 실시한다. 이미지 혹은 유형이란, 하천과 그 장소가 본래적(本來的)·잠재적(潛在的)으로 갖고 있었던 경관의 자질로, 기본 이미지라고 할 경우에는 보다 추상적인 의미·분위기를 가리키며, 유형이라고 할 때에는 보다 구체적인 경관양식을 말한다. 이것을 최대한 활용한 경관 가꾸기를 하기 위해 조닝이 필요한데, 이것의 내용을 잘못 파악하거나 무시한 계획을 하면 장소와 조화되지 못한 경

관을 만들어 낼 위험성이 있다. 이것은 강의 형상, 하천주변의 지형, 토지이용, 자연의 상태 등에서부터 결정된다. 표 2.2를 참고로 하면 된다. 이 외에도 심리·행동조사 등에서 얻어진 경관유형에 의해 조닝하는 것도 좋을 것이다.

다음으로 대상지역의 경관대상 속에서 보여줄 것으로서 중요한 것을 선정하고, 주·부 대상을 설정한다. 그리고 그런 대상을 조망하는 주요시점장소를 설정한다. 이 때 시점장소의 설치 가능성을 다양한 관점에서 검토할 필요성이 있다. 이러한 대상과 주요시점장에 의한 조닝은 동질 존으로 지역을 구분하기보다는 분포적인 배치로 하는 것도 가능하다.

e. 기능공간계획으로서 항목별 조닝 기능공간으로서의 조닝을 위해 하천에서 실시되어야할 주요활동에 의한 조닝 및 주요시설 배치를 실시한다. 주요활동에 의한 조닝은 하천이용실태, 이용 의향, 활동입지 적합성, 자연의 보전—정비조닝 등에 입각해서 활동경관으로서의 바람직함, 활동에 따라 필요한 시설이나 공간정비에 의해 생겨나는 경관변화 등을 고려하여 조닝·배치를 실시한다.

입지적합성에 대해서는 하천특성(활동을 위한 자원성), 거주지에서 접근 용이성, 공간 점유성, 시설 유지성 등을 종합하여 적합성 평점을 산출하는 등의 분석에 의거하여 실시한 사례가 있다.

한편, 여기서의 활동은 표 3.3과 같이 상세하지 않으며, 다음 사례와 같이 큰 분류에서의 활동에 따른 조닝이 바람직하다.

① ⓐ 자연과 접촉하는 존
　 ⓑ 물과 친숙한 존
　 ⓒ 수변 휴식존
　 ⓓ 수변의 개방성을 활용하는 존
② ⓐ 하천부지 등의 자연적 환경을 보전하는 구역[4]

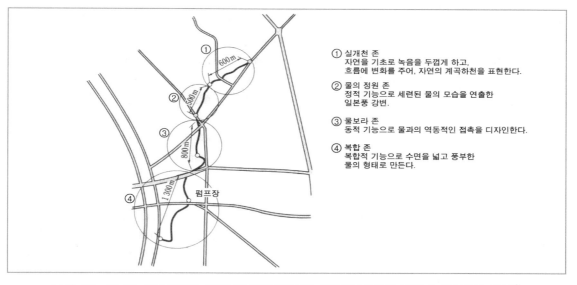

① 실개천 존
자연을 기초로 녹음을 두껍게 하고,
흐름에 변화를 주어, 자연의 계곡하천을 표현한다.

② 물의 정원 존
정적 기능으로 세련된 물의 모습을 연출한
일본풍 강변.

③ 물보라 존
동적 기능으로 물과의 역동적인 접촉을 디자인한다.

④ 복합 존
복합적 기능으로 수면을 넓고 풍부한
물의 형태로 만든다.

그림 3.2 조닝과 테마설정의 사례(에도가와(江戶川) 환경촉진사업단 자료에 의거하여 작성)[1]

ⓑ 미적 경관을 보전하는 구역
ⓒ 도시적 편리를 공유하는 지역
ⓓ 기타 일반적 구역
③ ⓐ 생태보존유지 경관존[6]
ⓑ 자연이용 존
ⓒ 운동·건강관리 존
ⓓ 지역주민 이용 존
ⓔ 광역 이용 존

이 외에 코어 존 등과 같이 고밀도로 이용하는 거점적 존을 설정하는 사례도 있다.

주요시설의 배치에 대해서는 현황시설의 실태나 시설계획에 입각하여 실시한다. 한편 이 단계에서는 경관을 충분히 배려하면서, 저수(低水)·고수(高水)호안이나 고수부지를 구조, 재질, 형상 등에 따라 조닝해 두는 것도 좋을 것이다.

f. 경관계획으로서 종합적 조닝 조닝의 결과에 의거하여 경관계획으로서 종합적 조닝을 실시하고, 정비목표에 해당하는 경관테마(계획이미지)를 각 존별로 명확히 한다. 항목별 조닝결과를 종합하는 기본적인

방법은 오버레이·맵핑 이다.

존의 크기는 대상지역을 전체로서 본 경우에 제각기 흩어진 경관이 되어버릴 정도로 세세하게 분할해서는 안 되며, 단조롭게 느껴질 정도로 크게 해서도 안 된다.

존의 테마는 간단한 문장으로 표현하고 각 존에 명칭을 부여하는 것이 좋다. 스케치를 그리는 것도 좋다. 또 테마결정의 방법으로 처음부터 존의 경관패턴을 준비해두고 거기에 존을 끼워 맞추는 방법도 생각해볼 수 있다.

3.3 하천경관의 설계수법

(1) 설계과정

경관설계의 커다란 흐름은 조건의 정리→설계목표의 설정→상세조사→설계작업이며, 각각의 작업의 요점은 다음과 같다.

a. 조건의 정리 전제제약조건에는 상위계획, 관계유역의 계획, 영향을 주는 하위의 계획이나 용지의 취득, 치수상의 제약조건과 그것

의 엄격함, 강변개발의 상황과 입지조건 등을 먼저 확인해두어야 한다.

b. 설계목표의 설정　조건의 정리가 진행되는 가운데 그 장소의 설계목표 범위가 대략 결정지어진다. 공간적 여유의 유무나 주변 환경조건 등은 커다란 제약이 되어 설계목표를 압박한다. 너무나 제약이 엄격한 경우에는 과감하게 조건을 재고하거나, 경관에 대한 고려를 하지 않는 것도 하나의 방향이 될 수 있다.

c. 상세조사　조닝계획에서 조사한 내용에 입각해서 설계에 필요한 하천과 강변의 상세조사를 실시한다. 조사항목은 현장의 상황에 따라 크게 달라지지만, 대략 조닝 할 때의 항목으로 해도 좋다.

예를 들어 이용자는 누구인가, 어떠한 이용이 현재 이루어지고, 앞으로 어떠한 이용이 예상되는가. 기존의 수목이나 호안 등의 시설에서 중요한 것은 무엇인가. 하천부지의 경계와 용지매수의 필요성과 가능성. 수변주민의 의식. 수변건축의 개축이나 도로계획, 토지구획정리사업의 실시가능성에 관한 정보. 수위의 변화로서 홍수시의 흐름과 평상시 흐름에 대한 정보 등. 평상시의 데이터가 없는 경우도 많으므로 현장에서 간편한 방법으로 측정할 수 있도록 해두는 것도 필요하다. 호안의 더러운 정도나 하상의 모래나 흙의 상황, 물가의 식물이나 생물 등의 관찰로도 평상시 강의 상황을 어느 정도 알 수 있다.

d. 설계작업　설계 작업은 「설계의 대안작성」과 「경관예측 및 설계평가」로 구성된다. 설계 시에 이것으로 좋은가 하는 자문자답을 항상 할 필요가 있다. 여기에서 중요한 것은 설계한 것이 설계도상에서 어떤 형태로 그려지든지 그것이 완성되었을 때의 구체적인 이미지로서 이해될 수 있어야 한다는 것이다. 도면에 그려진 선이 지상에서 어떻게 보일 것인

가를 상상하면서 설계하지 않으면 안 된다. 설계도면의 하나로서 완성예측도(모형, 모형사진, 투시도, 몽타쥬 사진 등)를 그리는 것은 상당히 중요한 작업이다.

대안작성과 구체화, 정리와 같은 설계 작업에서 예측과 평가라는 작업은 동시에 병행하여 실시될 필요가 있다. 가능성이 높은 2, 3개의 대안을 선정하면서 설계를 실시하는 등 이러한 일련의 작업을 통해서 설계가 실시된다. 대안의 작성, 예측, 평가는 이러한 순서만으로 이루어진다고는 할 수 없다. 평가가 정해져 있다면, 역으로 그것에 맞는 설계안작성부터 시작하는 것이 작업하기 쉬운 경우도 있다.

e. 종합적인 사고　이러한 일련의 작업 가운데, 설계행위는 이러한 다양한 내용을 동시에 진행시키는 것이다. 현지의 상세한 조사를 하면서 대안을 이미지하고 그 가능성을 모색한다. 설계목표를 설정하면서도 구체적인 설계안을 의식하고, 전제나 제약조건에서 제외할 수 있는 것은 없는가, 덧붙일 것은 없는가 등을 생각한다. 즉, 이러한 재고를 몇 번이고 반복하는 과정에서 동시에 진행할 작업이다.

(2) 설계목표

설계에서 목표설정은 중요하므로, 이 점에 대해 특별히 기술한다.

먼저 가장 중요한 기본은, 하천에 적합한 목표를 설정하는 것이다. 하천 주변이 도시와 자연인가 하는 것은 환경이 다르며, 같은 도시라도 장소에 따라서 상당히 다르다. 하천도 상·중·하류에서는 물이 흐르고 상황이 크게 틀리다. 이용 면에서 생각하면 지역에 살고 있는 주민의 이용이나 광역적인 주민의 이용, 휴일 등의 고밀도이용과 평일의 저밀도이용, 아침·저녁과 낮 시간대의 차이 등 각기 다르다.

또 공원과 하천과의 차이, 광장이나 가로와

하천과의 차이도 의식할 필요가 있다. 하천다움은 단지 수변이 존재한다는 것에 있는 것이 아니라, 입지·이용·존재가치 등의 측면에서 다른 공간과 바꿀 수 없는 강이 갖고 있는 매력이며 제약이기도하다.

하천경관설계의 목표는 다음과 같다

a. 실용기능의 충족　　치수를 위한 시설, 이수를 위한 시설, 지역의 인프라시설(교량, 송전선, 수도 등의 파이프) 등 사회적 기반시설의 정비를 실시한다.

b. 친수성, 자연환경보전　　수변에 대한 접근 가능성, 강변의 통행 가능성, 자연으로서의 하천이 바람직한 모습이 되도록 생태계를 보전하는 것, 그것을 성립시키기 위해 기본이 되는 수질보전, 수량의 확보대책까지 포함해서 친숙해지기 쉬운 수변일 것.

사진 3.1　하류부 후쿠시마바시(福島橋) 부근으로 고수부지가 있는 하천경관(후쿠야마(福山)시·아시다가와(芦田川))

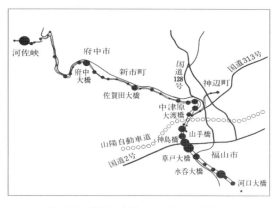

그림 3.3　천변 거주자의 최근 이용 장소

c. 지역성, 강의 고유성 존중　　하나하나의 지역, 도시, 하천은 다양한 개성적인 특징을 갖고 있다. 지역문화와의 관계, 하천의 특성, 강변의 토지이용 등 장소의 고유성을 활용한 하천을 만든다.

d. 수면공간을 활용하고, 경관의 세련과 통일　　하천의 최대 특징은 연속적인 수면이다. 수면을 도시적·자연적인 수변의 상황에 따라서 활용한다. 또, 친숙해지기 쉬운 석재 등 지역소재를 활용한다. 장기적으로 시간과 함께 가치가 우러나는 디자인을 실시한다. 하천을 포함한 강변의 건물이나 유역(流域) 경관의 세련과 통일을 도모한다.

3.4　계획사례(1)
―아시다가와(芦田川)의 조닝

히로시마(廣島)현 동부의 빈고(備後) 지방생활권을 유역으로 하고 후쿠야마(福山)시 서부에서 세토나이(瀬戸内) 바다로 흘러가는 1급 하천인 아시다가와(芦田川)를 대상으로 한 하의 조닝 검토사례를 보겠다[주8]. 참고로 이 계획안은 현재 책정중이다.

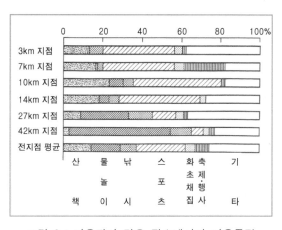

그림 3.4 이용자가 많은 장소에서의 이용목적

(1) 현황·실태조사

a. 자연·생태적 특성　식생조사, 조류조사를 실시하였다. 천연기념물 등 특별히 보존을 필요로 하는 희귀종은 발견되지 않았지만, 상류에는 자연이 양호하게 보전되어 있고 조닝에 반영되어 있다.

b. 공간·경관적 특성　1차 영역의 공간적 특성은, 하천개수계획을 위해 작성된 하천의 평면도·종단면·횡단면에서부터 파악했다. 항목은 하폭, 저수로폭, 수면폭, 고수부지폭·높이, 제방의 높이 등을 200m간격으로 자료를 정리하였다.

　1차 영역의 경관특성은 다음과 같은 기준으로 사진촬영을 실시하고, 수면이 보이는 면적 등 수량화가 가능한 항목은 수치데이터로 정리하였다.

　① 1㎞ 간격으로 우안, 좌안 각각에서 상류·하류방향의 유축경(流軸景)을 촬영한다.
　② 제방 등의 경사면에서 카메라를 수평으로 맞추어 촬영한다.

　2차 영역에 대해서는 강변의 토지이용, 명승지 등의 분포를 조사함과 동시에 강변도시의 하천공원 등에 대한 정비구상을 수집한다. 그 결과가 완성된다면 랜드마크가 될 수 있는 시설계획이 추출된다.

c. 심리·행동적 특성　강변 5㎞ 이내 거주자의 0.5%에 해당하는 약 1800명을 대상으로 앙케트조사를 실시하여 하천공간의 이용 상황(이용 장소, 계절, 목적, 도달수단, 도달시간 등), 좋아하는 장소, 강의 이미지, 하천환경정비에 대한 요구 등을 파악하였다. 결과 중에서 최근의 이용 장소를 그림 3.3에, 이용목적을 그림 3.4에, 하천에 요구하는 역할을 그림 3.5에 나타내었다.

　자주 이용되고 있는 장소는 5, 6개소로 한정되었으며, 가장 좋아하는 장소도 마찬가지였다. 하류에서는 스포츠, 상류에서는 물놀이가 주요 이용목적이었으며, 축제·행사에 대한 참가도 특정장소에서 보였다. 강변 거주자가 하천에 요구하는 역할에 대해서는 레크리에이션 장소나 자연과 만나는 장소가 되어줄 것을 바라는 사람이 많다는 것이 증명되었다

d. 사회·경제적 특성　과거의 데이터에서 상수·공업용수를 위한 취수량 등을 정리하였다. 이강은 강우량이 적은 지방을 흐르기 때문에, 갈수가 빈번히 발생하여 취수제한이 이루어지고 있음을 알 수 있었다.

e. 역사·문화적 특성　유역 내의 사찰·유적이나 축제 등의 행사를 각 도시의 요강 등에서 파악하였다. 그 결과, 하구에서 7㎞ 지점에 무로마치(室町) 시대에는 항구도시로서 번영했으나, 홍수로 매몰된 쿠사도센겐마치(草戶千軒

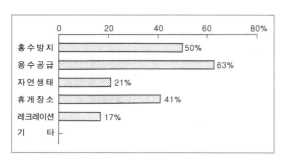

그림 3.5　천변주민이 요구하는 하천역할-복수응답

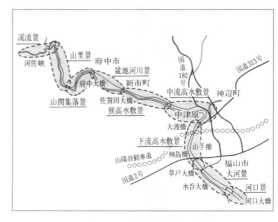

그림 3.6　현황경관의 유형

町)의 유적이 있다는 것과 불꽃놀이 대회·보트대회가 개최되고 있음이 확인되었다.

(2) 현황분석으로서의 조닝

경관형성 장소로서의 자원성, 기능공간으로서의 자원성을 파악하기 위해 경관 및 기능에 주목한 조닝을 실시하였다.

a. 경관의 조닝　　　존별로 통일된 경관 형성을 도모하기 위한 기초 자료로 사용하기 위해, 「현황경관의 분류조사」를 실시하고, 경관특성에 따라서 하천공간을 조닝하였다.

제방 위에서 1km 간격으로 촬영한 사진 중에서 교량 등이 크게 찍혀 있는 것을 제외한 36장의 사진을 선정하고, 약 150명의 피험자에게 경관으로서 비슷하다고 느끼고 있는가에 따라 그룹화를 실시하게 하였다. 판단기준은 다음과 같다.

① 전체를 3개 이상의 임의의 개수 그룹으로 나눈다.
② 하나의 그룹에는 2지점 이상의 사진을 포함한다.

임의의 2장의 사진조합에 대해, 모든 조합이 동일 그룹에 들어간다고 생각하는 응답한 피험자 수를 집계하고, 그것을 피험자 총수로 나눈 수치를 유사도(類似度)라 하였다. 이 유사도를 근거로 하천경관을 그림 3.6과 같이 분류하였다. 피험자가 분류의 기준으로 하고 있는 것은 하폭, 저수면의 보임, 인공물의 보임, 하천의 단면형상 등이었다.

b. 기능공간의 조닝　　　경관분류조사의 결과에 입각하여 36장의 평가대상(사진)에서 경관특성이 다른 16장을 선정하고, 15항목의 기능 각각에 대해 그것을 만족시키는 장소로서 어느 정도 적합한 곳인가를 약 50명의 피험자(약 1/4은 하천관리자)에게 7단계로 응답을 받았다. 그 결과 하천공간이 만족시켜줄 수 있는 기능

은 「고수부지 폭이나 표면재료(풀밭, 모래사장)」·「하폭」·「물의 흐름」등의 영향을 받으므로 기능적으로는 이러한 요소에 따라 조닝해야 한다는 것을 알았다.

(3) 조닝의 검토

조닝은 그림 3.7에 제시한 순서에 따라 검토하였다.

a. 경관특성에서 본 조닝　　　현황의 하천경관은 그림 3.6과 같이 유형화되었으므로, 이 구분을 그대로 하나의 존으로 하면 좋지만, 하천개수계획에 따라 고수부지의 폭 등이 변하는 구간이 있다. 고수부지의 유무가 경관유형을 결정하는 중요한 요소가 되고 있다는 분석결과도 얻어지므로, 고수부지 폭의 변화에 특히 주목하여 다시 한번 경관특성에서 본 조닝을 실시하였다. 그 결과를 그림 3.8에 제시하였다.

b. 존별 기능배치　　　기능공간의 조닝 항목에서 기술한 조사결과로부터 하천공간의 기능을 표 3.5와 같이 분류하였다. 또 각 기능의 적합성 판단기준은 표 3.4와 같으며, 이것에 입각해서 각 존에 가장 적합한 기능을 배치하였다.

c. 코어 존의 설정과 정비테마　　　조닝안은 조닝별 기능배치가 기본이지만, 천변 시가지와의 연계가 용이할 뿐만 아니라 물과 접촉할 수 있는 「코어 존」을 선정하여, 그곳을 중점적으로 정비하는 것을 검토하였다. 코어 존이 수변도시의 중심과 유기적으로 연결된다면 하천이 천변도시를 연대시키는 심벌로서 역할을 수행할 수 있기 때문이다. 이러한 코어 존은 다음 조건에 의거하여 선정하고, 경관특성·공간특성·이용특성 등을 검토하여 각각의 정비 테마를 설정하였다.

① 현재 많은 사람들에게 이용되고 있다.
② 물과 접촉이 가능하다.

표 3.4 기능과 공간특성 대응관계의 판단기준

기능항목	공간구성 요소	하폭	물의흐름 거셈	물의흐름 퍼짐	제방 높이	제방 법면경사	삼각주의 유무	고수부지 폭	고수부지 표면재료	강가의 수목	제방의 유무	넓은 하늘	배후산의 근접	배후산의 형태	교량 색채	교량 형태	제내지 인공물(철탑,간판) 색채	제내지 인공물 형태	제내지의 식재
1. 보도를 만들어 산보를 한다	산보	22	2	4	11	12	4	54	9	11	3	19	14	12	2	0	2	1	
2. 코스를 만들어 조깅이나 사이클을 한다	조깅	21	2	4	10	10	4	52	17	4	11	8	13	0	1	3	2	3	
3. 잔디 등을 심어 휴식장소로 한다	휴식	18	2	7	5	20	6	45	24	13	1	14	9	9	0	1	1	1	4
4. 조망을 즐긴다	조망	11	4	8	5	1	10	5	3	18	4	27	24	54	1	3	4	7	7
5. 어린이를 자유롭게 놀게 한다	어린이 놀이	19	35	7	5	8	5	58	21	6	6	5	5	2	1	0	0	1	4
6. 소광장을 만들어 어린이가 모형놀이 등을 한다	소광장	18	13	7	7	7	4	66	12	12	2	9	6	2	0	0	1	2	2
7. 흐르는 물 속에 들어가게 하여 물놀이나 고기잡이를 한다	물놀이	35	61	28	2		7	18	8	2	4	3	1		0	0	1	1	1
8. 어느 정도의 수심을 확보하여 보트놀이를 한다	보트 놀이	41	50	45	1		4	12	7	4	6	0	4	4	0	0	0	0	1
9. 소운동장을 만들어 몇 명이서 운동을 한다	적은 인원의 스포츠	17	3	5	10	8	3	77	27	11	2	5	2	0	0	0	3	2	3
10. 큰 운동장을 만들어 많은 사람이 운동을 한다	많은 인원의 스포츠	20	2	2	9	10	2	79	26	10	2	10	1	0	0	0	2	1	4
11. 광장을 만들어 이벤트(축제), 집회를 한다	대 광장	17	3	2	10	9	2	73	22	11	3	11	2	1	0	0	1	0	2
12. 물고기가 서식하여 낚시를 한다	낚시	30	56	38	1		9	16	5	1	5	0	5	0	0	1	1	2	
13. 수변에 가까이 갈 수 있게 하여 피크닉과 캠프를 한다	피크닉	17	19	11	8	2	6	49	15	16	3	5	11	7	0	0	2	2	4
14. 꽃밭을 만들어 꽃을 즐긴다	꽃	14	2	2	5	10	7	51	19	25	2	15	0	0			1	2	5
15. 자연을 가능한 남겨서 야조·곤충·식물관찰을 한다	자연	9	15	4	1	5	13	14	8	33	2	14	21	17	0	0	1	4	19

주) 숫자는 피험자가 가장 중시한 것(2점), 중시한 것(1점)의 점수 합계

③ 수변시가지에서 접근하기 쉽다.

3.5 계획사례(2)
─구루메시 수변환경의 정비

구루메(久留米)시 도시정비에서는 「물과 녹음이 있는 인간도시의 형성」을 테마로 하고 있으며 수변은 녹음과 함께 도시정비의 기본으로 정의되고 있다. 테크노폴리스구상, 녹음의 마스터플랜 등 관련 시책에서도 수변이 정의되어 있는데 본격적으로 가로정비에서 수변환경의 바람직한 모습에 대해 검토를 실시한 것이 이 구상이다.[9]

(1) 구상정비의 순서
a. 수변환경의 현상 파악
치수(治水)이수(利水), 친수(親水) 측면에서 시내 하천의 현황에 대해 명확히 하였다. 하천개수의 현황, 도시

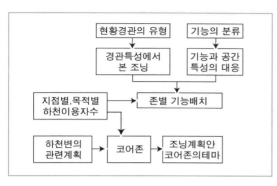

그림 3.7 조닝계획의 순서

그림 3.8 개수(改修) 후 경관특성에서 본 조닝

표 3.5 기능에서 본 하천공간의 조닝

구분		존 분류	존의 성격	주 이용목적
보전	자연지향	생태보전유지 경관 존	주변의 자연이나 귀중한 생태계를 보전·유지함과 동시에 주변 지역경관의 보전 및 창조에 노력하는 존	조망
이용	자연지향	자연이용 존	자연과의 접촉을 목적으로 하는 레크리에이션 활동의 장소로서 이용되는 존	물놀이 피크닉 낚시 자연관찰
이용	인공지향	운동·건강관리 존	많은 사람들이 드넓은 공간에서 자유롭게 놀거나, 스포츠를 즐기는 장소로서 이용되는 존	산책 휴식 대중스포츠 대규모광장
	인공지향	지역주민 이용 존	천변 주민을 위한 인공적인 시설이용 레크리에이션 활동의 장소로서 이용되는 존	조깅 유아 놀이 소광장, 꽃 소수인원이 하는 운동
		광역이용 존	광역의 주민을 대상으로 한 인공적인 시설이용 레크리에이션활동의 장소로서 이용되는 존	보트놀이 조망

사진 3.2 구루메시·이께마치가와(池町川) 녹도(지쿠고가와(筑後川)에서 끌어들인 물로 정화).

계획과 토지이용의 현황, 레크리에이션, 역사문화자원의 분포, 경관특성 등을 명확히 하였다(그림3.9, 3.10).

b. 도시와 수변, 시민과 수변과의 관계 파악

도시정비계획 및 시민의 수변에 대한 의식이나 수변의 이용 현황에 대해서 정리하였다. 구체적으로는 현지조사나 문헌조사에 의한 부분과 초등학교단위의 간담회에서 주민의 설문조사를 실시하여 의향을 파악하는 부분으로 구성된다(그림3.11, 3.12)

c. 구상 및 정비이미지의 검토

구상에 관한 기본적 사고방식, 기본방침, 네트워크의 형성, 거점지구의 형성, 네트워크루트의 정비이미지, 거점지구의 정비이미지 등의 검토를 실시하였다. 관련된 주체와 학식경험자로 구성된 위원회를 설치하고 계획의 검토회의를 실시하여 내용의 충실을 다졌다(그림3.13, 3.14).

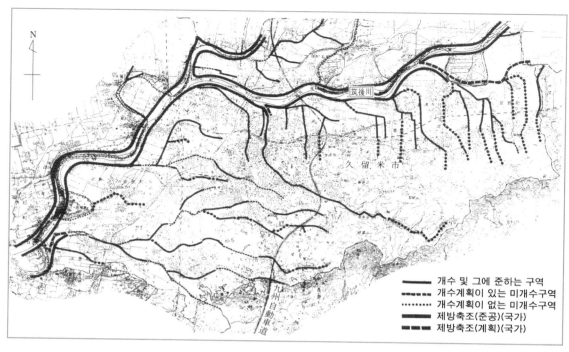

그림 3.9 하천 개수의 현황

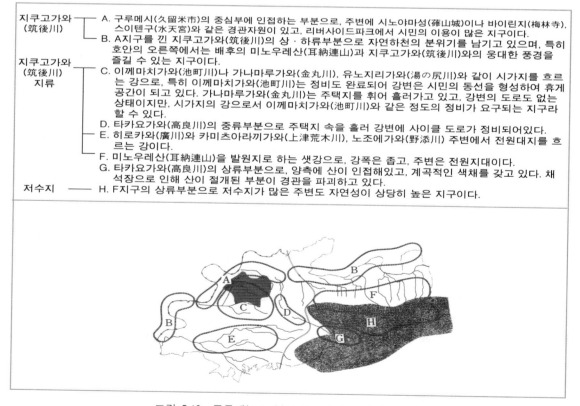

지쿠고가와 ┬ A. 구루메시(久留米市)의 중심부에 인접하는 부분으로, 주변에 시노야마성(篠山城)이나 바이린지(梅林寺),
(筑後川)   │   스이텐구(水天宮)와 같은 경관자원이 있고, 리버사이드파크에서 시민의 이용이 많은 지구이다.
         └ B. A지구를 낀 지쿠고가와(筑後川)의 상·하류부분으로 자연하천의 분위기를 남기고 있으며, 특히
              호안의 오른쪽에서는 배후의 미노우레산(耳納連山)과 지쿠고가와(筑後川)와의 웅대한 풍경을
              즐길 수 있는 지구이다.

지쿠고가와 ┬ C. 이께마치가와(池町川)나 가나마루가와(金丸川), 유노지리가와(湯の尻川)와 같이 시가지를 흐르
(筑後川)   │   는 강으로, 특히 이께마치가와(池町川)는 정비도 완료되어 강변은 시민의 동선을 형성하여 휴게
지류   │   공간이 되고 있다. 가나마루가와(金丸川)는 주택지를 휘어 흘러가고 있고, 강변의 도로도 없는
         │   상태이지만, 시가지의 강으로서 이께마치가와(池町川)와 같은 정도의 정비가 요구되는 지구라
         │   할 수 있다.
         ├ D. 타카요가와(高良川)의 중류부분으로 주택지 속을 흘러 강변에 사이클 도로가 정비되어있다.
         ├ E. 히로카와(廣川)와 카미츠아라끼가와(上津荒木川), 노조에가와(野添川) 주변에서 전원대지를 흐
         │   르는 강이다.
         ├ F. 미노우레산(耳納連山)을 발원지로 하는 샛강으로, 강폭은 좁고, 주변은 전원지대이다.
         └ G. 타카요가와(高良川)의 상류부분으로, 양측에 산이 인접해있고, 계곡적인 색채를 갖고 있다. 채
              석장으로 인해 산이 절개된 부분이 경관을 파괴하고 있다.

저수지 ──── H. F지구의 상류부분으로 저수지가 많은 주변도 자연성이 상당히 높은 지구이다.

그림 3.10 구루메(久留米)시 수변의 기본적 경관분류

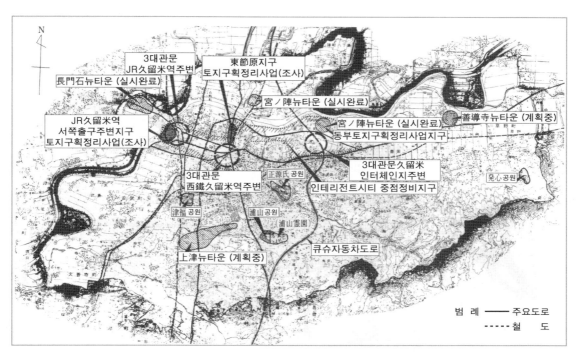

그림 3.11 주요 도시정비계획의 정리

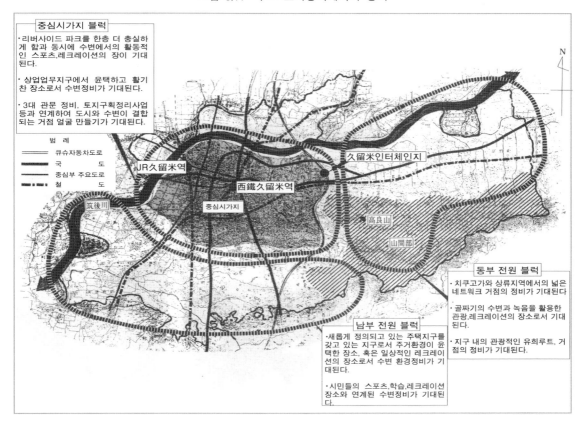

중심시가지 블럭
· 리버사이드 파크를 한층 더 충실하게 함과 동시에 수변에서의 활동적인 스포츠,레크레이션의 장이 기대된다.

· 상업업무지구에서 윤택하고 활기찬 장소로서 수변정비가 기대된다.

· 3대 관문 정비, 토지구획정리사업 등과 연계하여 도시와 수변이 결합되는 거점 얼굴 만들기가 기대된다.

범 례
━━━ 큐슈자동차도로
━━ 국 도
━━ 중심부 주요도로
▬▬▬ 철 도

JR久留米역
西鐵久留米역
중심시가지
筑後川
久留米인터체인지
高良山
山間部

동부 전원 블럭
· 치쿠고가와 상류지역에서의 넓은 네트워크 거점의 정비가 기대된다

· 골짜기의 수변과 녹음을 활용한 관광,레크레이션의 장소로서 기대된다.

· 지구 내의 관광적인 유희루트, 거점의 정비가 기대된다.

남부 전원 블럭
· 새롭게 정의되고 있는 주택지구를 갖고 있는 지구로서 주거환경이 윤택한 장소, 혹은 일상적인 레크레이션의 장소로서 수변 환경정비가 기대된다.

· 시민들의 스포츠,학습,레크레이션 장소와 연계된 수변정비가 기대된다.

그림 3.12 기본블록과 수변에 대한 요청 과제

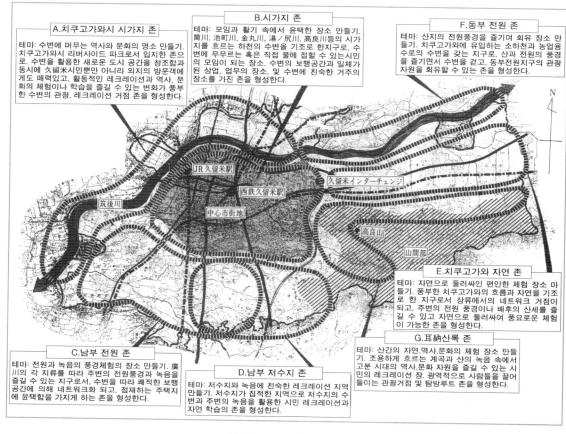

A.치쿠고가와시 시가지 존

테마: 수변에 머무는 역사와 문화의 명소 만들기. 치쿠고가와시 리버사이드 파크로서 입지한 존으로, 수변을 활용한 새로운 도시 공간을 창조함과 동시에 久留米시민뿐만 아니라 외지의 방문객에게도 매력있고, 활동적인 레크레이션과 역사, 문화의 체험이나 학습을 즐길 수 있는 변화가 풍부한 수변의 관광, 레크레이션 거점 존을 형성한다.

B.시가지 존

테마: 모임과 활기 속에서 윤택한 장소 만들기. 筒川, 池町川, 金丸川, 湯ノ尻川, 高良川등의 시가지를 흐르는 하천의 수변을 기조로 한지구로서 수변에 무무르는 혹은 직접 물에 접할 수 있는시민의 모임이 되는 장소. 수변의 보행공간과 일체가 된 상업, 업무의 장소, 및 수변에 친숙한 거주의 장소를 가진 존을 형성한다.

F.동부 전원 존

테마: 산지의 전원풍경을 즐기며 회유 장소 만들기. 치쿠고가와에 유입하는 소하천과 농업용수로의 수변을 갖는 지구로, 산과 전원의 풍경을 즐기면서 수변을 걷고, 동부전원지구의 관광자원을 회유할 수 있는 존을 형성한다.

C.남부 전원 존

테마: 전원과 녹음의 풍경체험의 장소 만들기. 廣川의 각 지류를 따라 주변의 전원풍경과 녹음을 즐길 수 있는 지구로서, 수변을 따라 쾌적한 보행 공간에 의해 네트워크화 되고, 점재하는 주택지에 윤택함을 가지게 하는 존을 형성한다.

D.남부 저수지 존

테마: 저수지와 녹음에 친숙한 레크레이션 지역 만들기. 저수지가 집적한 지역으로 저수지의 수변과 주변의 녹음을 활용한 시민 레크레이션과 자연 학습의 존을 형성한다.

E.치쿠고가와 자연 존

테마: 자연으로 둘러싸인 편안한 체험 장소 마들기. 풍부한 치쿠고가와의 흐름과 자연을 기조로 한 지구로서 상류에서의 네트워크 거점이 되고, 주변의 전원 경관이나 배후의 산세를 즐길 수 있고 자연으로 둘러싸여 풍요로운 체험이 가능한 존을 형성한다.

G.耳納산록 존

테마: 산간의 자연,역사,문화의 체험 장소 만들기. 조용하게 흐르는 계곡과 산의 녹음 속에서 고분 시대의 역사,문화 자원을 즐길 수 있는 시민의 레크레이션 장. 광역적으로 사람들을 끌어들이는 관광거점 및 탐방루트 존을 형성한다.

그림 3.13 존과 정비방침

이께마치가와(池町川)루트

[현황]

• 시가지를 흐르는 구간에서는 강변에 녹음도로가 정비되고, 점포도 강을 보면서 늘어서 있다. 시 중심부의 중요한 동선의 하나가 되고 있으며, 사람 통행도 많다.

• 이께마치가와(池町川)는 지쿠고가와(筑後川)의 물을 끌어들여 흐르게 하여 수질정화를 도모하고 있으며, 잉어와 같은 물고기가 많이 방류되어있다.

• 하류부분은 전답 사이를 흐르고 있으며, 강을 따라 도로가 나있다.

[정비방침]

• 강변의 경관과 번화함을 바라볼 수 있는 루트로서 기존의 녹음도로를 하류까지 연장한다.

• 이께마치가와(池町川)에 면한 도로와의 일체화에 의해 수변에 접할 수 있는 지점을 정비한다.

• 물레방아가 있는 도시가꾸기를 추진한다.

• 구루메시(久留米市)의 중심시가지를 흐르는 하천으로서 강 측에 정면을 둔 상업공간의 형성을 추진한다.

그림 3.14 정비이미지의 사례

(2) 수변환경정비의 기본적 개념과 방침

a. 풍요로운 「도시만들기」로서 수변환경의 정비

수변은 본래의 환경에 대한 동경, 쾌적함을 만족시키는 것이다. 수변은 녹음과 함께 도시의 골격을 형성한다. 수변은 레크리에이션 이용에서 학습, 상업 등 사람들이 모여 휴식하는 다양한 장소의 환경요소이다. 이상과 같은 점에서 수변의 환경자원으로서의 활용을 도모한다.

b. 치수(治水)·이수(利水)를 보완하는 친수(親水)기능으로서의 수변환경정비

수변은 치수·이수, 친수기능을 일체적으로 만족시키고 있는 지역의 기반이 되는 것이다. 또한 친수기능을 높이는 것은 하천과 생활을 연결시키고, 하천에 대한 주민의 이해를 높이고, 미화와 동시에 치수나 이수에 관한 인식을 높여 가는 것으로 이어진다.

이러한 기본적 개념을 근거로 다음과 같은 정비방침이 설정되었다.

① 다양한 수변을 활용한 도시의 매력 형성—주변에 있는 많은 시설을 활용한다.
② 물과 녹음의 네트워크 형성—보행 네트워크, 녹지축과의 연계, 오픈스페이스의 활용 등을 도모한다.
③ 수변 거점지구의 형성—물과 녹음과 도시의 네트워크상 중요지구를 거점으로 중점정비를 도모한다.
④ 단계적인 실현화—하천개수, 공원정비, 도시기반정비 등 장기적 정비과정에서 연계된 사업화에 의한 실현을 도모한다.
⑤ 지역 활성화

(3) 계획 수립과 실현

현 상태에서는 아직까지 계획수립의 실시단계로, 앞으로 여러 관계기관에서 이를 실용화하는 방향으로 사업을 진행하기를 기대하는 바이다. 그림 3.14에 제시한 하천(河川)의 루트에 대해서는 이미 시가지 구간에서 계획수립 이전에 물의 도입에 의한 수질개선과 수변산책로 정비, 수변의 공원정비 등이 실시되고 있으며 그 효과가 나타나고 있다.

3.6 설계사례(1) —오타가와(太田川)의 모토마치(基町) 환경호안 설계

(1) 설계 경위

히로시마시는 오타가와(太田川)에 삼각주에 있다. 오타가와는 6개로 갈라져 흐르고, 하안에는 전쟁재해부흥 구획정리에 의해 녹지가 설치되어 양호한 수변경관을 형성하고 있다. 오타가와 녹지는 히로시마시에서 상징이 되고 있다. 그러나 히로시마시의 고조(高潮)대책에 의해 제방을 높이는 공사가 계획되고, 그로 인해 강변 녹지의 경관악화가 염려되어, 경관적 검토를 실시하고 동시에 시가지 중심부 모토마치(基町) 호안의 설계를 실시한 것이다.

먼저 히로시마시 삼각주지역의 주민을 대상으로, 히로시마시와 오타가와에 대한 이미지, 의식, 이용에 관한 조사를 실시하였다. 또 현지조사와 하천개수, 지역잡지, 도시계획 등의 자료수집을 실시하여, 조사보고서로서 오타가와 전체에 관한 조닝과 구상계획을 책정하였다(그림 3.15).

모토마치 호안의 기본설계는 모든 하천에 관한 조사 데이터를 기초로 하였으며, 그 위에 현지에서의 상세한 조사를 덧붙여 가며 실시하였다[10].

설계대상은 오타가와 본류의 중심지구로 미사사바시(三篠橋) 하류의 덴만가와(天滿川) 분류지점에서 소라자야바시(空鞘橋)를 지나 아이오이바시(相生橋)까지 어림잡아 1km구간이다. 기본설계를 1977년도에 실시하고, 그 후 좌안에 대해서만 부분적으로 실시설계가 실시되어 시공되었다(표3.6).

(2) 오타가와 모토마치 부근의 정의와 설계방침

의식조사, 현지경관조사, 수집자료 등에서부터 명확하게 된 오타가와의 정의를 근거로 다음과 같은 설계방침을 정했다.

① 시민의식조사에서 『히로시마시』 하면 떠오르는 것을 물어보면, ⓐ원폭과 평화, ⓑ 하천과 교량, ⓒ도시교통, ⓓ히로시마 동양카프, ⓔ바다의 해산물과 굴조개, ⓕ성곽도시 히로시마, ⓖ도심지구, ⓗ산과 구릉, ⓘ 도시의 부흥과 발전, ⓙ아키(安藝)의 미야지마(宮島) 순 이었다. 오타가와는 히로시마를 대표하는 상징이라는 것이 확인되었다.

② 히로시마시의 지도를 그리게 하는 조사에서는 연상적(連想的)으로 오타가와와 연결되어 있어야 할 강변의 시설(평화공원이나 縮景園 등)이 항상 연관되고 있지는 않았다. 오타가와 모토마치(基町)에서는 강변의 중앙공원, 히로시마(廣島)성, 모토마치 아파트 등과의 경관적 결합을 도모하고, 수면 너머로 보이는 적당한 장소를 정비하여 물의 도시라는 이미지를 강조한다.

③ 모토마치 주변지구는 오타가와 중에서 도시민에게 많이 알려진 장소이다. 이지구의 개량은 오타가와 전체 이미지의 향상으로 이어지는 중요한 지구이다. 따라서 수변디자인은 경관적 측면을 우선 시키는 방향으로 정비한다.

④ 소라자야바시(空鞘橋)를 경계로 상·하류

에서는 하폭이나 주변의 토지이용 등 분위기가 달라, 각기 다른 디자인 방침을 취해 다른 이미지의 공간으로 한다.

⑤ 의식조사결과에서는 해당지구는 근처에 살고 있는 주민에게 친숙한 강으로서 인식되고 있지 않았으며, 수변으로의 접근성이 용이하지 않아 비교적 나쁜 평가를 받고 있었다. 그래서 개수시에는 수변으로의 접근성을 용이하게 하기 위해 제방에 작은 단·계단 등을 설치하고 수위변화에 대응시킨다. 하천이 간조의 영향을 받기 때문에, 조수간만이 약 3m로 현저한 수위변화가 생긴다.

⑥ 수변경관은 물가로의 접근이 용이하게 보이는 것이 중요하다는 이론에 따라 수변으로 접근하기 쉽게 보이는 형태로서 제방의 작은 단, 돌출 수제공, 계단 등을 설치한다.

⑦ 하천 폭 100m는 대안에서 활동하고 있는 모습이 보이는 거리이므로 대안과의 일체감을 가질 수 있도록 호안에 변화나 악센트가 될 수 있는 돌계단을 설치하고 열쇠모양의 요철돌쌓기로 하며, 대안으로 눈을 돌릴 수 있도록 고안한다.

⑧ 하천 굴곡부 외측의 오목한 부분은 둘러싸인 느낌이 드는 장소이며, 내측의 볼록한 부분은 개방적인 느낌을 주는 곳이다. 각각의 공간특성을 보다 강조하는 디자인 형태를 취하여, 오목한 부분에는 오목한 형태의 공간을 설치하고 볼록한 부분도 그 특성에 맞춘다.

⑨ 낙하방지용 울타리를 경관면에 배려하여, 돌쌓기로 설계 혹은 식재를 사용한 것으로 한다(실제로는 상자목재에 의한 식수가 되었다).

⑩ 하천은 공원과 같은 레크리에이션을 위한 허구공간이나 정원과 같은 예술 공간이 아

니라, 실용적이며 자연적인 독자의 공간이다. 공원적인 시설은 가능한 한 배제하고 벤치 등이 갖고 있었던 기능은 될 수 있으면 강변에 어울리는 물건으로 한다.

⑪ 재료를 유효하게 이용하고 하천의 역사를 존중하며, 정취가 있는 재료, 시간이 지나면서 경관가치가 우러나오는 소재로서 콘크리트는 표면에 사용하지 않고, 예전 호안에 사용되었던 화강암 석재를 재이용하거나 혹은 동일 재료를 사용한다. 수제공도 역사적 존재로서 보전, 재생을 도모한다.

⑫ 우안에서 수면 너머로 히로시마 성이 보인다. 히로시마 성과 중앙공원의 풍경이 조화되는 모티브로서 돌쌓기와 잔디의 녹색면을 활용한다.

⑬ 공사나 치수상 영향이 적은 기존수목은 가능한 한 남기고, 활용을 도모한다. 근처 주민의 이용과 먼 곳에 살고 있는 주민의 이용, 통근·통학, 휴일의 싸이클링 이용, 산보와 휴게, 물놀이 등이 소라자야바시(空鞘橋) 하류에서 예상되고, 소라자야바시 상류에서는 고수부지에서의 운동도 예상된다.

⑭ 근처 주민의 이용과 먼 곳에 살고 있는 주민의 이용, 통근·통학, 휴일의 싸이클링 이용, 산보와 휴게, 물놀이 등이 소라자야바시(空鞘橋) 하류에서 예상되고, 그리고 소라자야바시(空鞘橋) 상류에서는 고수부지에서의 운동도 예상된다.

(3) 제약 조건과 대안

설계시의 제약조건은 다음 세 가지이다.

① 태풍이 불었을 때의 고조위는 계산상4.4m(히로시마(廣島)만의 평균해수 높이보다 높음)이므로, 여유고 0.6m를 더 두어 제방고는 5m로 한다.

② 유량은 1,920㎥／s(①과 같은 규모의 태풍이 불어올 때, 오타가와로 흘러가야 할 유량)를 예상하고, 거기에 필요한 하천의 횡단면적을 확보한다.

③ 제방법선은 현재 하안선에 맞춰 대폭적인 변경은 하지 않는다.

상세조사의 결과(그림3.16), 설계방침, 제약조건에 입각하여 설계의 대상지구를 대상교량의 상하류와 양쪽 호안으로 크게 나누어 하안에 설치한 것. B안은 A안의 녹지풍보다 돌쌓기 이미지를 강조한 것으로, 이른바 성곽풍으로, 수제공도 보존하여 친수광장으로 이용하는 것. C안은 A안과 B안 개념의 중간에 해당하는 것으로, 녹지풍과 성곽풍의 중간으로, 거기에 소라자야바시(空鞘橋) 하류지역 고수부지의 높이를 낮춰 친수성이 있는 테라스의 특징을 갖게 한 것으로 상류지역은 과감하게 고수부지광장으로 하였다.

그리고 설계 시에 디테일은 경관 상 중요한 포인트가 되므로 다시 한번 유의점으로 다음과 같은 항목을 제시하였다(이것들은 실시설계에서 보다 상세하게 검토되었다).

① 호안상단의 처리로서 콘크리트 표면에 돌붙임을 고려

② 호안재료로서 화강암 절용법과 크기를 지정

③ 콘크리트 표면마감

④ 고수부지 토목공사의 디테일

⑤ 히로시마 성을 조망하기 위한 장소를 마련

(4) 실시설계

기본설계 4개안 중에서 최종적으로는 C안으로 결정되어 C안을 기본으로 하는 실시설계가 4단계에 걸쳐 실시되었다. 각 단계에서는 1/300~1/600정도의 평면도와, 1/100의 단면도, 그리고 그 이상의 상세도를 사용하여 설계하였다(그림3.18~3.20, 사진3.3~3.5).

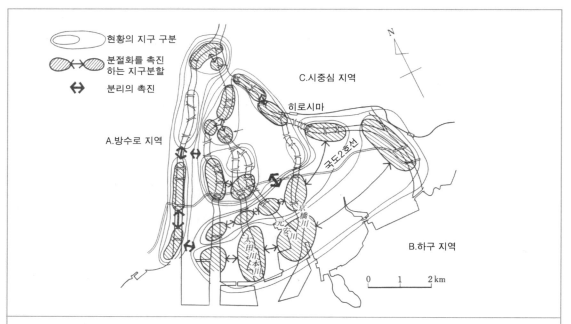

현황의 지구 구분

분절화를 촉진하는 지구분할

분리의 촉진

C.시중심 지역

히로시마

A.방수로 지역

국도2호선

京橋川

元安川

太田川本川

B.하구 지역

0 1 2km

하천경관구상계획

1. 전체 이미지의 정비방침
   ① 구분화의 촉진
      • 하천별 개성화를 도모한다.
      • 이미지가 넓게 흩어져 산만해 있는 지구를 개성 있게 한다.
   ② 돌출부의 공간적 이미지를 통일
      • 가급적이면 인접하는 지구별로 알기 쉬운 통일감을 만든다.
   ③ 3지역 10지구 분류의 촉진
      • 현재의 오타구(太田區)의 지역특성에 따른 조닝은, 원칙적으로 3지역분류는 보존하고, 10지구에 대해서는 보다 분할을 추진한다. 그러나 계층적인 구조는 명확히 한다.
2. 각 지구별 이미지 맵 구상
   A. 방수로구역─고수부지와 제방안쪽이 도로로 분단되어있는 것을 개선한다. 이용도 낮고 이미지도 애매하므로 새로운 개발로 매력을 부여한다.
   B. 하구구역─접근성이 나쁘고 매력이 결여되어있으며 이용도 적다. 거점개발이나 이벤트를 실시하여 시민에게 사랑 받는 수변으로 한다. 낚시를 위한 친수성을 확보한다. 엔코우가와(猿?川)는 접근, 이용률 모두 나쁘고, 수질도 나쁘기 때문에 재생화계획이 필요.
   C. 시중심구역─산보를 중심으로 하는 안정감 있는 자연의 공간으로서 수상공원화를 도모한다. 혼잡한 역전은 재개발하고, 강가 녹지와 일체적으로 착수한다. 덴마가와(天滿川)는 매력이 결여되어있으므로 개선한다. 산협곡부분의 이미지 업.

그 외에 강가의 유보로를 녹음도로네트워크로 계획한다.

그림 3.15 오타가와(太田川) 경관구상계획

표 3.6 설계·시공의 경위

구 간	기본설계	실시설계·시공
A 덴만가와(天滿川) 분류에서 약 200m 하류 좌안	1977년도	1981년도
B 교 상류 좌안 약 300m	1977년도	1980년도
C 교 하류 좌안 약 200m	1977년도	1979년도
D 교 상류 좌안 약 200m	1977년도	1982년도

설계 후 반성되는 점을 몇 개 기술하겠다.
① 평면도를 보면, 좌안 고수부지 광장에 수목이 적다는 것을 알 수 있다. 이곳이 넓게 조성된 광장임을 생각할 때, 큰 나무는 극히 상징적으로 몇 그루만 있는 것이 좋다는 것이 설계의도였다. 다행히 몇 그루 남아 있는 큰 나무는 상당히 효과적이다.

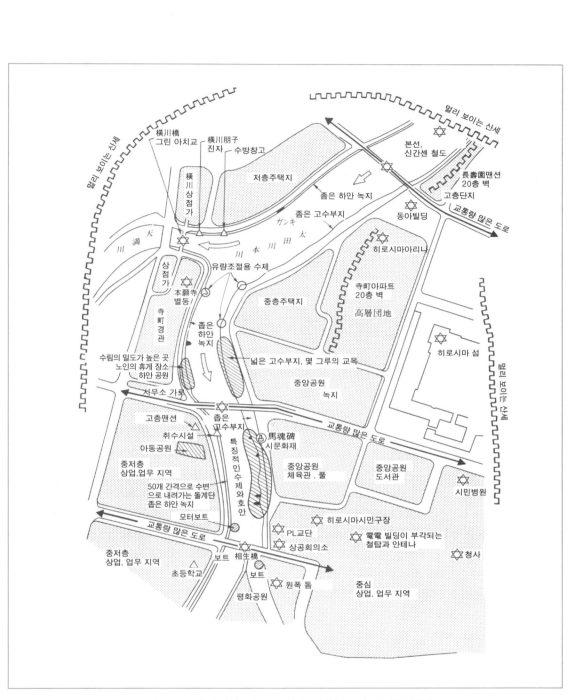

그림 3.16 혼가와(本川) 모토마치 지구주변의 경관적 특징

지도 내 라벨:
- 멀리 보이는 산세
- 横川橋 그린 아치교
- 横川朋子 진자
- 수방창고
- 본선, 신간센 철도
- 長壽園맨션 20층 벽
- 고층단지
- 교통량 많은 도로
- 横川상점가
- 저층주택지
- 좁은 하안 녹지
- 좁은 고수부지
- 동아빌딩
- 天滿川
- 太田川 本川
- ガンキ
- 유랑조절용 수제
- 히로시마아리나
- 상점가
- 本願寺 별동
- 寺町경관
- 좁은 하안 녹지
- 중층주택지
- 寺町아파트 20층 벽
- 高層団地
- 수림의 밀도가 높은 곳 노인의 휴게 장소 하안 공원
- 넓은 고수부지, 몇 그루의 교목
- 중앙공원 녹지
- 히로시마 섬
- 서무소 가로
- 고층맨션
- 취수시설
- 아동공원
- 좁은 고수부지
- 馬魂碑 시문화재
- 특징적인 수제와 호안
- 중앙공원 체육관, 풀
- 중앙공원 도서관
- 교통량 많은 도로
- 멀리 보이는 산세
- 중저층 상업.업무 지역
- 50개 간격으로 수변으로 내려가는 돌계단 좁은 하안 녹지
- 모터보트
- 교통량 많은 도로
- 중저층 상업, 업무 지역
- 초등학교
- 보트
- 相生橋
- 보트
- 원폭 돔
- 평화공원
- 히로시마시민구장
- PL교단
- 상공회의소
- 電電 빌딩이 부각되는 철탑과 안테나
- 시민병원
- 중심 상업, 업무 지역
- 청사

② 관리용 통로 즉 산보할 수 있는 도로 는
  곡선으로 하였으나, 일부분이 지나치게 굽
  어 있다는 점을 반성하여 후에 부드럽게
  하였다.
③ 제내지의 공원과 단지 경계부의 접속은 어

느 정도 조정이 순조롭게 이루어지고 있으
나, 좀더 일체화가 되었으면 좋았다.
④ 소라자야바시(空鞘橋)의 하류지역은 전체
  적으로 공간이 분할되어 편안한 느낌이 결
  여되어 있다. 한편 상류지역은 편안하다는

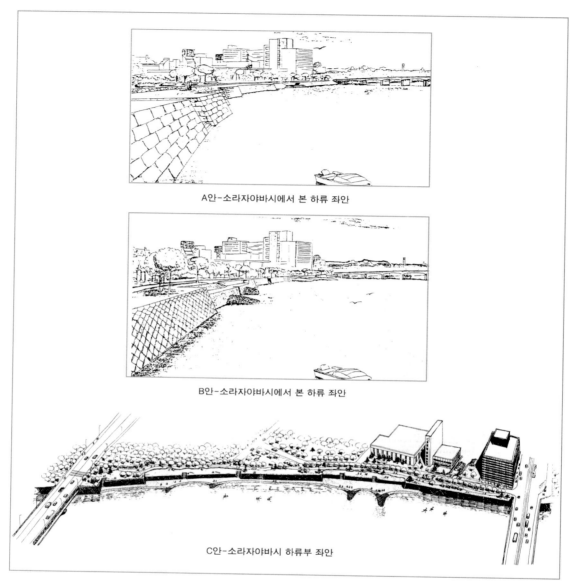

A안-소라자야바시에서 본 하류 좌안

B안-소라자야바시에서 본 하류 좌안

C안-소라자야바시 하류부 좌안

그림 3.17 소라자야바시(空鞘橋)에서 본 하류 좌안

그림 3.18 오타가와 모토마치 호안 평면도

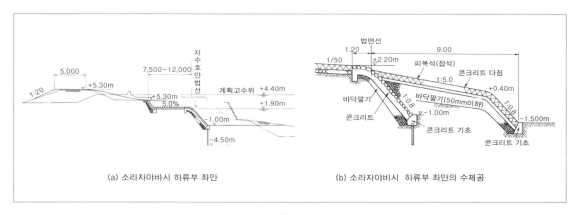

그림 3.19

(a) 소라자야바시(空鞘橋) 하류 좌안—변화를 부여, 친수 테라스와 수제공이 있다

(a) 소라자야바시(空鞘橋) 상류 좌안—고수부지의 광장

(b) 소라자야바시(空鞘橋) 하류 좌안 공사 실시 전— 히로시마 성이 보이고, 수제공이 있다

사진 3.3 모토마치 호안정비 전후(상류지역)

(b) 소라자야바시(空鞘橋) 상류 좌안 공사 실시 전— 고수부지에 수목이 있다

사진 3.4 모토마치 호안정비 전후(상류지역)

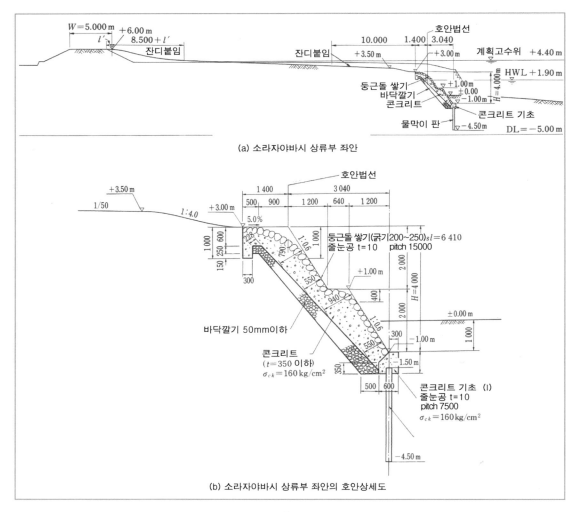

(a) 소라자야바시 상류부 좌안

(b) 소라자야바시 상류부 좌안의 호안상세도

그림 3.20

사진 3.5   소라자야바시(空鞘橋) 하류 좌안(상류방향을 조망)
—수제공과 친수 테라스, 호안 상부에 콘크리트 돌을 메운
처리와 낙하방지를 위한 식재

평판은 좋으나 친수성에서는 조금 뒤떨어지고 있다.

⑤ 불을 사용한 흔적이나 쓰레기의 산란 등이 입구모퉁이 부분에 많이 보여, 이용이 많아지는 한편으로 관리상 어려움도 있다.

⑥ 당초에는 다릿목 입구부분의 설계가 순조롭지 못했으나 그 후 개선되었다.

⑦ 국가의 보조를 기반으로 호안공사가 실시되었으나, 그 후 자선단체의 식수, 히로시마시에 의한 식수와 다릿목 부근의 광장조성, 입구부분의 개선 등에 섬세하게 개선되면서 조금씩 풍경정비가 좋은 방향으로 진행되고 있다.

3.7 설계사례(2)
─노가와(野川)의 호안설계

사례로 든 것은 도쿄 세타가야구(世田谷區)의 다마가와(多摩川)와 노가와(野川)의 합류부로, 효고지마(兵庫島)지구로 불리는 지구의 호안설계사례이다[11].

(1) 전체의 흐름

경관설계를 포함한 전체 검토의 흐름은 그림 3.21에 나타낸 것과 같으며, 지역의 특성파악을 통해 경관설계의 기본방침을 설정한 후, 호안설계의 예비적 검토에 10개 안의 호안에서 3개 안으로 압축하였으며, 이미지스케치, 모형을 이용한 상세한 경관적 검토를 통해 최종적인 호안설계를 실시한 것이다.

(2) 대상지역의 개요

효고지마(兵庫島)지구는 도쿄 남서부에 위치하고, 사철(私鐵)의 교외 터미널역 후타고타마가와엔(二子玉川園)역에서 가까운 곳에 위치하고 있다. 효고지마(兵庫島)는 다마가와(多摩川)

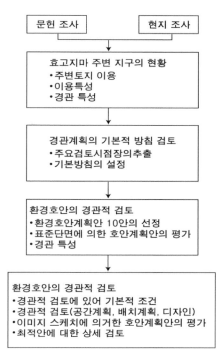

그림 3.21 전체검토의 흐름

와 노가와의 합류부로 노가와(野川)에서 흘러오는 토사의 퇴적으로 만들어진 조금 높은 언덕이다. 전에는 좀더 상류에 완전한 섬으로 있었으나 홍수가 날 때마다 조금씩 이동하여 현재는 거의 내륙과 연결된 하나의 삼각주로 되어 있다.

예전에 이 부근은 쌍둥이가 서로 만났던 전설이 있는 장소로, 여관이나 음식점도 즐비하고, 예로부터 교외 산책의 명소로 번창했던 장소이다.

현재는 후타고타마가와엔(二子玉川園)역 앞을 중심으로 상업시설이 현저하게 집중되어있고, 교통편도 좋다는 이유에서 수도권 근교의 야외 레크리에이션 장소가 되고 있다.

(3) 기본방침의 검토

a. 기본 이미지 호안설계의 기본방침검토에 앞서, 효고지마(兵庫島)지구의 주요 경관구성요소인 다마가와(강의 좌측 부분), 연못(강변

사진 3.6 효고지마(兵庫島)지구 전체모습(建設省京浜공사사무소제공)

의 자연발생적 수면), 효고지마, 오가와의 경관 이미지를 고찰하였다.

(ⅰ) 다마가와(多摩川)

저수(低水)호안이 없고, 획일적인 고수부지가 정비가 되어 있지 않다는 점에서, 자연의 강변·수변을 이용한 하천 본래의 자연으로 소박한 이용이 이루어지고 있다. 옥석 강변이 갖고 있는 개방적이며 밝고 웅대한 이미지가 기반이라고 할 수 있다.

(ⅱ) 연못

이곳은 본류와는 별도의 정적인 수공간을 만들어 내고 있다는 점에서, 다마가와에서 보완적이면서 귀중한 장소이다. 활동은 낚시, 고기잡기가 중심이다. 흐르는 다마가와와 비교해보면 조금은 정적이며, 이면의 이미지를 갖는 장소라고 할 수 있다.

(ⅲ) 효고지마(兵庫島)

하천부지 내에서 실로 귀중한 녹음공간이며 동시에 수변을 내려다볼 수 있는 높은 곳이라는 점에서 좋은 휴게, 조망 장소가 되고 있다.

조망 장소이고 개방성이 있다고 할 수 있는 이곳은 수목이 무성하여 안정감 있는 공간이며, 전체적으로는 그늘, 정적인 이미지가 강하다고 할 수 있다.

(ⅳ) 노가와(野川)

저수(低水) 호안이 아직 정비되어 있지 않은 관계로 잡초가 무 성하게 자라고 있고, 이용이 거의 이루어지지 않고 있다는 점에서, 이곳이 효고지마지구에서 차지하는 이미지 자체는 약하다. 같은 물이 흐르는 다마가와와 비교해보면 작고, 어두운 이미지라고 할 수 있다.

b. 설계목표와 기본방침 이러한 지구 전체의 경관이미지 고찰에 입각하여, 호안설계의 직접 대상이 되고 있는 노가와의 설계목표로서 어떠한 경관이미지를 추구하는 정비가 바람직한가에 대해 검토한다.

설계목표로서 경관이미지를 검토하면 현상 추종형이라는 설정방법도 있으나, 여기에서는 현재의 「그늘」, 「어두움」이라는 이미지가 전체의 진입부로서 부적합하다는 것과 노가와 정

화시설의 가동(대상지역 상류에 계획)에 의해
노가와의 이미지가 의미적으로도 변화할 가능
성이 높다는 이유에서, 새로운 이미지의 창조
를 생각하였다.

그 결과 노가와에는 입구부의 성격, 다른 수
변공간과의 관계에서「양(陽)」, 「동(動)」,
「작음(小)」라는 이미지를 설정하였다. 그리고
이러한 이미지를 근거로 호안을 중심으로 한
수변공간의 정비방침에 다음과 같은 방침을 설
정하였다.

기본방침 1　효고지마지구 전체에 공통되는
　　　　　　자연적이며 소박한 이미지와
　　　　　　조화를 이루는 수변공간을 만
　　　　　　들어 낸다.

기본방침 2　다마가와, 연못과 같이 다른 수
　　　　　　변공간과 보완적으로 작용하는
　　　　　　수변공간을 만든다.

기본방침 2에 대해서는 다마가와, 연못과 같
이 인접하는 다른 수변공간에 없는 기능으로
서, 「수생식물 등을 즐길 수 있는 수변」,
「안심하고 물놀이 할 수 있는 수변」, 「분
수·폭포를 연출한 수변」을 상정하였으나, 해
당지구에 대한 적합성을 검토한 결과, 「안심
하고 물놀이를 할 수 있는 실개천」유형의 수
변공간을 선출하였다.

(4) 호안설계의 예비적 검토

a. 호안설계안의 선정　　기본방침에서 검토
한 「안심하고 물놀이를 할 수 있는 실개천」
유형의 수변공간을 토대로 하고, 일반적인 환
경호안의 분류에서 친수·하천 이용 호안이라고
일컫는 것을 중심으로 하여 완경사형 호안, 계
단형 호안, 평지형 호안, 수변 에이프런(apron)
형 호안 및 그것들의 복합된 합계 10개 안의
호안을 선정하였다.

b. 평가축의 설정　　설계안을 압축하기 위

표 3.7　호안설계안 일람

호안유형		호안계획안
통상적인 호안유형		① 블록형 호안
친 수 · 하 천 이 용 환 경 호 안	완경사형 호안유형	② 완경사이면서 돌붙임 호안
		③ 완경사이면서 블록형 호안
	수변에프론형 호안유형	④ 에프론이 있는 녹화호안
		⑤ 나무발침에 자갈을 채운 호안
	계단형 호안유형	⑥ 스텝블록 계단호안
		⑦ 인조목으로 된 계단호안
	평지형 호안유형	⑧ 평지에 돌붙임 호안
		⑨ 잔디 정리에 돌붙임 호안
	완구배, 계단복합형 유형	⑩ 계단모양으로 돌붙임 호안

해 경관평가에서는 앞서 설정한 기본방침을 근
거로 그것에 대응한 경관적 유의점이라는 측면
에서 6개의 경관평가기준을 설정하였다.

(ⅰ) 기본방침1에 관한 평가축

① 호안에 자연적인 이미지를 부여한다―효고
지마지구의 자연에서 소박한 이미지와 호
안 재료자체가 갖는 이미지와의 조화성을
판단한다.

② 호안을 작게 보이게 한다―자연적인 풍경
속에서 호안 구조물이 갖고 있는 인공적
이미지는 지우기 어려운 면이 있다. 이러한
시각적 영향은 호안을 바라볼 때 눈에 들
어오는 크기에 의해 판단한다.

③ 단조로운 연속선에 의한 경관은 피한다―
자연경관 속에서 시선의 이동을 무리하게
강요하거나, 단조로운 연속선을 보여주는
것은 인간의 시각특성에 적합하지 못하고
불쾌감을 준다. 호안에 이러한 위험성이 있
다면 그것은 호안 상부, 수변선 등의 연속
선이며, 이러한 선이 만들어 내는 단조로움
의 정도를 판정한다.

(ⅱ) 기본방침2에 관한 평가축

① 수변으로의 접근성과 수변에서의 활동성을
확보한다―수변공간에서의 활동은 특히 물
가에 집중할 것이라고 생각하여, 수변 접근

표 3.8 경관평가의 정리

호안계획안 \ 평가축	(i) 효고지마 주변지구에 공통된 자연적이며 소박한 이미지와의 조화를 도모 한다			(ii) 다마가와, 연못과 같은 다른 수변공간과 보완적으로 기능 하는 수변공간을 만들어 낸다			종합
	(i)-① 호안에 자연적인 이미지를 부여한다	(i)-② 호안을 작게 보이게 한다	(i)-③ 단조로운 연속선에 의한 경관을 피한다	(i)-① 수변으로의 접근 용이성과 수변에서 활동성을 확보한다	(i)-② 호안에 적당한 표면요철을 부여한다	(i)-③ 수변의 경사가 완만하게 보이도록 한다	
① 블록형 호안	·콘크리트블록의 인공적이미지가 강하다 (×)	·보이는 면적이 작다 (○)	·수변선, 호안견, 호안본체의 평행한 선의 흐름이 강하다	·수변으로의 접근성이 불량 ·수변에 사람이 쉬는 공간이 없음	·재질감이 한결 같고 단조	·20% 경사로 수면으로 관입 (×)	수변공간의 친수성에 어려움이 있음
② 완경사 돌붙임 호안	·자연석을 사용 (○)	·보이는 면적이 크고 평면적으로 확장된다 (×)	·수변선, 호안견, 호안본체의 평행한 선의 흐름이 강하다	·수변으로의 접근성 양호 ·수변에 사람이 쉬는 공간이 없음	·석재의 대소에 따라 재질감이 조금씩 변화한다	·50% 경사로 수면에 관입	자연적 이미지와의 조화성에 어려움이 있다
③ 완경사 블록형 호안	·콘크리트블록의 인공적 이미지가 강하다 (×)	·보이는 면적이 크고, 평면적으로 확장된다	·수변선, 호안견의 평행한 선의 흐름이 강하다	·수변에 접근성 양호 ·수변에 사람이 쉴 수 있는 공간이 없다 (×)	·재질감이 한결 같고 단조	·5할 경사로 수면에 관입 (○)	자연적 이미지와의 조화성에 어려움이 있다
④ 에프론 붙어 있는 이형법면 녹화호안	·자연석을 사용 ·법면부를 자연석으로 수경하고 녹화 (○)	·보이는 면적이 작다 (○)	·에프론 폭의 변화에 따라 수변선에 요철이 생긴다 (△)	·수변에 접근성이 양호 ·수변에 광장이 있다 (○)	·석재 붙임, 조경석의 대소에 의해 재질감이 조금씩 변화한다 (△)	·60% 경사인데 배후에 완경사의 평탄부가 있는 관계로 보이는 경사는 완만하다	종합적으로 평가가 높다
⑤ 나무 받침에 자갈을 채운 호안	·자연석과 나무 받침을 사용	·보이는 면적이 조금 크다 (△)	·자연스런 모양으로 인해 수변선에 자연스런 변화가 생긴다 (○)	·수변으로의 접근성 양호 ·수변에 광장이 있음 (○)	·돌붙임의 대소에 따라 재질감이 조금씩 변화하고, 또한 메운 자갈의 경사도 변화한다	·나무 받침에 의해 분할되지만 배후에 완경사의 평탄부가 있어, 보이는 경사는 완만하다	종합적으로 평가가 높다
⑥ 스텝블록 계단 호안	·콘크리트블록의 인공적 이미지가 강하다 (×)	·보이는 면적이 작고 계단모양으로 분할되어 있다 (○)	·수변선, 호안견, 계단의 평행한 선의 흐름이 강하다	·수변에 접근성 양호 ·수변에 광장이 확보 (○)	·재질감이 한결 같고 단조 (×)	·20% 경사이지만 계단평탄부가 있어 보이는 경사는 완만하게 느껴진다	자연적 이미지와의 조화성에 어려움이 있다
⑦ 인조목 계단호안	·인조목 블록을 사용 ·모래, 자갈 바닥의 이미지와는 조금 다르다 (△)	·보이는 면적이 작고 계단모양으로 분할되어 있다	·축상부(蹴上部)의 세로 모조나무와 모조나무의 미묘한 곡선이 변화를 만들어 낸다	·수변으로의 접근성 양호 ·수변에 광장이 확보 (○)	·인조목 자체가 미묘한 재질감을 갖고 있으며, 종, 횡의 교차가 있다	·20% 경사이지만 계단평탄부가 있어 보이는 경사는 완만하게 느껴진다	종합적으로 평가가 높다
⑧ 평지에 붙어있는 돌붙임 호안	·자연석을 사용 (○)	·보이는 면적이 크다	·수변선, 호안견, 소단의 평행한 선의 흐름이 강하다 (△)	·수변으로의 접근성 불량 ·수변에 광장이 있다	·석재의 대소에 따라 재질감이 조금씩 변화한다	·20% 경사로 수면으로 관입 (○)	종합적으로 문제점이 많다
⑨ 잔디평지에 돌을 깐 호안	·자연석을 사용하면서 부분적으로 녹화 (○)	·보이는 면적이 조금 크다 ·2단으로 분할되어 있다 (△)	·수변선, 호안견, 소단의 평행한 선의 흐름이 강하다 (△)	·수변으로의 접근성 불량 ·수변에 광장이 있다	·석재의 대소에 의해 질감이 조금씩 변화한다	·20% 경사로 수면으로 관입 (×)	종합적으로 문제점이 많다
⑩ 계단형 돌붙임 호안	·자연석을 사용 (○)	·보이는 면적이 조금 크다 (△)	·수변선, 호안견의 평행한 선의 흐름이 강하다	·수변으로의 접근성 양호 ·수변에 사람이 쉴 수 있는 공간이 없다 (△)	·석재의 대소와 단위의 돌에 의해 재질감의 변화가 생겨난다	·50% 경사로 수면으로 관입 (○)	자연적 이미지와의 조화성에 조금 어려움이 있다

(주) 평가 기준 : ○ 문제점 없음 △ 문제점 있음 × 문제점 많음

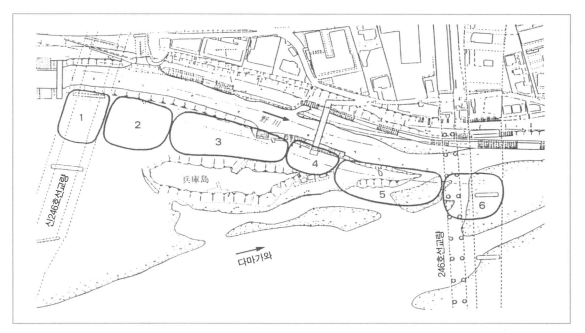

그림 3.22 조닝도

성의 양호·불량과, 물가에서사람들이 활동할 수 있는 충분한 넓이를 갖는 공간의 유무를 판정한다.

② 호안에 적당한 표면 요철을 준다─호안표면은 수변의 친수성을 높이는 중요한 요소의 하나이며, 보이는 거리에 따라 다단계의 획일적인 표면이 아닌 요철을 갖게 함으로써 수변에 풍부한 표정과 친숙하기 쉬움, 접근하기 쉬움을 만들어낼 수 있다

③ 수변의 경사가 완만하게 보이도록 한다─호안경사는 경관뿐만 아니라, 안전성, 접근하기 쉬움에서도 중요한 요소이다. 경관적으로 말하면, 특히 수면으로 관입하는 경사가 완만한 것이 친수성의중요한 요건으로, 이 부분의 경사 정도를 판단한다.

c. 호안계획안의 경관평가에 의한 계획

상기의 평가축에 따라 10개 계획안에 대한 경관평가를 실시하고, 상세한 검토를 실시해야 할 계획안을 선출하였다.

평가결과는 표 3.8과 같으나, 이 단계에서의 평가는 표준단면도를 근거로 계획가가 자체적으로 실시하는 정성적인 평가이다.

이 단계에서 중요한 것은 평가축을 명확히 하고, 평가의 재현성을 확보해 두는 것이다.

(5) 설계를 위한 조닝

노가와를 포함한 효고지마지구의 경관이미지에 대해서는 앞서 기술한 바와 같으나, 구체적인 호안설계를 위해 더욱 상세하게 지구특성을 파악하고, 지구의 조닝을 실시하였다. 방법은 앞서 기술한 계획의 조닝과 기본적으로 같다. 다만 계획단계에서 상세 조닝을 실시하는 것은 쓸데없이 작업량을 늘리는 것으로, 프로세스에서 몇 단계로 나누어 보다 상세한 지구에 대응한 조닝을 실시하는 것이 일반적이다.

노가와 우안지구의 조닝특성 및 각 존이 추구하는 공간이미지를 다음과 같이 설정하였다(그림3.22).

a. 존1 : 신246호선 교량 밑

- 다리 밑의 공간으로 한낮에 그늘을 즐길 수 있는 장소이지만, 더러움 등이 눈에 띠고 자칫하면 어두운 이미지를 갖는 장소가 되기 쉽다.
- 정비방향으로는 존2와의 높이 차이를 만들어내는 전체의 마운드화와 교각 주위의 디자인으로, 쾌적한 그늘이 있는 휴게공간을 조성하는 것에 목표를 둔다.

b. 존2 : 신246호선 하류

- 하류의 존3과 비교하면 효고지마의 영향이 약하고 마운드로 이미지 면에서도 통일성이 결여되어 있는 애매모호한 공간이라고 할 수 있다.
- 정비방향으로는 주위를 둘러싸고 있는 수림과 마운드에 좀 더 통일된 느낌을 주도록 정리함과 동시에 효고지마의 연장으로서 나무가 간간이 서 있는 광장을 정비한다.

c. 존3 : 효고지마 전면

- 배후에 효고지마를 떠받친, 통일감과 안정된 이미지의 공간이다.
- 정비방향으로는 현재의 통일감, 안정감을 보다 높이고 노가와 오른쪽 친수공간을 중심으로 질 높은 수변광장으로 정비한다.

d. 존4 : 효고바시(兵庫橋) 다릿목 부분

- 효고지마지구로 향하는 입구에 해당되는 공간인 동시에 존3과 존5를 연결하는 기능을 갖는 공간이다.
- 정비방향으로는 현재 입구부분을 인상 지우고 있는 다릿목의 버드나무를 활용하여 진입부에 적합한 수경성이 높은 다릿목 광장의 정비를 도모한다.

e. 존5 : 효고바시(兵庫橋) 하류

- 존3과는 상대적으로 다마가와 강변의 일체감이 생겨나기 시작하는 장소이며, 개방적인 이미지를 갖는 공간이다.

- 정비방향으로는 노가와에서 다마가와로의 공간적·이미지적 이행을 표현할 수 있는 잔디와 옥석의 조약돌이 복합된 평온한 광장조성을 목표로 한다.

f. 존6 : 246호선 교량 밑

- 국도 246호선, 철도가 지나는 두 개 교량의 넓은 다리 밑 공간이다. 존의 성격으로는 앞서 기술한 존1과 비슷하다고 할 수 있다.
- 정비방향으로는 다마가와의 영향이 강한 공간으로, 자연초원의 분위기를 남긴 조약돌 광장으로 정비한다.

(6) 호안의 경관설계

각 존마다의 공간정비 방침에 입각하여 호안설계의 경관적 검토를 실시한다. 전체 검토의 흐름에서는 앞서 선정된 3개안 각각에 대해 검토를 실시하였는데, 여기에서는 최종적으로 선출된 계획안 존3의 호안 설계 개념을 중심으로 기술한다.

a. 경관설계의 특징　여기서 기술하는 검토 특징을 요약하면, 호안의 형태·크기·평면도, 단면도에 제시된 물체의 크기·형태와 실제로 그것을 보았을 때 느끼는 크기·형태의 인상은 크게 다르다는 것은 잘 알려져 있다.

그 때문에 경관계획에서는 통상적인 호안설계에서 중심이 되는 평면도, 단면도에 입각한 검토와 더불어 스케치투시도, 몽타주, 모형 등의 시각적 표현에 의거한 투시 형태적 검토를 실시하는 것이 필요하다.

b. 시점의 설정　경관설계의 특징은 설계 대상의 크기나 형태를 투시 형태적으로 검토하는 것인데, 이 투시 형태적 검토의 출발점이 되는 것이 시점, 즉 보는 장소의 설정이다. 대상이 되는 호안을 어디에서 보게 되는가, 맞은편 호안에서인가, 다리 위에서인가, 바로 근처

표 3.9 시점 일람

No.	시점	경관특성
①*	후타고타마가와엔(二子玉川園)역 홈	• 대상구간전역이 부감으로 조망되는 하류측 시점장 • 역 홈 공간으로서 정비되어 있어, 체류성이 양호 • 시계가 넓고 양호
②	246호선 후타고바시(二子橋)보도	• 대상구간전역이 부감으로 조망되는 하류측 시점장 • 자동차교통량의 크기, 보도위치의 관계에서 체류성, 시계성 모두 곤란하다
③	신 246호선 신 후타고바시(二子橋)보도	• 대상구간 전역이 부감으로 조망할 수 있는 상류측 시점장 • 자동차교통량이 커 체류성에 어려움이 있다
④*	효교바시 좌측호안 다릿목 부근	• 노가와(野川), 효고지마(兵庫島), 다마가와(多摩川)가 근경, 조금은 부감으로 조망된다 • 효고지마지구로 이르는 접근상 인상적이며 해방적 조망을 얻을 수 있다
⑤	효고지마	• 설계범위에 속하는 노가와(野川) 우안부는 거의 불가시(不可視) • 벤치, 등책 등이 정비되어 체류성은 양호
⑥	효고바시 상류 좌측호안 강가	• 효고바시 상류지역만이 대안경(對岸景)으로 가시 • 시점장소에 이르는 접근성에 어려움이 있다
⑦	효고바시 하류 좌안제방 소단	• 효고바시 하류지역만이 대안경(對岸景)으로 가시 • 제방이 소단으로 체류성에 어려움이 있다
⑧	효고바시	• 약간의 시선이동으로 상·하류가 조망된다 • 잔교이기 때문에 시점장소로서 정비하는데 제한이 있다

주) *는 주요 검토 시점

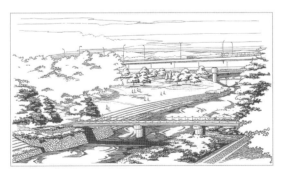

그림 3.23 후타고타마가와엔역 홈에서의 스케치

에서인가, 그렇지 않으면 수백 미터 떨어진 곳에서인가, 그것에 따라서 대상의 보임은 달라지며, 어떻게 보여줄 것인가 하는 설계의 개

넘도 달라진다.

시점의 설정에서는 다음과 같은 내용을 고려하는 것이 필요하다.

(ⅰ) 대상의 시인성(視認性)

대상이 되는 하천공간의 시인성은 가장 기본적인 사항이며, 대상이 되는 공간이 보이지 않으면 안타깝지만 경관설계를 할 필요가 없다. 그렇지만 실제로 이렇게 단언해버리는 데에는 문제가 있다. 폭포를 만들어 물소리를 들리게 함으로써 수변을 인식시키는 방법 등도 경관설계의 일부이다. 경관설계 중에서 투시형태에 의거한 경관설계를 할 필요가 없다고 하는 것이 정확할 것이다.

(ⅱ) 시점의 이용성

시점 이용에 대해서는 일반적으로 말하는 이용자 숫자의 많고 적음뿐만 아니라, 이용자의 다양성, 불특정성과 같은 것도 중요한 항목이 된다.

(ⅲ) 시점장의 쾌적성

시점장의 쾌적성에 대해서는 벤치나 차양막, 비막이 등의 시설정비에 의해 쾌적성을 높여, 벌레소리, 풀 냄새, 어떤 활동(차를 마시면서 바라보는, 식사를 하면서 바라보는)의 가능성, 나아가 시점장의 공간형상에 의한 그 장소의 분위기까지도 검토항목에 포함된다.

(ⅳ) 보임의 특징

보임의 특징은 프레임 설정, 투과, 부감(俯瞰)과 같은 보임의 특징에서, 동시에 보여지는 제내·제외의 요소, 나아가서는 시점에 도달하기까지의 기대감 고양과 같이 보임의 인상에 영향을 미치는 연속적인 경관체험도 고려할 필요가 있다.

노가와 호안의 경관설계에서는 표 3.9에 제시하는 8개의 시점을 선정하여, 위에서 기술한 4개의 내용을 검토하였다.

그 결과 후타고타마가와엔(二子玉川園)역 홈

과 효고바시(兵庫橋) 왼쪽 다릿목 올라가는 길의 그곳을 주요검토시점으로 하고, 그곳에서 이미지스케치를 그려, 후에 경관평가나 경관적 검토를 위한 자료로 하였다.

(7) 기본형상의 설정

호안설계에서는 먼저 경관설계의 목표를 다음과 같이 설정하였다.

    ① 친수활동의 장소가 되는 수변에 가까운 평탄부와 그것을 보완하는 휴식의장으로서의 잔디경사부분으로 구성된다.

    ② 호안의 단조로운 연속성을 피해, 호안부분·수변선에 적당한 변화를 준다. 이러한 경관설계의 목표를 바탕으로, 호안의 기본형상을 다음과 같이 설정하였다.

（ⅰ）수변 평탄부의 높이

수변에서 평탄한 곳의 높이는 노가와(野川)의 평상수위를 근거로 하상에서 80㎝의 높이를 기본으로 하였다. 이 수치를 기본으로 상류 둑의 조작에 의해 평상수위의 변동 및 수변선에 적합한 변화를 줄 수 있어, 하상에서 30㎝, 100㎝라는 다단계 높이의 평탄부를 설정하였다.

（ⅱ）수변 평탄부의 폭

수변에서 평탄한 곳의 너비는 효고지마지구에서 친수활동의 관찰조사를 근거로 4m를 기본으로 설정하였다.

（ⅲ）수변 평탄부의 재질

수변에서 평탄한 곳의 재질은 통로로서의 기능 및 가벼운 활동을 하기 쉽도록 고려하여 석재(割石)를 촘촘하게 깔았다.

（ⅳ）수변 평탄부 호안의 경사

평탄지의 호안부분 경사는 배후에 있는 잔디경사면부와의 대비를 확실하게 시키고, 또 특히 200㎝ 높이의 평탄지역에서 호안이 너무 크게 보이는 것을 방지시키기 위해 6부(1:0.6)의 급경사를 기본으로 하였다. 또 급경사로 인한 딱딱함을 완화시키기 위해 상부에 약간의 완만한 곡선을 부여했다.

（ⅴ）수변 평탄부 호안의 재질

평탄한 호안부분의 재질은 상부의 완만한 곡선을 살리고, 전체를 부드러운 이미지로 완성하기 위해 옥석을 기본으로 하였다.

（ⅵ）잔디경사부의 높이

잔디경사면의 하부 높이는 노가와의 수위변동에 따른 침수빈도의 검토를 근거로, 하상에서 135㎝의 높이를 기본으로 하였다. 그리고 수변평탄부와의 높이 차이를 걸터앉을 수 있는 자리를 겸한 경계석으로 처리한다.

（ⅶ）잔디 경사면의 경사

잔디경사면의 경사는 다양한 활동에 대응할 수 있는 완경사로 하고, 배후에 있는 효고지마와의 일체적인 이용을 가능하게 한다.

（ⅷ）평면선형

평면선형에 대해서는 공간으로서의 통일감, 안정된 이미지에 맞추어 오목형의 평면모양을 기본으로 한다.

(8) 호안의 경관적 검토

a. 모형제작　모형작성은 어디까지나 경관적 검토를 위한 도구로서, 최종적인 완성 예상을 위해서만은 아니다. 여기에서는 기본모양의 검토결과를 근거로 먼저 모형을 작성하고 모델스코프(모형을 실제같이 보여주는 도구)를 사용하면서 세부 검토를 반복하면서 호안형상을 결정하였다.

b. 호안형상의 결정　모형에 의거한 경관적 검토와 최종적인 호안형상의 결과는 다음과 같다.

（ⅰ）호안의 평면형상

호안의 평면형상은 안정된 공간조성이라 는 방침에서 오목형을 기본으로 하여 모형에서는 70m의 길이에 대해 1m 물러서도록 하였다. 이것을 모델스코프로 실체화하면 조금은 물러서는 느낌이 약하고 단조로운 인상을 지울 수 없다고 생각된다(사진3.8 참조).

그 때문에 최종적으로는 물러서는 거리를 1.5m로 하여 설계를 실시하였다.

（ⅱ) 잔디경사면의 경사

모형에서 잔디경사면의 경사는 50%(1:5) 정도로 되어 있다. 이것을 모델스코프로 살펴보면 고수부지의 잔디부분과의 경사 차이가 너무 심하여, 경관적인 안정성이 안 좋을 뿐만 아니라, 고수부지와 일체적 이용이라는 측면에서도 문제가 있다고 생각된다. 그 때문에 최종적으로는 1:10으로 하였다.

또 조금 위요된 느낌의 안정된 이미지를 연출하기 위해 잔디경사면의 경사를 양끝 지점은 1:6 정도로 하였다.

（ⅲ) 잔디경사부의 단차

기본형상에서는 잔디경사면에 액센트를 준다는 점에서 균일경사로 하지 않고, 약간의 단차를 가진 경사면을 복합으로 하였다. 모형에서는 이러한 단차를 각 20㎝로 하고 있다. 이것을 보면 단차의 선이 전체적으로 는 약하고 애매하게 되어 있다. 그 때문에 전체 경사를 완만하게 하고, 단차에 고저를 부여하여 최하부와 최상부의 단차를 30㎝, 그 사이의 단차는 10㎝정도로 하였다.

（ⅳ) 수변에서 평탄지역의 길이

평탄부는 다단계의 수위변동에 대응할 수 있도록 하상에서 80㎝를 기본으로 하고, 하류에는 그 일부를 잘라낸 형태로 계단형의 호안을 설치하였다. 이 배치에 대해서도 효고바시(兵庫橋)에서 조망되는 경관을 모델스코프로 검토하고, 계단지역과 일반 평탄지역이 같은 크기로 보이도록 그 길이를 25m와 45m로 설정하였다.

이것은 시각적으로 비슷한 정도라는 것이 지 평면도상에서의 2분할한 것과는 다르다.

이상의 경관적 검토에 입각하여 최종적으로 결정된 호안형상은 다음과 같다.

(9) 호안의 경관평가

이러한 호안의 경관적 검토를 다른 2개안에 대해서도 실시하여, 그들 3개안의 경관평가를 실시하였다.

이 단계의 경관평가에서는 앞서 기술한 예비적 검토에 의거한 경관평가와는 달리 주요 검토시점에서의 이미지스케치를 근거로 전체풍경 속에서의 안정성과 투시형태에 주목하여 평가를 실시하였다.

a. 평가축의 설정　　　위에서 기술한 평가

사진 3.7 노가와의 모형

사진 3.8 모델스코프에 의한 사진

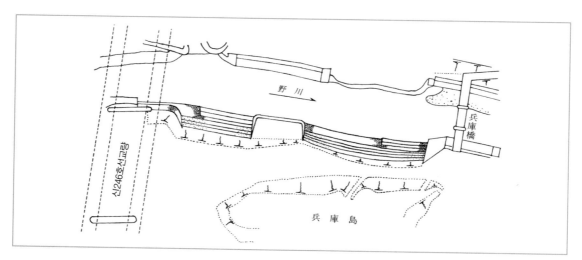

그림 3.24 노가와·호안평면도

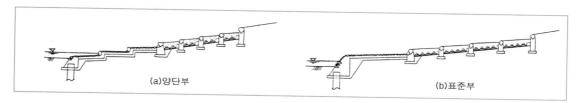

그림 3.25 노가와·호안단면도

사진 3.9 물놀이 장소로 이용되는 노가와의 수변

개념에서 평가축에 대해서도 다음과 같이 설정
하였다.

（ⅰ）평가축 1 : 효고지마 고수부지와 일체감

호안지역의 배경으로서 상당히 큰 비중을 차지
하고 있는 효고지마 및 기능적인 연속이 기대
되는 고수부지와의 일체감을 기능면도 고려하

여 판단한다.

（ⅱ）평가축 2：노가와 흐름과의 일체감

호안지역의 전경이기도하며 친수활동의 장소이기도 한 노가와의 수면・흐름에 대한 일체감을 기능적인 면도 포함해서 판단한다.

또 종합적 평가로서 친수성, 경제성, 유지 관리성도 검토항목에 포함시켜 평가를 실시함과 동시에 경관평가에 대한 대책과 그 효과에 대해서도 고려하여 평가를 실시하였다.

b. 경관평가의 결과　　설정한 평가축에 입각한 경관평가의 결과에서는 위에서 기술한 에프론(apron)이 설치되어있는 이형법면은 녹화호안이, 배후에 있는 효고지마의 녹음, 노가와의 흐름과도 시각적・기능적으로 융화된 조화성이 높은 친수공간을 만들어 내는 것이 기대될 수 있다고 판단되어 최종안으로 선정되었다.

평가방법은 계획마다 전문가에 의해 정성적인 평가에 의거한 것이다.

(10) 사후평가

호안의 경관설계와는 직접적인 관계는 없지만 이 호안설계의 사후평가에 대해 기술한다.

사후평가는 현재까지는 그다지 실시되어 있지 않다. 그러나 단순히 설계를 실시한 시설이 잘 되었는지를 떠나, 경관설계의 질을 전체적으로 높여가기 위해서도 무엇이 문제이고 어떤 것이 좋았는가를 명확히 하여, 앞으로의 경관설계에 반영시켜간다는 태도가 필요하며, 그러기 위해서는 사후평가를 좀더 적극적으로 실시할 필요가 있다.

노가와의 경우에는 현지관찰조사와 현지앙케트조사, 그리고 현지 앙케이트 조사에 의해 사후평가를 실시하였다.

상세한 것은 참고문헌[17]에 있으나, 경관설계 자체의 평가는 의도한 공간이 그대로 창출되었

는가 하는 것이며 그 점에 대해서만 기술하면 「자연적이며 소박한 전체 이미지와 조화를 이루며 안심하고 놀 수 있는 수변공간의 창출」이라는 설계 의도는 어느 정도 달성되고 있다는 결과를 얻었다.

3.8　설계사례(3)—세노사와의 생태계를 고려한 호안설계

(1) 설계 경위

요코하마시에서는 '소하천의 어메니티'라는 슬로건으로 원류(遠流)지역의 농업용수로의 보전사업을 실시하고 있다. 사라지고 있는 자연이나 작은 수로를 장래에도 보존하고 활용하는 것을 목적으로 하고 있다. 이러한 의미에서 이다찌가와(狛川)의 원류지역, 엔카이잔(円海山)에서 시작되는 세노사와(瀨山澤)를 대상으로, 소하천의 어메니티 창출 사업을 실시하였다. 여기에서는 특히 자연 생태계의 보전과 경관 향상을 목적으로 하는 호안 정비를 실시하고 있다[12].

설계에 있어서는 먼저 계획대상수로를 설정하고, 유역을 결정하고, 계획최고수량을 결정하였다. 그것을 근거로 수로부의 확인, 평면계획, 계획유량과 하천횡단면을 결정하고 호안형상의 검토를 실시하고 있다(그림3.26).

(2) 수환경으로서의 생태계 모습 검토와 호안 설계

대상지역은 세노(瀨上) 시민의 숲 등 자연생태계가 남아 있는 환경이 좋은 곳이다. 현재는 좌안 산 측의 경사면에 자연의 식생이 남아 있는 상태이다. 우안에는 자갈길이 있는데, 자동차 통행이 겨우 가능한 최소 폭으로 설치되어 있다. 호안은 나무말뚝(木杭)・판자・콘크리트

판·콘크리트 블록 쌓기 등이다. 수원이 되고 있는 저류지에서 하류로 내려감에 따라 자연이 소실되고 호안이 콘크리트화 되고 있다.

이러한 자연환경을 보호하고 최소한의 호안 조성을 실시하기 위해, 자연생태계에 관한 전문가가 조언하고, 그 조언에 될 수 있으면 충실하게 설계가 이루어졌다. 설계에서의 기본방침은 다음 3개 항목인데, 수환경 디자인의 원칙으로서 표준단면을 설정할 때 정리되었다(그림3.27).

① 자연적 공간을 만들기 위해 공사는 최소 한도로 하고, 현재 생태계·경관보전에 노력한다. 공사할 때 소실된 것은 가능한 한 복원·재생한다. 콘크리트계의 재료는 최소한으로 사용한다.

② 자연의 형태에서 배우고 자연의 흐름을 활용한다. 형태는 직선보다 곡선, 규칙성 보다 우연성을 채용한다. 지나치게 만들지 말고 자연 풍화나 생물의 자연번식을 계획에 포함시킨다. 유수활용은 특히 물 순환이나 자연의 정화력, 산소의 보급 작용을 활용한다.

③ 종류가 다른 작은 공간을 설치하여, 각각에 물고기나 수생곤충의 서식지역이나 식생의 생육환경을 만든다. 수생곤충과 같이 약한 작은 동물에 대해서는 극간 (틈)·갈라진 틈·웅덩이·구멍·깊은 곳·진흙바닥·풀 무더기·나무 그늘 등과 같이 숨을 만한 장소를 가능한 한 많이 설치한다.

이러한 방침을 근거로 하천용지, 웅덩이의 보전상태에 따라 대략 3가지 유형의 횡단면형상을 설정하여 호안을 배치하였다.(그림3.28).

호안의 상세한 디자인 방침은 경관면과 생태면의 배려를 한 다음과 같은 10개 항목이다(그림3.29).

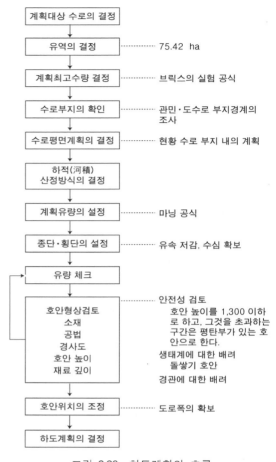

그림 3.26 하도계획의 흐름

① 사용하는 소재·형태는 반 자연적인 것을 가능한 한 피한다.

② 호안의 소재는 돌·흙 등의 자연재료를 주로 사용한다. 현재 일부분에서 사용되고 있는 판자목책 호안은 경관면에서 바람직한 반면 내구성이나 생물환경으로 서 충분히 만족할 수 없는 점이 있다. 콘크리트계 재료는 알칼리성분이 물에 용해되어 수질에 영향을 미친다.

수량이 상당히 적은 수로이기 때문에 최소한도의 사용에 그친다. 이런 점에서 호안의 기초에서도 소나무통나무를 사용한 「사닥다리모양의 계단기초」 등을 검토한다.

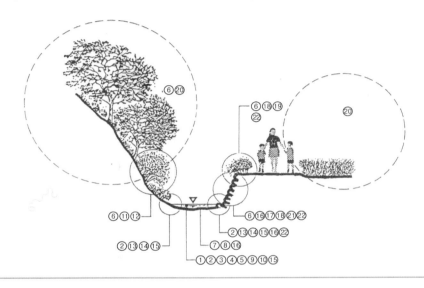

① 안정된 유수의 보전과 확보
② 유로를 고정, 복원하여 수심을 유지한다.
③ 수생 곤충의 생활에 적정한 유속의 확보
④ 현황 수질의 유지와 향상
⑤ 포화치에 가까운 용존산소농도의 안정화
⑥ 일조에서의 영향을 조절하여 수온의 안정화를 도모한다.
⑦ 현황의 하상형(여울, 소)과 바닥 질의 보전과 창조
⑧ 성질이 다른 하상의 배열을 고안한다.
⑨ 기존 둑을 보존하여 수경한다.(용수기능의 보전)
⑩ 다양한 수심을 설정하여, 물의 움직임을 만든다.
⑪ 초목이 무성한 자연 호안의 보전과 재생

⑫ 용수(湧水) 환경의 보전
⑬ 유로의 사행, 얕은 여울, 사주(砂州)의 보전, 복원
⑭ 수변선의 변화를 활용하여 연장화를 도모한다.
⑮ 웅덩이, 얕은 물, 저류를 배치한다.
⑯ 환경시설은 자연재료를 이용한다.
⑰ 대지와 강의 물순환을 확보한다.
⑱ 경관과의 친숙함을 고려한다.
⑲ 수로경계부 식생의 보전과 재생
⑳ 수변 녹음(수림지,농지)의 보전과 육성
㉑ 수변으로의 접근에 유의한다.
㉒ 환경 시설의 안전성을 확보한다.

그림 3.27 생태계에 배려한 하천 가꾸기의 디자인 원칙

③ 호안의 형태를 산 쪽으로는 현재 노출된 자연 상태 그대로를 보존하고, 도로 측(한쪽 호안)에만 법면경사 4부(1:0.4)정도의 돌쌓기를 하는 것을 기본으로 한다.

④ 석축호안의 종별은 잡석에 의한 견치석 쌓기로 한다. 경관적·생태적으로는 자연석이 가장 좋으나 여기에 서는 사용대상 연장거리가 길다는(공사비가 많이 듦) 점에서 경관적으로 친숙함을 느낄 수 있는 잡석 석축호안으로 한다.

⑤ 돌쌓기는 앞서 기술한 바와 같이 「강과 대지」의 물순환을 보전해준다. 돌쌓기의 틈새를 가능한 한 많이 두어 물의 출입을 확보하는 것은 쌓은 돌의 건조, 온도의 상승을 막아주고, 항상 돌 표면에 습기를 줄 수 있어 이끼나 초목의 성장에 적합하고, 수변의 벌레에 있어서도 수온을 안정시켜주는 역할을 해준다.

⑥ 사용하는 석재는 현재의 수로를 구성하고 있는 토질·조약돌·암반의 색채(황갈색)와 조화된 것을 선택하는 것이 바람직하다. 여기에서는 마츠루(眞鶴)에서 채석된 안산암을 제안하였다.

⑦ 수로에 친밀감을 가질 수 있고, 수변에서 불안한 느낌이 들지 않는 수로단면을 계획한다.

⑧ 수면이 잘 보이고 안전하게 하기 위해 하상과 호안상부와 도로면의 높이 차이는 가능한 한 낮게 계획한다.

⑨ 호안의 높이는 현재의 높이보다 높이지 않도록 하고, 전락했을 경우의 안전성을 고려하여 사람의 가슴높이 이하가 되도록 계획한다. 어린이의 이용을 고려하면 1.3m정도가 바람직하다. 고저차를 작게 하기 위해서는 가능한 한 하상을 높게(종

단경사를 완만하게 한다)하거나 저수로공(평탄부분을 설치한 호안)을 설치하여 복단면 수로 등을 계획한다.

⑩ 어쩔 수 없이 물깊이가 깊어지는 둑의 상류부분에 대해서는 전락 후의 안전을 생각하여 계단형의 호안을 계획한다. 계단 모양의 돌쌓기 틈새는 다른 돌쌓기보다 크게 하여 어류의 휴게·피난공간으로 이용할 수 있도록 한다.

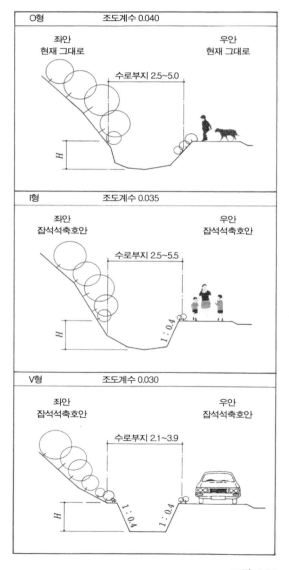

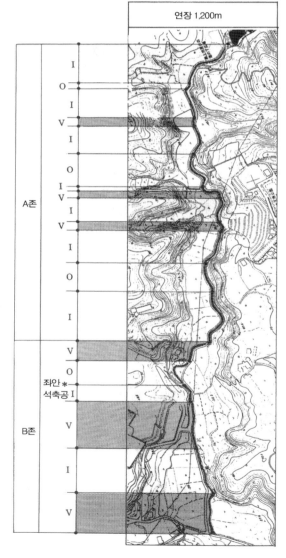

그림 3.28 호안의 배치

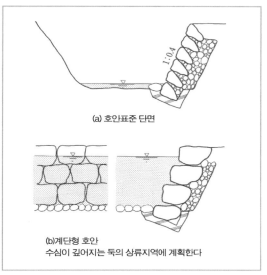

(a) 호안표준 단면

(b)계단형 호안
수심이 깊어지는 둑의 상류지역에 계획한다

그림 3.29 호안의 상세

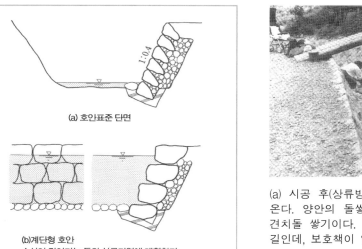

(a) 시공 후(상류방향)—휴일에는 많은 가족이 놀러 온다. 양안의 돌쌓기는 콘크리트를 사용하지 않은 견치돌 쌓기이다. 좌측 도로는 포장하지 않은 자갈 길인데, 보호책이 없는 것에 주목

(a) 시공 전(하류방향)—세노사와(瀬上澤)는 요코하마 시의 정비구역으로 남겨진 귀중한 골짜기 마을이다. 좌안의 급경사지와 우안의 자갈길

(b) 시공 후(상류방향)—포인트가 되는 강의 굴곡점 등에는 수목을 남기고 흙으로 된 호안을 사용하여 돌 깔기를 하고 있다. 우측 경사면은 노출된 흙 그 대로인 점에 주목

(b) 시공 전(상류방향)—어린이들은 학교에서 돌아오 는 길에 여기서 많이 논다. 자연은 무엇과도 바꿀 수 없는 친구인 것이다

사진 3.10

(c) 시공 후(상류방향)—부분적으로 수목을 남기고 계단을 만들고 있는데, 호안의 소재는 둥근 원목 그 대로를 사용하고 있다. 내구성은 약하지만 자연에 대한 친숙도는 상당히 좋다.

사진 3.11

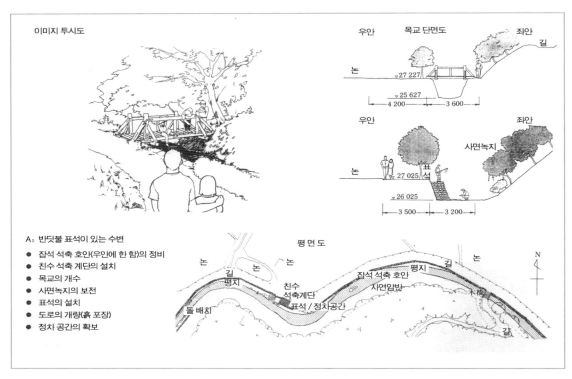

이미지 투시도

목교 단면도

우안   좌안

논   길

▽27 227

▽25 627

4 200   3 600

우안   좌안

사면녹지

논   표석

▽27 025

▽26 025

3 500   3 200

A₂ 반딧불 표석이 있는 수변

평면도

- 잡석 석축 호안(우안에 한 함)의 정비
- 친수 석축 계단의 설치
- 목교의 개수
- 사면녹지의 보전
- 표석의 설치
- 도로의 개량(흙 포장)
- 정차 공간의 확보

논   길   논   논

길   잡석 석축 호안   평지

평지   친수   자연암반

석축계단   木橋

돌 배치   표석 / 정차공간

N

길

그림 3.30   기본설계 A₂구간

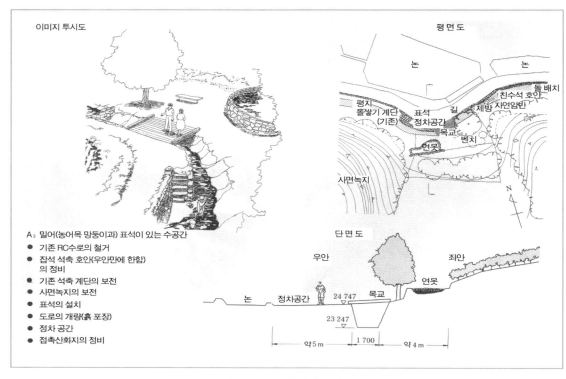

이미지 투시도

평면도

논   논

평지   친수석 호안   돌 배치

돌쌓기 계단   표석   길   제방   자연암반

(기존)   정차공간

목교

연못   벤치

사면녹지

N

A₃ 밀어(농어목 망둥이과) 표석이 있는 수공간

- 기존 RC수로의 철거
- 잡석 석축 호안(우안만에 한함)
  의 정비
- 기존 석축 계단의 보전
- 사면녹지의 보전
- 표석의 설치
- 도로의 개량(흙 포장)
- 정차 공간
- 접촉산화지의 정비

단면도

우안   좌안

연못

논   정차공간   ▽24 747   목교

▽23 247

약 5 m   1 700   약 4 m

그림 3.31   기본설계 A₃구간

(3) 설계와 실시

물 흐름에 필요한 종단면적 이외의 좌안 경사림을 보전하는 것이 이 하천설계에 있어 또 하나의 과제이다. 수변과 수변 사면림은 생태계로서는 하천과 일체적으로 연결되어 있으므로 하천과 경사면과의 연속성을 단절시키는 것은 바람직하지 않다고 판단하여 좌안은 붕괴방지책 이외는 호안을 전혀 설치하지 않는다.

이 장소는 홍수에 의한 피해도 그렇게 크지 않다는 점과 자연을 중시하는 설계를 의도한점에서 최소의 호안 가꾸기가 추구되었던 것이다.

테마나 목표에 의거한 기본설계를 종료하고 실시작업에 들어갔다(그림3.30, 3.31).

실시 후 평가는 양호하고 현재는 반딧불이 날아다니고 강변과 일체가 된 하천은 어린이들에게 물놀이 장소가 되고 있다(사진3.10, 3.11).

4장 하천구조물의 경관

4.1 제방

제방은 유수(流水)를 하도내로 안전하게 흐르게 하고, 범람을 방지하기 위한 중요한 하천구조물이다. 따라서 제방은 평상시는 물론 홍수시 유수에 파괴되지 않을 만큼 충분한 강도와 단면이 필요하며, 치수적인 관점에서 기본적인 제체 형상과 크기가 정해진다. 또한 장대한 구조물이기 때문에 재료의 입수, 공사비, 유지관리, 보강과 개량의 용이성 등 제반 사항을 고려하여 일반적으로 재료는 흙으로 만들어지지만, 필요에 따라서는 돌붙임이나 콘크리트 재료가 사용된다.

제방에서 경관적인 배려는 구조적으로 문제가 없는 재료의 이용이나 환경식재대(제방측) 등을 적극적으로 활용·고안하는 것이 기본이다.

경관 면에서 제방을 보았을 때 제방의 존재는 다음과 같은 점이 특징적이다.

① 하천과 제내지의 「경계」로서의 의미를 갖는다.
② 제방의 높이와 제내지의 지반높이와의 관계에서 제방의 상층부분은 조망이 개방된 장소이다.
③ 연속적이며 장대한 구조물로 크고, 한가롭고, 자연적, 단조로움 등의 인상을 준다.
④ 제방은 연속된 경사면이 경관적으로 눈에 두드러진 존재로 사면의 연출은 경관적인 효과가 크다.

(1) 제내지와 제외지의 일체화

제방을 경계로 시가지 측을 제내지, 하천 측을 제외지라고 한다(그림4.1).

제방경관에서는 제방을 하천 주변부분의 생활공간을 구성하는 요소의 하나로 다루고 위압감

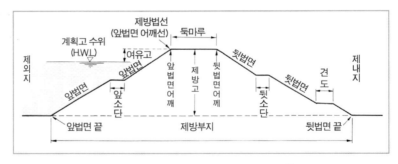

그림 4.1 제방횡단 각 부분의 명칭[1]

사진 4.1 하도굴곡을 효과적으로 이용하여 제내측 공원과 일체화하고 있다(아이치현·야하기가와)

을 억제한 친근감 있는 처리를 실시하고, 나아가 제내와 제외를 조화롭게 관계 짓도록 고안하는 것이 중요하다.

또 제방은 기반면에 세워진 구조물로 제방의 배후에 보이지 않는 영역=불가시(不可視)영역을 만들어 낸다. 불가시 영역은 제방 위 등에서 건너편 제방을 바라볼 때, 건너편 제방과 그 배경 사이의 시각적 연속성을 단절시킨다.

이 점에서 대규모 제방(슈퍼제방)은 제내지에서 제외지로의 접근 용이성을 확보하고, 시각적 일체감이 크고, 경관적인 조화를 만들어 내

기 쉽다.

또, 치수에 지장이 없는 범위에서 제방의 완경사를 도모하거나 제방 위쪽을 둥글게 하거나, 중간에 소단을 두는 방법을 통해 제방과 제내지 및 제방과 고수부지를 접속시키는 방법이 필요하다.

또 제방측 공원과의 일체적 정비나 제방측대(堤防側帶, 뒤쪽 경사면에 여유로 흙을 쌓은 부분)의 식재에 의한 제외지에서의 랜드마크 형성 등은 경관적 조화를 도모함에 있어 효과적인 수법이다.

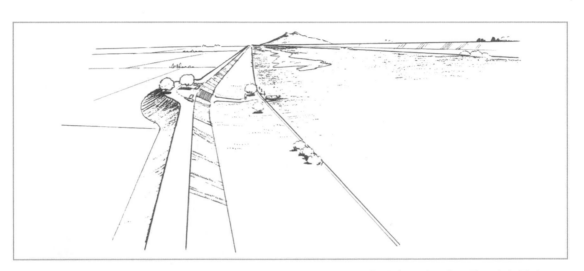

그림 4.2   조망이 뛰어난 장소에서는 제내지에 둑마루를 불룩하게 하여 조망공간을 확보하면 좋다

사진 4.2   제방 상부를 이용한 자전거 순환도로(도쿄(東京)·에도가와(江戸川)―개방된 조망을 얻을 수 있다

사진 4.3   비일상적인 이벤트를 위한 시설이지만 일상성을 고려하여 여유고(餘裕高)부분 등을 지피 식물로 씌우고, 상부의 날카로운 선의 인상을 부드럽게 해주는 것이 바람직하다

(2) 조망공간의 디자인

제방 상부는 주변 지반보다 높기 때문에 하천 공간이나 주변공간을 부감(俯瞰)하는 상당히 개방된 조망을 얻을 수 있다. 제방경관을 생각함에 있어서는 이러한 특징을 활용하여 조망·감상·관람 등을 위한 장소로 디자인하면 효과적이다.

조망이 좋은 장소에서는 제내측에 제체를 불룩하게 하여 조망을 위한 장소를 확보하고, 휴게나 휴식에도 사용할 수 있는 정자 등을 설치하는 것도 생각할 수 있다. 굴곡하도나 슈퍼제방 등에서는 하천을 조망할 수 있는 장소에 가벼운 식사를 할 수 있는 레스토랑 등을 설치하면 그 장소의 매력은 더욱 높아진다. 이러한 것은 조망체험을 인상 깊게 함에 있어 효과적인 수법이라고 할 수 있다.

불꽃놀이나 스포츠 등의 행사가 열리는 장소에는 치수에 지장이 없는 범위에서 완경사를 취하거나, 제방의 소단을 계단모양으로 하여 둘러싸인 느낌의 안정된 감상·관전 장소의 설치도 생각해볼 수 있다.

제방이 이벤트 등의 관람석을 겸하는 경우에는 일상적인 경관을 고려하여 여유고 부분을 잔디 등으로 씌우고, 상부의 선이 눈에 띄지 않도록 하는 것이 바람직하다.

(3) 일률적·연속적 경관의 변화

제방선형은 유수의 부드러운 흐름이라는 관점에서 부드러운 선형으로 연속되는 것이 기본으로 마구 분단되거나 휘거나 굽어지게는 못한다. 그러나 이러한 일률적 연속은 경우에 따라서는 보는 사람으로 하여금 단조로운 인상을 받게 한다.

제방경관에서는 치수에 지장이 없는 범위에서 이러한 일률적인 연속적인 경관에 변화를 갖게 하는 것도 고려해 볼 만하다.

경관에 변화를 줄 경우에는 다음과 같은 방법을 생각해 볼 수 있다.

하나는, 제방에 설치되는 길어깨나 계단 등을 활용함으로써 단조로운 경관에 변화를 주는 방법이다.

또 하나는, 기존 수목의 보전이나 제방측대(堤防側帶) 등과 같이 불룩한 곳에 식수를 하여 일률적인 경관에 변화를 주는 방법이다(그림4.3).

(4) 제방의 연출 — 식재·식생의 활용

a. 계절감의 연출 식물은 계절감을 연출하는 중요한 소재이다. 잔디 등으로 덮여진 흙 제방은 신록이나 겨울의 건초 등과 같은 계절 변화를 보여주는데, 식물의 종류를 적절하게 선택함으로써 보다 효과적으로 계절감을 연출할 수 있다.

가로수는 벚나무나 소나무를 사용하는 경우가 많으나 신록이 아름다운 수목이나 꽃이 아름다운 수목, 단풍이 아름다운 수목 등의 식재도 계절감을 연출하는 데 효과적이다. 또 코스모스나 유채꽃 등의 화초도 매력적인 소재이다. 제방에 화초를 식재하는 것은 하천관리라는 측면에서는 좋다고 할 수 없으나, 제방 본체와는 별도로 뒤편을 성토해 제방을 부드럽게 감싸도록 식재하면 효과적으로 계절감을 연출할 수 있다.

b. 공간의 한정, 랜드마크의 형성 제방측대(堤防側帶)의 성토부분에 몇 그루 고목(高木) 식재나 가로수는 경관을 긴장시키고, 랜드마크적인 기능도 한다. 이를 통해 자연스럽게 사람들을 하천공간에 끌어들이는 효과도 생각해 볼 수 있다.

가로수는 하천공간을 둘러싸고, 망막해지기 쉬운 공간을 안정감 있게 해 준다. 수종은 가로수로 하는 경우에는 벚나무, 소나무 등 일반

사진 4.4 연속적으로 보이는 제방은 단조로운 인상을 주기 쉽다

사진 4.5 하천의 봄을 장식하는 제방의 유채꽃(이바라키(茨木)현·도네가와(利根川))

사진 4.6 제내지 법면에 지역특산인 철쭉을 식재하여 천변공원(Riverside Park)으로 활용(구루메(久留米)시·지쿠고가와(筑後川))

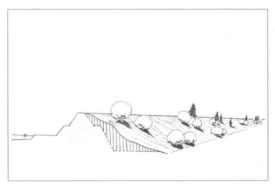

그림 4.3 제방 뒷법면에 여유성토를 이용한 식수―제내지에서의 고려가 필요하다

적인 것 외에 계절감이나 지역성이 풍부한 수종을 선정하는 것이 좋다. 또 한 그루라 하더라도 포플러 등과 같이 수직으로 높게 자라는 것은 랜드마크가 되기 쉽다.

c. 예전 수해방지림 등의 보전, 재생 예전의 수방림이나 가로수는 지역 사람들과 하천에 관련된 역사를 간직하고 있어 지역성이나 장소성을 연출하는 데 중요하다. 레크리에이션 이용 혹은 자연관찰 등 현대 생활과의 관계성을 고려할 때, 특히 제내지 등에 잔존하고 있는 이러한 기존 숲의 보전은 검토할 만한 가치가 있다. 또, 지역특유의 수종을 사용한 예전 가로수의 재생은 하천답고 친숙함이 있는 하천경관의 형성으로 이어진다.

4.2 호안

유수의 세굴 작용으로부터 강가 및 제방을 보호하기 위해 설치되는 구조물을 호안(護岸)이라 하며, 고수(高水)호안과 저수(低水) 호안이 있다. 호안은 법면 피복공·기초공(基礎工)·뿌리 다짐공으로 구성되어 있다.

법면 피복공은 유수에 의한 세굴 작용을 방지하기 위해 제방의 「전면 법면」이나 「전면 소단」을 콘크리트 구조 등으로 감싼 것이다.

호안은 치수 상에서 중요한 하천구조물인 동시에 사람들이 물과 접하는 실마리가 되어 주기도 한다.

사진 4.7　벚나무 제방(아키타(秋田)현 가쿠노다테쵸우(角館町)・에끼우찌가와(繪木內川))—봄이 되면 아름다운 꽃이 사람들의 눈을 즐겁게 해 준다

사진 4.8　소나무 가로수(기후(岐阜)현 센본마쯔하라(千本松原)・나가라가와(長良川))

사진 4.9　소나무 가로수(미야기(宮城)현・기타카미(北上)운하)

사진 4.10　포플러 가로수(니이가타(新潟)현・세키야(關屋分) 분수로, 시나노가와(信濃川))

사진 4.11　수해방지 대나무 숲(후쿠오카(福岡)현・嘉瀬川)

사진 4.13　만리키(万力)공원(야마나시(山梨)현・후에후키가와(笛吹川))—예전의 수해방지림을 공원으로 정비하고 있다

사진 4.12　신겐(信玄)제방의 가로수(야마나시(山梨)현・가마나시가와(釜無川))

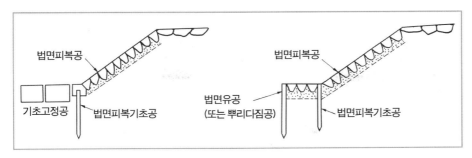

그림 4.4 저수호안의 일반적인 형태

사진 4.14 수면형상을 규정하는 호안(홋카이도(北海道)·테시오가와(天塩川))

사진 4.15 물과 육지와의 접점으로서 호안(미야기(宮城)현 와카야나기쵸우(若柳町)·하사마가와(迫川))

(1) 친수성을 높인다

수변선은 사람들의 이용 상 중요한 부분인 동시에 하천의 풍경 속에서 두드러지기 쉬운 부분이기도 하다. 저수호안 수변부의 취급은 경관설계에 있어 가장 중요한 사항 중 하나이다.

호안경관을 생각함에 있어서는 사람들이 쾌적·안전하게 물에 접할 수 있고, 물과 육지를 위화감 없이 연결지을 수 있도록 배려하는 것이 필요하다. 특히 안전성에 대해서는 각별한 주의가 필요하며, 유속이 빠른 곳, 깊은 곳 등에 친수시설을 하는 것은 바람직하지 않다.

a. 수변에 쉽게 접근할 수 있도록 연출한다

물과의 접촉은 수변에서 사람들이 갖는 기본적인 욕구이다. 그런 까닭에 그것에 따른 고안

이 호안에 요구된다.

친수성에는 실제로 수변에 갈 수 있는 또는 가기 쉽다는 물리적인 것과 수변에 손이 닿을 것 같이 보이는 심리적인 것이 있다. 물리적으로 친수성을 높이기 위해서는 호안의 계단화, 완경사화 등의 수법이 효과적이다.

계단호안의 정비사례는 각지에서 다수 볼 수 있으나 동일 단면형으로 시공한 호안이 수백미터나 계속되는 사례도 있다. 많은 사람들이 이용했으면 좋겠다고 생각되는 장소에는 돌입형 장소 등을 배치하여 안정된 영역감을 주는 것도 생각해 볼만하다. 또, 고정물이나 호안 하부에 평탄한 장소를 설치하여 낚시나 휴게를 위한 장소로 이용할 수도

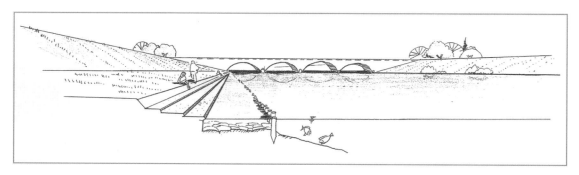

그림 4.5 수면 밑에 있는 평탄한 장소는 친수성과 안전성을 동시에 만족시켜주는 하나의 수단

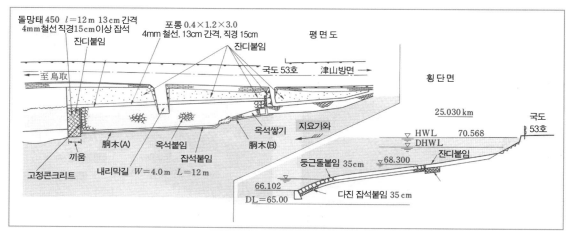

그림 4.6 완경사 호안의 평면도 및 단면도

사진 4.16 완경사(流しびな)호안(돗도리(鳥取)현・지요가와(千代川))—완경사호안에 강변의 돌을 사용하여 위화감이 없는 수변환경을 형성하고 있다

사진 4.17 완경사 호안 (돗도리(鳥取)현・지요가와(千代川))—종이인형 흘려보내기 풍경

있다. 그 외에 강변의 돌이나 바위를 완경사호안에 이용하고, 고수부지와의 일체화를 도모하면 하천의 풍경에 쉽게 친숙해질 뿐만 아니라 물리적으로도 심리적으로도 친수성이 높아진

다. 그런데 완경사호안은 호안을 면으로서 부각되게 보이게 하여 살풍경의 인상을 줄 수가 있으므로, 비교적 큰 호안에 적용할 때에는 주의가 필요하다.

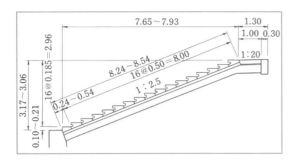

그림 4.7 계단블록을 사용한 계단호안 단면도

사진 4.18 계단블록 호안—친수성이 풍부하나 긴 구간의 시공에서는 아늑함이 없어진다

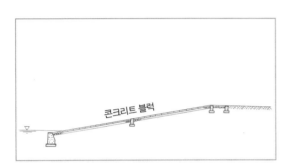

그림 4.8 완경사호안 단면도

콘크리트 블럭

사진 4.19 완경사호안—경사가 큰 호안의 완경사화는 경관적으로 눈에 띄기 쉽게 된다

사진 4.20 호안의 다양한 고저차가 공간을 구분한다(히로시마(廣島)시・오타가와(太田川))

사진 4.21 호안하부의 평탄지(도쿄・타마가와)

(a) 미야기현 와카야나기쬬우・하사마가와

사진 4.22 만곡부 친수공간

(b) 홋카이도(北海道)・아바시리가와(網走川

사진 4.23 강변의 돌을 수용함으로써 수변의 표정이 풍부하게 된다(돗도리(鳥取)현·지요가와(千代川))

b. 수변의 표정을 풍부하게 한다

중류·하류지역에서는 호안이나 뿌리고정의 틈 사이에 수생식물을 식재하거나 수변의 수목을 보전하고 상류부에 돌이 흩어져 있는 하천에서는 강가의 돌을 호안재료로 사용한다. 이러한 것들은 수변의 표정을 풍부하게 하고 수변과의 일체감을 시각적으로 높이는 데 있어서 효과적이다.

또한 간만의 영향을 받는 하천에서는 간만의 차이를 이용하여 보이기도 하고 안 보이기도 하는 테라스 등을 설치함으로써 의외성이 풍부한 수변의 표정을 만들어낼 수 있다.

c. 수변에 요철을 준다

수변의 풍경을 그린 그림 등을 보면, 그 수변선은 미묘하게 안쪽으로 들어가 있고, 수면에 끌려 들어간 듯이 돌출된 지형이나 내륙으로 들어온 물줄기 등이 묘사되어 있는 경우가 많음을 알 수 있다.

수변이란 물도 아니며 육지도 아닌 그런 것들이 미묘하게 얽혀 있는 애매한 공간이다. 그리고 이렇게 애매하고 어느 쪽이라고도 할 수 없는 그런 공간이 수변의 근원적인 매력의 하나라고 할 수 있다.

이에 비해, 획일적인 수변의 모습은 너무나 확연하게 물과 내륙을 분단하고, 수변이라는 애매한 공간이 존재할 수 있는 여지를 없애버리는 경향이 있다. 친수성이 높은 수변을 만들어 내기 위해서는 수변에 적당한 변화를 주는

것이 바람직하다.

수변의 변화에 대해서는 어느 정도 통일된 단위에서의 공간 변화와, 실제로 물과 접하는 수변선의 미묘한 변화, 두 가지 단계를 생각할 수 있다.

공간으로서의 변화를 만들어 내는 수법으로서는, 수제공의 활용이나 부분적인 호안의 요철 등이 효과적이다. 그러나 이것들의 공간적 변화는 유수에 미치는 영향도 있기 때문에, 그것의 적용에 있어서는 치수적인 면에서 충분한 검토를 거칠 필요가 있다.

수변선의 미묘한 변화를 생겨나게 하는 수법으로서는 수변선을 완경사로 하거나 뿌리고정의 활용을 생각해 볼 수 있다.

(2) 생태계의 보전, 형성을 도모

호안은 수중생태계와 육상생태계와의 접점으로, 어류, 곤충, 조류 등 다양한 생물의 생식환경을 형성함에 있어 그 취급방법이 중요하다.

a. 다양한 생물의 생식환경을 확보한다

수변의 표정을 풍부하게 하고, 보다 친근감이 있는 장소로 하기 위해서는 다양한 생물상의 존재가 필요하다.

호안은 수중생태계와 육상생태계가 접하는 부분으로, 다양한 생물의 생식환경이 될 수 있는 잠재력을 갖고 있다. 수제와 수변이 만들어낸 요도가와(淀川)의 완도 사례에서 볼 수 있듯이, 기존 생태계가 양호한 장소의 보전이나 생물의 생식환경을 풍부하게 하는 것이 바람직하다.

생식(生息)환경에는 생식(生殖)공간, 식이(食餌)획득 공간, 휴게 공간 등 다양한 환경의 공간이 필요하며, 수변뿐만 아니라 육상식생도 다양하게 관련지어 보전, 육성을 검토해야 한다. 서독 등에서는 수변부근의 수림을 포함시킨 수변처리방법이 생태학적 시각을 응용하여 실용화 되고 있어 참고가 된다.

b. 자연의 소재를 사용한다

지금까지도 어소블록이나 반딧불 호안 등 생물에 대해 배려해왔다. 그러나 단일기능의 충족만을 추구하여 세련미가 결여된 투박한 것이 많다.

생태계는 상당히 복잡한 시스템으로 인위적으로 컨트롤하는 것은 일반적으로 곤란하다. 따라서 어류 등의 소동물이나 수변식물에 대한 영향이 가능한 작고, 빠른 회복을 기대할 수 있는 호한의 형태나 시공이 바람직하다.

표면에 요철이 있는 자연석을 이용한 호안이나 사석(捨石)을 이용한 공법은 돌과 돌 사이의 틈새공간이 어류 등의 작은 동물에게 생식장소를 제공해 준다. 또 이러한 틈새 공간에 버드나무나 수생식물을 식재하면 작은 동물의 생식환경조건을 보다 높여주고 수변의 풍경에도 친숙해지기 쉽다.

예를 들어, 흐름이 약한 곳의 수변에 수생식물을 심으면 물 속까지 번식하여 수변선에 상당히 섬세한 표정을 만든다. 또 수생식물은 수변선의 보임에 변화를 주어 단조로운 표정에 변화를 주는 효과가 있다.

(3) 소재 선정

a. 지역성을 고려하여 소재를 선택한다

통상, 호안은 질감이나 명도가 주변요소와 크게 다르므로 돌출되어 보이고 눈에 띄기 쉽다. 호안을 하천의 풍경 속에서 위화감 없이 조성하기 위해서는 소재의 선택이 중요하다.

소재의 선택에는 강도, 내구성, 시공성, 경제성, 생태계에 대한 영향, 경관적 매력 등 필요한 조건을 충분히 검토하여 장소나 스케일에 맞는 소재를 사용하는 것이 바람직하다.

예를 들면, 상류지역의 암석질 하도에서는 강변의 돌을 사용하는 것이 그 장소의 분위기에 잘 조화된다. 그러나 하류지역에 이러한 시공을 하면 어울리지 않게 된다. 하류지역은 예로부터 자주 사용되어왔던 절석(切石)을 주체로 한 호안이 경관적 안정성에 적합하다.

또한, 같은 상류지역 혹은 하류지역이라도 그 장소가 사찰 등의 특별한 장소인가, 일상생활에서 사람들이 이용하는 장소인가 등 장소의 특성에 따른 소재의 선택은 그 장소의 분위기를 높이는 데 있어 상당히 효과적이다.

호안의 소재는 호안 전체 혹은 하천 공간 전체에 대해 일관된 디자인 개념을 가지고, 형태나 재질감을 고려하여 사용하는 것이 바람직하다. 맥락을 무시한 소재의 사용은 아무리 훌륭한 자연석을 사용하더라도 경관적으로 부조화를 이루게 될 위험성이 있다.

b. 호안 표면의 표정을 풍부하게 한다

호안 표면의 표정은 호안에 대한 인상을 결정짓는 중요한 사항 중의 하나로 풍부한 표정을 갖게 하는 것이 경관설계에서 중요하다.

콘크리트로 만든 호안은 일반적으로 무표정한 것이 되기 쉽지만, 최근에는 형틀에 줄눈을 넣거나 안료를 첨가하고, 골재에 대한 고려나 표면처리(표면다듬, 모치기)를 실시하여 자연스러운 느낌을 표현하려는 노력을 하기도 한다. 또 곡면에 넣은 연결블록 등 날카로운 선이 생겨나지 않는 제품도 사용되고 있다.

콘크리트는 소재로서 중요하고 앞으로도 재질감, 안료의 혼입(混入)에 의한 색채고안 등, 질적 향상이 요구되며 칼라나 그림모양과 같은 화려한 장식은 자연적인 하천 속에서는 위화감을 느끼게 하므로 피하는 것이 좋다.

그 외에 콘크리트로 만든 인조목을 사용하는 경우를 도처에서 볼 수 있는데, 진짜 나무와 너무 똑같이 하려고 한 나머지, 통상 껍질을 벗겨 사용해야하는 통나무의 질감이 표현되지 않거나, 통나무로는 있을 수 없는 공법을 사용하는 등 오히려 부자연스럽게 보이는 것도 있다. 사람의 신체에 접하는 곳에는 진짜 나무를

사진 4.24 완도(오사카(大阪)시・요도가와(淀川))—수제와 호안 사이에 형성된 수공간이 풍부한 생태계를 만든다

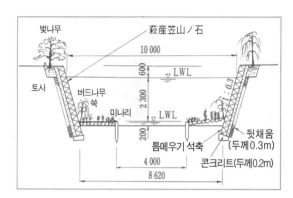

그림 4.9 반딧불 호안 단면도(야마구치(山口)현 야마구치(山口)시・이치노사카가와(一の坂川))

사진 4.25 수림이 생물 생식환경의 질을 높여줌과 동시에 경관적으로도 안정감 있는 분위기를 감돌게 해준다(미에(三重)현 이세진구우(伊勢神宮)・이수쥬가와(五十鈴川))

사진 4.26 반딧불 호안(야마구치(山口)현 야마구치(山口)시・이찌노사카가와(一の坂川))—호안변의 수림이 생태계를 풍부하게 해 줌과 동시에 풍경으로서도 빼어나다

사진 4.27 수변부에 단순하게 구멍을 뚫은 어소블록

사진 4.28 옥석을 붙인 저수 호안(고치(高知)현・모노베가와(物部川))—호안상부에 곡선을 가미시켰다

사진 4.29　유기공(柳技工)호안(아이치(愛知)현・기소가와(木曾川))—돌과 돌 사이가 게와 같은 작은 동물의 생식장소가 된다. 그 위에 버드나무가 그런 환경을 풍부하게 한다

사진 4.30　돌망태공(蛇籠工)에 버드나무를 심은 호안(고치(高知)현・모노베가와(物部川))

사용하는 등의 고안이 바람직하다. 한편, 자연석은 화강석나 청석(靑石) 등과 같은 석재의 성질과 절석(切石)이나 옥석(玉石) 등의 형상에 따라 느낌이 다르다. 또, 같은 소재라도 하나하나의 표정이 미묘하게 다르고 호안재료로 사용할 때는 그러한 미묘한 표정의 차이가 경관적 풍취를 더하게 해준다.

콘크리트와 비교해 보면 시공성이나 경제성은 떨어지지만 소재로는 매력적이므로, 거점적 정비를 실시하는 장소나 경관적 배려를 필요로 하는 장소에서는 사용을 적극적으로 검토할 필요가 있다.

(4) 세부마감을 세련되게 한다

새로운 호안을 설치하는 경우, 기존 호안과의 접속에는 주의할 필요가 있다.

a. 이종호안과의 접속　다양한 연구가 실시되고 있음에도 불구하고 기존 호안과의 접속부분과 같이 아주 작은 일부분을 조잡하게 취급하여 전체의 인상이 나빠지는 경우도 있다. 경관설계에서는 작은 부분이 전체에 미치는 영향이 크며, 그것의 처리에는 충분한 배려가 필요

하다. 세부처리에서 자주 문제가 되는 것은 기존 호안과의 접속부이다. 공법이나 재료가 다른 호안을 경관적인 배려 없이 접속시키면 조잡한 인상을 주게 될 지도 모른다. 접속부분은 어느 정도의 폭을 주면서 그것을 유효하게 이용하는 것이 바람직하다.

여기에는 접속부분에 강약을 주어 디자인적 차이로 식별시키는 방법과 지피식물 등으로 접속부분을 감추어 눈에 띄지 않도록 디자인 전환을 실시하는 방법이 있다. 전자에서는 수목 식재로 한층 효과가 올라간다. 또 후자의 경우에는 녹화블록 등을 이용하는 것보다 호안 상부에 지피식물을 씌우거나 유기공(柳技工)이나 돌망태공(蛇籠工)에 식물을 식재하여 사용하는 경우가 자연스런 느낌이 든다.

어떠한 처리방법을 사용할 것인가 하는 것은

사진 4.31 지역산물인 타일을 붙인 호안—향토 재료의 사용은 지역성의 연출로서는 효과적이지만, 그것을 사용한 모양 등은 풍경을 충분히 고려한 것이 바람직하다

사진 4.32 작게 자른 돌을 전면에 사용하여 단정한 느낌으로 마감하고 있다(교토(京都)·가모가와(鴨川))

사진 4.33 격이 높은 특별한 장소의 호안(미에(三重)현 이세진구우(伊勢神宮)·이수쥬가와(五十鈴川))—큰 돌과 배후의 숲이 장엄한 분위기를 높여준다

사진 4.34 많은 종류의 돌을 맥락 없이 사용한 호안—조잡한 느낌이 든다

정비구간 전체 디자인과 기존 호안 형태나 표면마감을 계획초기부터 의식해둘 필요가 있다.

b. 동종호안과의 접속　　동종호안과의 접속에서도 아스팔트 등의 수축줄눈이 표면에 노출된 것은 경관 상 눈에 거슬린다.

충분한 유지관리와 함께 돌쌓기나 돌붙임을 하는 경우 가능하다면 줄눈이 감춰질 수 있는 시공이 바람직하다.

c. 돌붙임　　경관을 고려하여 옥석 붙임을 사용하는 경우가 많다. 그러나 돌의 크기나 형태가 극단적으로 다르거나, 노출된 콘크리트에 아무 생각 없이 돌을 꽂아 넣은 경우는 오히려

초라하게 보인다. 돌을 사용할 때에는 돌의 크기나 색, 형태까지 충분한 배려를 실시하여 이면에 있는 콘크리트 등이 보이지 않도록 시공을 하는 것이 바람직하다.

또 옥석 등은 그것의 형태나 크기, 배치방법에 따라 상당히 걷기 힘들게 된다. 사람들의 이용을 촉구하는 장소에서는 사용자 입장에서의 검토도 필요하다.

d. 호안 상부　　호안상부의 처리도 경관계획상 중요하다. 상부에 입석(笠石)시공, 곡선으로 고수부지와의 부드러운 접속, 상부에 작은 나무의 식재 등은 날카로운 선이 돌출되기 쉬

그림 4.10   이종호안과의 접속디자인 사례

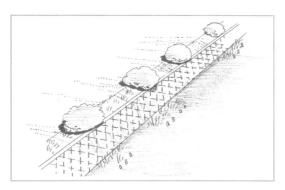

그림 4.11   호안상부 부근에 식재함으로서 날카로운 인상을 부드럽게 한다

사진 4.35   옥석을 붙인 호안(야마나시(山梨)현・가마나시가와(釜無川))—상부의 날카로운 선을 흐리게 한다

운 호안상부의 인상을 부드럽게 하고, 고수부지와 위화감 없이 접속시키는 데 효과적이다 (사진4.28).

4.3 고수부지

고수부지는 일반적으로 넓은 면적을 갖고 있으며 이용하기 쉽다는 측면에서 경관설계상 중요한 장소이다.

여기서는 공원으로서 이용되는 고수부지를 대상으로 경관설계의 기본적인 개념을 기술한다.

고수부지는 제방과 저수로(低水路) 사이에 있는 공간으로, 제방을 유수로부터 보호하는 역할과 함께 녹지나 공원으로서 이용되는 등 도시지역에서는 귀중한 오픈스페이스의 역할을 갖고 있다.

이러한 사람들의 이용과 함께 공원으로 이용되는 고수부지는 풍경으로서 안정성이 있고 쾌적한 공간으로 하는 것이 기본이다.

그러나 하천관리상의 제약으로부터 여러 가지 규정이 정해져 있어, 유수에 대해 현저한 영향을 미치는 디자인은 불가능하다.

고수부지 식재에 대해 「하천부지 점용 허가 기준」에서 「높이는 지상에서 1m 이하로 하고 대나무류는 군생하지 못하게 한다. 다만, 하

사진 4.36 많은 사람들에게 이용되는 고수부지(도쿄(東京)·에도가와(江戶川))

사진 4.37 평탄하고 단조롭기 쉬운 고수부지

천관리 상 지장이 없도록 수종 및 식재위치의 선정 등이 실시된 것에 한해서는 예외로 한다」고 되어 있다. 이 규정은 일부개정(1983년 12월)되어, 수변 등의 하천구역 내에서의 식수에 대해 하천관리상 필요하다고 여겨지는 일반적·기술적 기준이 정해졌다. 고수부지의 식수는 홍수 시 통수단면이 아닌 구역으로서 원칙적으로는 공원설치 등을 목적으로 한 점용구역 내로 되어있고, 수목 간격 등도 규정되어 있으나 교목식재가 가능하게 되었다.

고수부지 지형의 형상변경에 대해서 「현재의 평균 지반고보다 0.5m 이내로 하고, 유수에 대해 원만할 것」으로 되어있다.

이와 같이 식재나 지형의 형상변경은 하천관리상 다양한 규정이 정해져 있으므로, 이러한 내용에 맞춘 디자인을 해야 한다.

(1) 공간의 구분과 접속

고수부지는 일반적으로 넓고 평탄하기 때문에 단조로운 느낌이 들기 쉽다. 이용자 입장에서 쾌적한 공간이 되기 위해서는 공간을 적당히 구분하여 맥락 있는 공간배치를 고려하고, 공간 상호를 위화감 없이 연결하는 것이 경관설계상 바람직하다.

a. 기복에 의한 공간구분   고수부지가 넓고

스포츠시설 등의 도입을 검토하는 경우에는, 시설면적 등을 염두에 두고 공간을 적당하게 구분하는 것이 효과적이다. 치수 상 가능한 경우가 상당히 한정되어 있지만, 어느 정도의 높이 변화를 만들어 내는 방법이 필요하다. 이에 따라 넓은 공간이 작은 몇 개의 공간으로 구분되어 휴먼스케일에 가까운 아늑한 느낌의 공간이 될 것이다. 또 유수에 현저한 영향을 미치지 않는 범위에서 부드러운 기복을 주어 굴곡지게 하는 등의 고안을 함으로써 한층 효과가 기대된다.

상기의 방법은 고수부지의 기본적인 공간 구분법으로서, 도입하는 시설 등의 주변에 구분 방법도 있다.

작은 기복을 주는 등 보다 세분된 공간의 이러한 것들은 시설 등이 둘러싸여 있다는 느낌을 강하게 해서 보다 쾌적성이 좋은 활동 공간을 만들어낼 수 있다. 특히 스포츠시설을 몇 개씩 연속하여 설치하는 경우에 유효한 방법이라고 할 수 있다.

b. 식재에 의한 공간구분   넓고 평탄하며

망막해지기 쉬운 고수부지에 대한 식재는 공간을 구분하고 아늑한 느낌을 높이는데 있어 유효하다. 특히 야구장 등의 스포츠시설이 몇 면씩 연속된 경우 등에서는 효과적인 수법이다.

그림 4.12 스포츠시설 주변에 작은 기복을 두고 관람공간을 겸한 아늑한 공간을 만들어 내고 있다
(교목 식재는 치수에 충분한 고려가 필요하다)

화초를 주체로 하는 경우에는 시설 사이에 초목류나 참억새, 유채꽃, 코스모스 등 비교적 초장이 긴 식물을 식재하는 것이 효과적이다.

초장이 다른 식물의 사용구별도 공간을 구분하는 효과가 있다. 예를 들어, 고수부지 중앙부분은 잔디 등과 같이 낮은 식물, 수변에는 초장이 긴 식물을 식재하면 울타리나 펜스역할을 해줄 수 있다. 이러한 초목을 야구장이나 축구장 등의 주변이나 산책로 주위에 식재하면 시설의 매력을 높여준다.

중·교목을 점재시키는 것으로 공간을 구분할 수 있다. 이 경우 이용자의 시점위치를 충분히 검토하여 중요한 장소에서 가장 효과적으로 보이도록 식재 위치를 선정하면 좋다. 수목은 느티나무, 팽나무, 녹나무 등과 같이 모양이 아름다운 것이 효과적이다. 스포츠시설 주변에 대한 식재는 녹음을 주는 효과도 갖고 있다.

또 관목 등의 직방체 전정과 같이 각을 확실히 세우는 강전정이나 전정한 조경수목은 자연성이 존중되어야 할 하천공간에는 어울리지 않는 경우가 많다.

c. 물에 의한 공간 구분   물도 또한 공간의 중요한 구분요소이다. 물을 활용한 공간구분은 고수부지상의 웅덩이에 고인 물, 지류의 합류지역, 수문 등의 제외 수로 등을 이용하여 할 수 있다.

최근 눈에 보이는 고수부지의 실개천에는, 하상경사가 상당히 작은 곳임에도 불구하고 물을 펌프로 끌어올리고, 산석을 사용해서 디자인한 것이거나, 아름다운 청류가 흐르는 바로 근처에 실개천을 설치한 것 등 부자연스러운 모습도 보인다. 물을 이용하는 경우에는 그 장소의 특징을 충분히 파악하여 부자연스러운 것이 되지 않도록 배려해야 할 것이다.

d. 공간의 접속   넓은 공간을 구분함으로써 아늑한 좋은 공간을 만들어 내는 것이 중요하다는 것은 위에서 기술한 바와 같다.

지금까지 기술한 공간의 구분은 공간을 분단한다는 의미가 아니라, 공간에 칸막이를 두어 구분한다는 의미이다. 따라서 그 경계지역을 교묘하게 디자인함으로써 공간 상호를 관련짓고 새로운 매력을 창출할 수 있다.

예를 들면, 고수부지에 도입하는 경우가 많은 스포츠시설 등은 보는 것도 보이는 것도 즐거

사진 4.38 높이가 다른 식물에 의해 공간을 구분 (홋까이도(北海島)・쮸베츠가와(忠別川))—호안에 높이가 있는 식물을 식재하고 있다

사진 4.41 강바닥 경사가 작은 곳의 얕은 여울—자연에서는 있을 수 없는 형태가 부자연스러운 느낌을 만들어 낸다

사진 4.39 두 개의 스포츠시설 사이의 잔디가 공간을 구분(오사카(大阪)시・요도가와(淀川))

사진 4.42 청류 근처의 얕은 여울(야마가타(山形)시・마미가사키가와(馬見ケ崎川))

사진 4.40 산재한 수목이 넓고 평탄한 고수부지를 구분(아키타(秋田)현・오모노가와(雄物川))

운 공간이 이상적이라고 할 수 있다. 앞서 기술한 기복 등이 인접하는 공간과의 경계부분은 스포츠관람에 가장 적합한 공간이 되기도 한다. 이러한 장소에는 잔디를 심는 것을 기본으

로 하고, 수목의 식재, 걸터앉을 수 있는 돌등을 설치함으로서 스포츠공간과 관전공간이 일체가 되어 더욱 매력적인 것이 될 것이다. 또, 물가와 고수부지의 스포츠시설 등에 작은 기복을 만들어 양쪽의 활동을 복합화 시키는 것도 생각해볼 수 있다.

호안 등의 물가 공간에서는 주로 개인 활동이 많으며, 고수부지에서는 그룹・단체 활동이 많다. 하천에서의 활동에는 이러한 특징이 있다. 그 때문에 공간의 접속에 있어서는 이러한 활동의 특성에 입각한 것이 바람직하다.

그 외에 테니스코트 등에서는 볼이 멀리 날아가지 못하도록 펜스를 설치하는 사례도 보인다. 이러한 경우도, 기복이나 식재에 의한 대용

이나 병용을 실시함으로서 주변 공간과 위화감 없이 연속시키는 것도 가능하다.

어느 쪽이든 홍수를 안전하게 흘려보내는 것이 기본 조건이다.

(2) 랜드마크의 형성

상징적인 교목식재는 랜드마크를 형성하여 위치를 확인하기 위한 단서가 된다. 랜드마크를 형성하기 위해서는 팽나무, 느티나무, 소나무와 같이 형태가 아름다운 수목이나 포플러와 같이 수직성이 높은 수목이 효과적이다. 기존의 큰 나무의 보존, 친수 공간, 제방의 상부 부근, 정원 길의 분절점 등에 대한 식수는 넓은 하천공간에서 좋은 표적이 된다. 특히 상징성을 강조하고 싶은 경우에는 중요한 시점위치를 정해 그곳에서부터 바라보는 것이 경관적으로 가장 좋은 장소에 식재하는 것이 바람직하다. 주변의 경관이나 역사, 문화성 등도 고려하여 장소 전체 디자인을 상징하거나 혹은 조화될 수 있는 수종을 선정해야 할 것이다.

포플러는 수변에서 물에 비치는 반사경관도 아름답고, 비교적 온화한 전원풍경이 펼쳐지는 장소에 매우 어울린다. 또 소나무는 동양적인 정취가 있다.

(3) 풍부한 기존 생태계의 활용

하천은 수중생태계와 육상생태계의 접점이며, 다양한 생물상의 생식환경이 되고 있다. 또 도시주민에게는 주변에서 자연과 접할 수 있는 귀중한 장소이다.

기존 생태계가 풍부한 장소는 원로나 관찰소(Visitor Center) 등의 시설을 설치하여 생태공

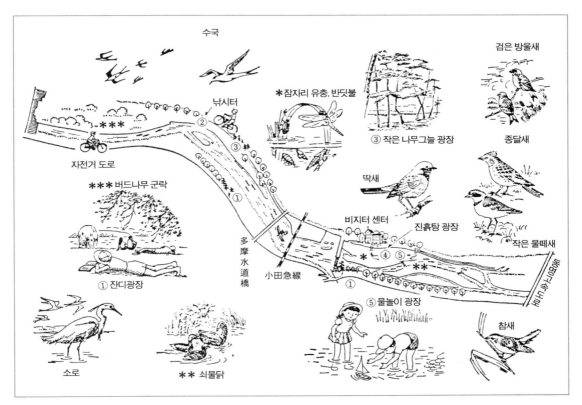

그림 4.13   다마가와(多摩川) 자연공원계획 (<녹지와 청류를> 1971-6, 다마가와(多摩川)의 자연보호회 팜플렛에서)

사진 4.43　랜드마크가 되기도 하는 수직성이 높은 수목(미야기(宮城)현·기타카미가와)

사진 4.44　주변 경관을 돋보이게 해주는 식재도 검토할 필요가 있다(히로시마시 오타가와)

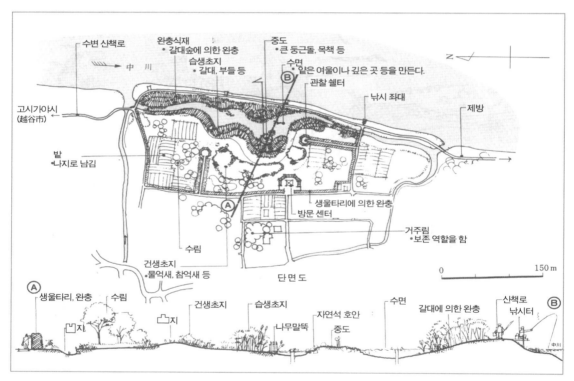

그림 4.14　나까가와 자연관찰녹지 계획도(「소우가시 자연생태계공원 기본계획책정조사」 로부터)[5]

원으로 활용하는 것도 고려해 볼 수 있다.

(4) 계절감의 연출

계절감의 표현은 고수부지 식재디자인의 기본이며, 식물이 가지는 사계절마다의 표정을 잘

연출하는 것이 원칙이다.

기존의 정비사례 중에는 도시공원에서 볼 수 있는 정형화단 등과 같이 자연 하천 경관과는 적합하지 않는 것도 보인다. 또 소규모적인 화단을 몇 개씩 점재시킨 것 등은 큰 하천의 스

케일과 맞지 않는다. 화초를 주체로 고수부지에 식재하는 경우에는 하천공간의 평온한 모양을 활용하면서 스케일 면에서 균형이 잡힌 규모로 식재하는 것이 바람직하다.

수목에 의한 계절감 연출도 효과적이다. 수목은 꽃이 아름다운 철쭉이나 벚나무, 봄의 신록, 가을의 단풍이 아름다운 팽나무, 느티나무, 거망옻나무, 수양버들 등을 사용하는 것이 좋다.

또 밤나무, 호두나무, 상수리나무와 같이 열매가 열리는 수목의 식재는 자연감이 넘치는 고수부지를 형성하는 경우에 효과적이다.

4.4 기타 하천 구조물

둑, 수제, 수문, 기계실 등의 시설은 제방이나 호안과는 다른 점적인 시설이다. 경관적으로 눈에 띄는 시설로서 디자인에 대한 배려가 필요하다.

(1) 가동둑, 수문의 디자인

가동둑, 수문은 수직성이 높고 경관적으로 상당히 부각되는 시설이다.

a. 소극적인 디자인　가동둑이나 수문의 조작실은 기계를 차폐하기 위한 단순한 상자형태로 일반적으로는 문주보다도 폭이 넓은 것이 많아 불안정한 인상을 주기 쉽다. 불안정감을 없애기 위해서는 문기둥과 조작실의 모서리 부분을 부드럽게 하거나 세로 줄무늬를 넣는 등 외형의 디자인에 노력을 기울이는 것이 좋다. 문주의 소재는 일반적으로 콘크리트가 사용되어 무표정하게 되기 쉬운데, 콘크리트 표면에 벽돌 등의 소재를 붙이는 노력도 장소특성을 고려하여 수용하면 좋을 것이다. 오래된 둑이나 수문 중에는 벽돌이나 돌로 된 뛰 어난 디

자인을 갖고 있는 것이 많이 있다. 역사적, 문화적인 내력이 있는 장소 등에서는 전통적인 공법도 참고로 하여 그 장소의 분위기를 높일 수 있도록 고안할 필요가 있다.

이 외에, 수문은 수위가 높아졌을 때와 같은 높이의 손잡이를 갖고 있다. 평상시에는 손잡이가 제방 보다 위로 올려져 있기 때문에 상당히 부각되어 보이는 존재가 된다. 수문의 플레트나 빔의 색을 바꾸는 등에 노력을 기울이는 것이 바람직하다.

수문의 색채에 대해서는 주변경관을 충분히 배려하여 수변의 풍경을 북돋을 수 있는 색채를 선택하는 것이 좋다.

이 외에, 고수부지의 표면 보호공(保護工)은 면적이 크며, 자주 눈에 띄는 시설이다. 타일이나 칼라블록 등으로 표면처리를 실시한 사례도 있으나, 외부에서의 조망을 고려하여 하천경관에 융화될 수 있는 디자인 배려가 바람직하다.

b. 상징적인 디자인　가동둑, 수문은 수직성이 높은 시설형태를 활용하여 상징적인 이미지를 표현하는 디자인이 가능하다. 문주와 조작실을 일체화하고, 그 위에 탑의 이미지로 설치하는 것 등이 그 한 예이다. 현대적인 디자인으로 할 것인가, 아니면 전통적인 디자인으로 할 것인가 하는 것은 그 장소의 특성을 충분히 고려하여 선택해야 한다.

건축적인 디자인을 채용한 상징적인 오래된 수문 등은 디자인에 있어 참고가 된다.

그 외에, 취수탑은 상징적으로 디자인하기 쉬운 시설이다. 그러나 이러한 상징적인 디자인은 어느 장소에서나 적용될 수 있는 것은 아니며, 지역이나 치수·이수(利水)상 특별한 의미가 있는 장소 등에서 선택적으로 도입되어야 할 것이다. 장소를 불문하고 상징적인 디자인을 채용하면 경관적으로 뒤죽박죽인 인상을 줄 수밖에 없다.

사진 4.45 정형화된 고수부지화단—자연성이 높은 하천 풍경에 적합하지 못한 경우가 많다

사진 4.46 유채꽃으로 장식된 고수부지(고치(高知)현·도가와(渡川))

c. 공원적 이용의 촉진 둑이나 수문 근처에는 치수나 이수(利水) 등의 공사완성을 기념하여 공원정비를 실시한 사례가 많다. 또 최근에는 시설 일부에 포켓공원과 같은 공간을 설치한 사례도 있다.

지역생활과의 관계를 극단적으로 나타내는 시설은 공원적 이용을 촉진시켜 사람들에게 개방하는 것을 검토할 필요가 있다. 공원적 이용은 치수·이수(利水)의 구조나 강변개발의 역사, 혹은 앞으로의 수방 등을 지역 사람들에게 알 수 있는 기회를 제공함에 있어서도 중요하다.

(2) 고정둑의 디자인

고정둑은 가동둑과 달리 조작실, 문비 등이 없기 때문에 둑의 상류지역의 담수면과 하류지역의 유수면과의 대비가 확연하게 보인다. 둑에 설치되는 낙차공(落差工), 물고기가 강을 거슬러 올라갈 수 있도록 도와주는 어도(魚道), 세굴(洗掘)을 방지하기 위한 감세구조물 등은 다양한 물의 표정을 만들어 낸다.

고정둑 디자인의 기본은 취수 등의 기능에 배려하면서 아름다운 물의 표정을 만들어 내는 것이다.

a. 아름다운 물의 표정 창출 둑이 만들어 내는 물의 표정의 특징은, 제방 상류지역의 담

수면과 하류지역의 유수면의 대비이다. 어떠한 구조라도 둑은 이러한 두 개의 물의 표정을 갖는다. 둑의 경관디자인에서는 흐르는 물의 표정을 얼마나 아름답게 표현할 수 있는 가가 중요하다.

최근 건설되는 둑은 유수에 대해 직각으로 설치되고, 형태도 수직모양의 것이 많다. 이런 종류의 둑은 낙차공이나 감세부(水叩き)의 단면 모양을 여러 단으로 나눔으로써 물의 표정을 보다 풍부하게 할 수 있다.

둑에 병설되는 어도(魚道)는 둑 전체의 경관 속에서 부각되지 않도록 배려하여 설치할 필요가 있다. 또 바닥의 고정 이형블록을 무질서하게 설치한 상태에서는 모처럼 볼 수 있는 물의 표정을 활용할 수 없다. 물의 표정과 세굴방지를 충분히 고려하여 사용하는 재료나 공법을 결정할 필요가 있다. 전통적 공법, 돌붙임 등의 재래공법과 그것의 개량이용 등도 검토되어야 할 것이다. 또 구조상의 문제 때문에 최근에 숫자가 줄어들었지만, 경사둑, 활처럼 굽은 둑 등에는 실로 아름다운 물의 표정을 보여주는 것이 있다.

b. 조망공간을 설치한다 아름다운 물의 표정을 보여주는 둑은 사람들의 눈을 즐겁게 해 준다. 둑 주변의 제방이나 다릿목 등에 둑

사진 4.47 수문의 플레이트와 빔의 색을 바꾼 여수로 게이트(홋카이도(北海島)・도카치가와(十勝川) 쿠타리(屈足)댐)

사진 4.48 단순한 상자형의 조작실

사진 4.49 개구부를 크게 하여 문주와의 접속을 고려한 수문(사이타마(埼玉)현・나카가와)

사진 4.51 벽돌재료를 사용하고 그 위에 문기둥 위에 입석(笠石) 등으로 작은 부분에도 세심하게 배려한 통문(지바(千葉)현・에도가와(江戶))

사진 4.50 문주 디자인에 노력을 기울인 수문(사이타마(埼玉)현・미사토(三鄕) 방수로)

사진 4.52 상징적 디자인으로 한 수문(카나가와(神奈川)현・다마가와(多摩川) 로쿠고(六鄕)수문)

사진 4.53 취수탑(도쿄(東京)・에도가와(江戶川))—탑 위의 구조물은 상징적으로 디자인하기 쉽다

사진 4.54 포켓공원을 설치한 가동둑(니이가타현·시나노가와(信濃川) 세키야(關屋分) 수로)—대규모 시설이 친근한 시설로서 느껴질 수 있다

사진 4.55 낙차공, 어도의 형태에 노력을 기울인 둑(오까야마(岡山)·다카하시가와(高梁川))—다양한 물의 표정이 사람들을 매료 한다

사진 4.56 이형블록의 물거품—아름다운 물 표정의 매력을 반감시켜버린다

과 물의 표정을 보면서 즐길 수 있는 장소를 정비하는 것은 둑 자체의 매력을 높이는 효과가 있다.

유서 깊은 둑이라면 주변을 공원으로 조성하거나 포켓공원의 설치 등을 적극적으로 검토해야 할 것이며, 게다가 그것은 제내측의 가로 가꾸기와 일체화한다면 천변 사람들과의 관계를 친밀하게 할 수 있다.

c. 활동장소로서의 디자인　둑에서 볼 수 있는 아름다운 물의 표정은 많은 사람들을 끌어들이며 각종 물놀이를 유발한다.

둑 상류지역의 담수면을 윈드서핑이나 보트놀이에 이용하거나 그 내부에는 하천수영장으로 개방한 사례도 있다. 또 둑 하류 지역에서는 낚시나 물놀이하는 것도 자주 보인다.

사람들의 활동은 하천풍경을 생기 있게 만든다. 이러한 이용활동을 배려하여 둑이나 둑 주변의 호안 등의 형태를 고려할 필요가 있다.

d. 오래된 둑의 현대적 이용　둑 중에는 본래의 기능을 수행하지 못하여 해체되는 것도 많이 있다. 유서 깊은 둑은 오랜 역사 속에서 사람들이 이룩해 온 물과의 교제의 상징이며, 시간의 역사를 느낄 수 있게 한다. 지역의 농지개발 등에 공헌해온 유서 깊은 둑 등은 근처의 적당한 장소에서 보존하는 등 형태나 의미를 후세에 전해주는 것을 검토하면 좋다.

(3) 수제 디자인

수제는 유속을 제어하고 수변의 세굴을 방지하는 것 외에 물의 흐름을 바꾸어 물이 흐르는 중심을 호안이나 강가에서 떨어뜨리기 위해 혹은 상수로(常水路)의 고정 및 흐름을 유도하기 위해 설치된다.

수제는 설치목적이나 설치하는 하천의 특성에 따라 구조가 크게 다르다. 지방이나 하천에 따라 다양한 노력을 들여 독특한 형상이나 명칭을 갖고 있는 것도 있는 지역성이 풍부한 하천 구조물이다.

사진 4.57 낙차공(홋까이도(北海島)·도카치가와(十勝川) 지요다(千代田)둑)—움직임이 있는 표정이 사람들의 눈을 즐겁게 해준다

사진 4.58 낙차공의 단면모양을 곡면으로 한 둑(오이타(大分)현 히다(日田)·미쿠마가와)

사진 4.59 고요함과 움직임의 대비적인 물의 표정을 가진 둑은 많은 사람들에게 이용된다(후쿠오카(福岡)현·야베가와(矢部))

사진 4.60 유서 깊은 둑을 고수부지에 포함시켜 보존한 사례(고치(高知)현·모노베가와)

수제는 단조로워지기 쉬운 수변선을 구분하고 풍경을 끌어들이는 효과를 갖고 있다. 또 대안 방향으로 돌출 된 형태의 불투과성 수제 중에는 물가에 접근하기 쉽고 낚시나 물놀이와 같은 수변활동의 기반이 되고 있는 사례도 있다. 그러나 수제는 마음대로 배치하거나 형상을 결정할 수 없다. 수제 경관디자인의 기본은 치수상의 기능 범위 안에서 상기의 경관적 효과를 활용하여 경관적으로 세련되게 하는 것이다.

a. 황량한 풍경에 변화를 준다 일반적으로 하류지역은 광대한 수면이 펼쳐져 경관은 그 나름대로 좋은 점이 있는 반면 단조롭기 쉽다. 수제는 이렇게 황량한 풍경을 구분시키고 변화를 줄 수 있다.

선상지(扇狀地)의 하도도 통상은 강물이 지하로 스며들어 유량은 적지만 넓은 하천공간을 갖는다. 흐름이 험한 선상지 하도에는 대형 수제가 설치되는 경우가 많다. 이러한 수제는 수직으로 돌출되어 있기 때문에 공간을 구분시키는 효과가 크며 경관적으로 부각되는 존재이다. 대형 콘크리트제품의 물막이를 설치함에 있어서는 모서리를 매끄럽게 하는 등의 표면처리나 외형에 노력을 기울여, 경쾌한 느낌으로 마무리하는 것이 좋다. 또 돌망태(蛇籠) 등을 사용한 오래된 공법은 하천과의 조화를 나타낸 상징적인 것으로 앞으로도 소중히 해야 한다.

수제의 길이나 설치간격은 수제의 본래적인 목적에서 결정되는 것이지만, 가능하다면 중요한 시점에서의 조망을 고려하여 결정하는 것이 좋다. 또 효과적으로 보이는 장소를 조망공간으로 정비하는 것도 검토해야 할 것이다.

b. 수면과의 일체화　강가에서 건너편 방향으로 돌출된 수제는 수면에 보다 가까이 가기 쉽게 보인다. 수제가 많이 있는 경우에는 수제와 수제 사이에 끼어 있는 공간에서 적당한 위요감이 생긴다.

수제 자체의 형상을 수변에 쉽게 접근할 수 있도록 디자인하면 친수성이 있는 수변 공간으

사진 4.61　수제(기후(岐阜)현·나가라가와(長良川))
—수제의 형태가 흐름의 강함을 느끼게 한다

사진 4.62　수제(지바(千葉)현·도네가와(利根川))—
넓고 망막한 하천공간을 구분

사진 4.63　수제(아이치(愛知)현·기소가와(木曾川))

사진 4.64　물 흐름의 접근을 막아 수변을 보호하는 수제(도야마(富山)현·조간지가와(常願寺川))

사진 4.65　수제를 이용한 친수공간(도쿄(東京)·타마가와(多摩川) 효고지마(兵庫))

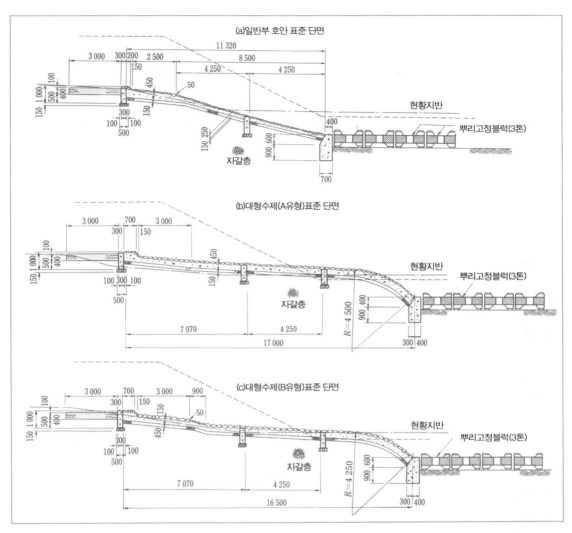

그림 4.15 수제를 이용한 친수공간(도쿄(東京)·타마가와(多摩川) 효고지마(兵庫))

로 조성할 수 있다. 그러나 수제를 설치하는 장소는 물의 흐름이 세차게 부딪혀 나오는 수충부로 위험한 장소이기도 하므로 안전성에는 충분한 배려가 필요하다.

돌출형 수제의 하류에 물이 고여 있는 공간은 선착장으로 이용 할 수 있고 하천 경관 전체에 변화를 줄 수 있는 첨경(添景)의 효과를 주고 있다.

(4) 기계실의 디자인

기계실은 펌프로 하천의 물을 강가나 제방을 횡단하여 취수, 배수하는 시설로서 양수기계실과 배수기계실이 있다.

일반적으로 양수기계실은 침사지 등의 부대시설을 갖고 있다. 경관적으로 눈에 띄는 것은 기계실 옥탑이다. 기계실 옥탑은 펌프설비의 규모에 비례하므로 그 중에는 거대한 시설도 있다.

지금까지 기계실 옥탑의 외관은 함석 붙임이나 노출 콘크리트와 같이 무표정하고 밋밋한 것이 많았으나, 최근에는 타일 붙임과 같이 건축적인 의장을 실시한 시설도 보이게 되었다.

사진 4.66 수제를 선착장으로 이용(고치(高知)현·도가와(渡川))

사진 4.67 고도 성장기에 세워진 무표정하고 밋밋한 기계실

사진 4.68 최근 디자인 된 기계실(사이타마(埼玉)현·도네가와(利根川))

사진 4.69 인접한 자료관과 외관을 맞춘 기계실(홋카이도(北海島)·도네가와(利根川))

기계실 옥탑의 디자인은 그 주변 건축물의 상황 등도 고려하여 건축물로서 주변 경관과 조화될 수 있는 디자인이 되도록 해야 한다.

또 주변에 건축물이 없는 장소에서도 모서리를 정리하거나 세로 줄무늬를 넣는 등과 같은 기본적인 표면처리를 실시하여, 그 자체의 표정이 풍부하게 될 수 있도록 해야 한다.

외벽처리와 더불어 거대화에 대한 대응도 필요하다.

4.5 작은 구조물

큰 하천의 고수부지에 설치되는 벤치, 화장실, 정자 등과 같은 작은 구조물은 홍수 대책 상 이동식으로 할 필요가 있으며, 지금까지는 가설 특유의 빈약한 인상을 주는 것이 많았다. 또 관리가 충분히 이루어지지 않아 더럽혀지거나 손상된 상태로 방치되고 있는 것도 보인다.

경관설계에서는 작은 디자인이 전체에 대한 인상을 크게 좌우하므로 작은 구조물에 대해서도 충분한 디자인적 배려를 해야 한다.

큰 하천 고수부지의 작은 구조물은 치수상의 제약이나 하천 규모가 거대하게 때문에 스트리트퍼니쳐나 도시하천의 퍼니쳐와는 다르다. 다음에서는 큰 하천에 설치되는 퍼니쳐류 디자인의 기본개념과 개별 디자인방법에 대해 제시하고자 한다.

(1) 작은 구조물 디자인의 기본

a. 질 높은 가설시설의 디자인   수치적 제약으로 인해 이동식 또는 조립식 등을 조건으로 하는 대형공작물종류가 있는데, 질적으로 뒤쳐진 것으로는 좋을 수가 없다. 오히려, 사람들이 하천과 친해지기 위해 필요한 도구로서 적극적으로 정의하고, 형태·크기·재질, 배색 등을 충분히 검토하여 이용자가 만족할 수 있

는 질 높은 것으로 하는 것이 바람직하다.

b. 맥락 있는 시설배치　　벤치나 정자와 같은 대형 시설물류 조차도 넓은 하천공간에 놓여지면 아주 작게 보인다. 하천공간에 설치된 시설물류 등이 부자연스럽게 보이고, 이용되지 않는 시설물도 존재한다는 것은 맥락이 없는 배치나 존재 필연성의 결여에 기인된 부분이 크다.

랜드마크가 되는 수목이나 둑, 수문, 교량 등은 사람들이 가보고 싶어지는 장소이다. 이러한 장소에 정자, 벤치, 사인 등을 설치하면 많은 사람들의 이용을 기대할 수 있다. 정자나 벤치는 수면이나 하도가 아름답게 보이는 장소나 주변의 산들이 아름답게 보이는 장소 등, 주변 조망을 충분히 배려하여 설치장소를 검토해야 한다.

c. 다른 시설과 겸용, 다른 시설에 병설

벤치나 걸터앉는 것 등 도시공원이나 가로에 설치되는 것과 같은 시설물이 하천공간에 들어와 주변으로부터 부각되어 보이는 사례도 적지 않다.

작은 것은 디자인을 고안하고, 거리 표시물 등과 겸용을 도모하면 세련된 모양으로 정비될 수 있다. 또 둑이나 수문 등의 시설물등과 병설하는 것은 정돈된 배치를 할 때 효과적이다.

d. 자연물에 의한 대용　　강변의 돌이나 바위 등은 그 자체로도 충분히 시설물이 된다. 바위에 걸터앉는 것 등이 그 사례이며, 근처에 교목을 식재하면 정자로서도 쾌적한 장소가 될 수 있다. 자연소재를 이용하여 각종 시설물 대신 이용한 것은 자연을 바탕으로 한 하천의 풍경에 친숙해지기 쉽다.

e. 디자인 기조의 통일　　시설물류는 이용하는 사람들에게 혼잡한 느낌을 주지 않도록 색이나 형태 등 디자인의 기조를 통일해야한다. 도로에 설치되는 것은 디자인이 다른, 하천다운 것으로 해야 할 것이다. 동종의 시설물은 물론 다른 공작물도 색사용법 등 디자인 기조의 통일이 필요하다.

디자인 기조를 바꾸는 것은 강의 본류, 지류, 합류부 등의 공간적인 분기점에서 실시하는 것이 좋다.

(2) 정자

정자는 활동의 기반이 되는 곳, 혹은 휴게, 휴식을 위한 공간으로 중요한 시설이다. 특히 여름철 수목이 적은 고수부지에서는 귀중한 그늘을 제공해준다.

고수부지와 같이 평탄한 장소에서는 주변의 지형을 조금 성토하면 안정감 있게 배치할 수 있다.

또 정자 주위에 관목을 식재하거나 수목 근처에 설치하면 안정감이 있으며, 경관적으로도 좋은 것이 된다. 더욱이 수면이 보이는 곳에 정자를 배치하여 물의 표정을 보면서 즐길 수 있도록 하면 좋다.

(3) 화장실

화장실은 시설자체가 쾌적해야 할 뿐만 아니라 돌출되어 보이지 않으면서도 넓은 하천공간 속에서 알아보기 쉽게 디자인해야 한다.

내·외장도 건축적 디자인으로서의 세련미를 부여한다. 설치장소 부근에는 이동(반출)에 방해가 되지 않을 정도의 식재를 실시하면, 주변으로부터의 「차폐」, 「표식」으로서의 기능을 수행하며, 보다 쾌적하고 경관적으로도 조화가 잡힌 화장실이 된다. 또 설치한 후에는 쾌적하게 이용될 수 있는 배려가 필요하며, 일상적인 유지관리도 불가결하다.

사진 4.70 고수부지에서 자주 보이는 정자

사진 4.71 고수부지에서 자주 볼 수 있는 이동식 화장실

그림 4.16 하천공간에 설치하는 정자의 디자인 사례—나무 근처에 배치한다.

그림 4.17 하천공간에 설치하는 이동식 화장실의 디자인 사례—목조로 만들고, 아래에 달린 바퀴가 눈에 거스르지 않도록 주변에 식재를 실시

(4) 벤치·걸터앉는 것

넓은 고수부지에서는 돌, 바위, 나무 등의 소재를 간단하게 가공한 것을 홍수 때 떠내려가지 않도록 고려하여 배치하고, 지형과 조화롭게 접촉될 수 있도록 하면 지형에 친숙하고 위화감 없이 걸터앉을 수 있는 곳이 된다.

사진 4.72 걸터앉을 수도 있는 강변의 돌(모리오카(盛岡)시·나까츠가와(中津川))

그림 4.18 하천공간에 설치하는 걸터앉을 수 있는 구조물의 디자인 사례—나무 그늘에 걸터앉을 수 있게 설치한다.

(5) 안내표식

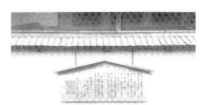

하천에서도 디자인적으로 뛰어난 안내표식이 설치되게 되었다. 넓은 하천공간은 거리감이나 방향감각이 뒤바뀌기 쉽기 때문에 안내표식 등의 사인은 불가결하다.

이용하는 사람들에게 혼란을 주지 않도록 그 디자인은 동일한 것으로 하고 기재해야 할 정보도 정확한 것으로 할 필요가 있다.

다릿목·둑과 같이 눈에 띠기 쉬운 장소나, 지천 합류부 등의 헤매기 쉬운 장소에 설치하면 효과적이다. 또 거리표시와 일체화하면 수백 미터마다 상세한 정보를 이용자에게 제공하는 것도 가능하다.

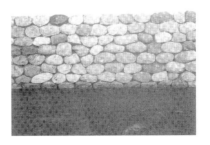

사진 4.73 설치장소와 디자인에 배려된 강변의 사인(가나자와(金澤)시·오우노쇼우(大野庄)용수)—중소 하천에서는 이러한 연출도 가능하다

5장 요소(要所)의 경관설계

5.1 합류부와 분류부

하천 합·분류부의 기본적 특성은 복수의 하천이 합쳐지고 갈라지는 모습에 있다.

하천은 개념적으로는 연속하는 한 개의 띠(줄)로 취급할 수 있고 그 안에서 합·분류부는 형태적 특징에서 특이한 장소이며 요소로서의 가능성을 갖고 있다.

이러한 형태적 특징에서 오는 요소로서의 경관적 특징은 다음 세 가지로 정리할 수 있다.

① 유축(流軸)방향의 조망에서 아이스톱이 되는 인상적인 조망을 만들어 낸다─하천의 유축방향 조망은 통경거리가 길어 깊이감이 강한 조망이 되는 것이 일반적이다. 합·분류부는 그 형태적 특징에서 상·하류에서의 조망에 대해 그 통경을 방해하는 존재인 동시에 아이스톱이 된다.

② 세 방향이 강으로 둘러싸인 공간적 통일감이 강한 장소이다─연속하는 하천공간 속에서 합·분류부는 단부(端部)를 형성하고 있다. 그 때문에 통상적인 하천공간에 비해 상당히 공간적으로 통일감이 강한 공간을 만들어 내게 된다.

③ 서로 다른 하천의 표정을 동시에 조망할 수 있다─가장 기본적인 특징으로서 합류 전후, 분류전후라는 복수의 서로 다른 하천의 모습을 하나의 시야에서 볼 수 있다.

합류부·분류부의 경관설계에서는 이러한 경관적 특징을 충분히 활용하는 것이 기본이며, 그렇게 함으로써 하천전체, 지역전체 속에서 요소가 되는 상당히 상징적인 풍경을 만들어 낼 수 있다.

자세하게 보면 합류부과 분류부에서는 그 수리적(水理的)특성에서 조금 다른 하천풍경을 만들어 내고 있다.

합류부에서는 두 개 하천의 합류를 부드럽게

사진 5.1 교토(京都)시·가모가와(鴨川)·다카노가와(高野川) 합류부

사진 5.2 후쿠오카(福岡)시·하카타(博多) 강안의 모래톱의 합류부

사진 5.3 선상지 하천 중류부의 합류점은 웅대한 벌판으로 치수상 어려운 장소이다(아사히가와 시(旭川)·이시카리가와(石狩川))

하기 위한 완충적 기능을 가진 도류부가 존재하고, 이 공간이 하천공간의 이용에서도 유효하게 기능하고 있는 경우가 많다.

사진 5.1은 이러한 합류부 도류벽의 높은 이용성과 아이스톱으로서의 경관적 특성을 활용하여, 상당히 양호한 합류부의 풍경을 만들어 내고 있는 사례이다. 도류기능을 갖게 하기 위

해 길게 뻗어있는 합류부의 고수부지가 안정되게 강을 조망할 수 있는 장소를 만들어 내고 있다. 또 초점이 되는 합류부의 공간에는 녹음이 풍부한 시모가모진쟈(下鴨神社)가 위치해 있다.

이것에 비해 분류부에서는 물의 흐름이 직접 분류부의 상단부분에 부딪히기 때문에 치수적으로 견고하게 할 필요가 있다. 따라서 합류부에서와 같이 이용성이 풍부한 온화한 공간을 형성하기는 어려우며, 물의 위세를 확실히 수용할 수 있는 형태 중에서 경관적으로도 견고한 인상을 갖는 것이 어울릴 것이다.

경관설계의 요점은 하천 구조물 정비는 물론 아이스톱이 되는 부분에 그림이 될 만한 건물이나 시설을 배치하고, 또한 그것을 조망할 수 있는 양호한 시점장을 마련하는 것이다.

그런 의미에서는 상징성이 있는 얼굴 만들기라는 측면에서 공공적인 시설의 계획적인 도입을 더욱 적극적으로 생각해야 할 것이다.

5.2 하중도

하천은 계곡부에서 평야부에 도착하면 종단경사는 완만하게 되고, 강폭은 넓어지며, 유속은 느리게 된다. 그 때문에 이 부근에는 하도 내에 상류에서 운반되어 온 토사가 퇴적되고, 하도 내에 사주를 만들고, 그것이 더욱 발달하여 「중도」를 형성한다. 또 하구 부근의 퇴적층에서는 하천이 갈라져 강줄기 위에 「섬」이 생겨난다.

이와 같이 「중도」의 발생방식은 중류부와 하류부에서는 서로 다르나 그 기본적인 특징은 주변이 강으로 둘러싸인 공간이라는 것이다.

이 점이 요소(要所)로서의 다양한 특성을 만들어 내게 되는데 그것은 크게 3가지로 정리할 수 있다.

① 영역성·독립성이 강한 공간이다.
② 건너간다는 것을 강하게 의식시키는 공간이다.
③ 면적에 비해 수변선 길이가 길다. 이 외에 중도의 상류단·하류단은 앞서 기술한 합류부·분류부와 비슷한 경관적 특징을 함께 갖고 있는 공간이다.

이러한 경관적 특징을 활용하는 것이 중요한 장소로서 「중도」의 경관설계에 있어 중요한 포인트이다.

a. 오사카 나가노시마(그림5.1, 사진5.4)

오사카(大阪)의 나가노시마(中の島)와 파리의 시테섬이 자주 대비되는 것은 대도시 중심부에 위치하고, 옛날부터 사람이 거주하고, 도시와 함께 변화하고, 또 나가노시마에 있는 역사적으로 유명한 건축들이 하천경관과 조화를 이루고 하천풍경과 혼연일체가 되고 있기 때문이다. 도시와 하천이 일체적으로 기능하고 있는 도시는 아름답고, 살고 있는 주민들과 방문객에게 좋은 인상을 주고 있다.

나가노시마는 구(旧)요도가와(淀川)가 큰 하천이 되어 시내를 관통하여 흐르면서 도우지마가와(堂島川), 토사보리가와(土佐堀川)로 나뉘어 진다. 섬의 길이 3km, 최대 폭 300m, 수변선 길이 6km 정도, 면적 49ha의 크기이다.

또 나가노시마에 놓여진 많은 유명한 교량도 많은 유명한 건축들과 함께 오사카(大阪)의 명소이다. 지반침하 때문에 설치된 방조제(防潮堤)로 인해 수면은 보이지 않게 되었지만, 최근 방조제 위에 보행자전용도로가 설치되어 친수성 향상과 호안녹화 등과 같은 경관향상 대책을 강구하고 있다.

b. 쿄토(京都) 아라시야마(嵐山)의 나카노시마(그림5.2, 사진5.5, 5.6) 이 공원은 교토 북서부 산맥을 흘러온 호츠가와(保津川)계곡이 교토분지의 평야지역으로 나오는 곳에 위치하

그림 5.1　오사카(大阪) 나가노시마(中之島)

사진 5.4　오사카(大阪) 나가노시마(中之島) 상공에서의 전경)

고 있다. 공원을 포함한 그 일대는 오래된 유적이 많이 있어 옛날부터 명소로서 높은 이름을 날리고 있는 지구이다.

　과거 대홍수로 나가노시마(中之島)는 종종 그 모습이 바뀌어왔으나, 그 때마다 보전을 위해 노력한 결과, 오늘날 명승지로서의 지위를 유지하고 있다.

나가노시마 공원 남측에는 전통찻집이 연이어 있고, 북측 광장에는 벚나무, 소나무를 중심으로 한 수목이 식재되어 주위의 단풍나무, 벚나무와 혼연일체가 된 휴게장소를 만들어 내고 있다.

　또 가츠라가와(桂川)에 면한 나카노시마의 호안은 상부가 완만하게 경사져 있어 양호한 수변 휴게장소를 만들어 내고 있을 뿐만 아니라 건너편 강가 및 다리에서 조망할 때 호안상부의 인상을 평온한 것으로 해주고 있다.

　또 중도에 걸쳐 있는 「세월교(渡月橋)」도 이러한 풍경과 조화시키기 위해 난간 등의 디자인에 주의를 기울이고 있다.

c. 우지(宇治) 나카노시마(中の島 · 다치바나지마(橘島))(그림5.3, 사진5.7, 5.8)

비와(琵琶)호에서부터 시작하는 우지가와(宇治川)가 우지(宇治) 보도인(平等院)부근에서 큰 강과 작은 강으로 나뉘어져 「중도」를 형성하고 있다.

　우지가와(宇治川)의 조망은 일본의 3대 다리, 우지바시(宇治橋) 위에서 상류를 향해 중도를 끼고 두 개의 흐름을 감상할 때가 가장 좋다.

　이 중도의 정비는 치수, 이수(利水), 환경의 세 가지 방침을 상당히 잘 조화시키고 있다는 점에서 많은 참고가 되고 있다.

　그 요점은 다음과 같다.

① 중도에서 본천 쪽의 형상을 정정하고 홍수 때의 소통능력을 높인다.

② 지천으로 흐르는 유량을 조절하여 지천을 나루터의 거점으로 삼음과 동시에 우지(宇治) 보도인(平等院)의 수원(水原)으로도 이용한다.

③ 우지(宇治) 보도인(平等院), 우지가와(宇治川)의 역사적·문화적 환경을 고려하여 섬 전체를 자연공원으로 정비한다.

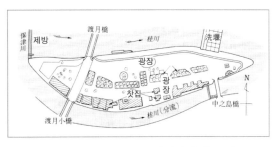

그림 5.2 교토(京都) 아라시야마(嵐山)

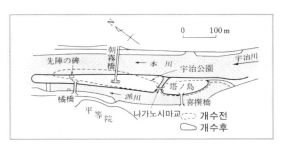

그림 5.3 우지(宇治) 나카노시마(中の島)

사진 5.5 중도 정상부에서 상류를 조망—우측 제방을 본천 측에 설치하고, 좌측 지천을 하류측에 제방을 설치하고 있기 때문에 수량이 풍부한 수면을 보여주고 있다

사진 5.7 우지가와(宇治川) 상류 좌안측에서 중도를 조망—좌측 지천은 하류에 제방이 있고, 수심이 확보되어 뱃놀이를 할 수 있는 관광기지가 되고 있다. 섬 중앙에 탑이 보인다

사진 5.6 상류 우측에서 섬을 조망—좌측의 교량은 유명한 세월교(渡川橋), 정면은 중도의 교목과 차실이 일체적으로 보여 아름답다. 우측은 지천

사진 5.8 중도 하류에서의 조망—중도 하류에서의 조망은 천고의 역사를 연상하게 하는 분위기가 있으며, 치수와 환경보전문제를 제기하고 있다

d. 도쿄(東京) 고토구(江東區) 요꼬즈칸가와 (橫十間川)·센다이보리가와(仙台堀川) 친수공 간 내의 나카노시마(그림 5.4, 사진 5.9, 사진 5.10)   2개 호리가와(堀川)의 교점에 인공적인 작은 「중도」가 있다. 고토구(江東區)는 인 작은 「중도」가 있다. 고토구(江東區)는

「녹음과 물의 네트워크」 구상에 의해 잃어버린 하천의 자연성을 재현하고, 더불어 생활환경개선, 방재기능향상 등을 목적으로 친수공원의 대사업을 일으켜 인공중도 「야생조류의 섬」을 만들었다.

중도가 있는 공간적 특성을 살려 주위와 단절

된 작은 성역의 형성을 의도했다고 한다.

이 친수공원과 직각으로 교차하는 요꼬즈칸가와(横十間川)는 센다이보리가와(仙台堀川)와 함께 「매립 암거화(暗渠化)하천」이다. 고토구(江東區)는 하천의 재생을 「물의 재생」이라는 입장에서 수면을 생활공간 속에 포함시키려고 계획한 것이다. 수로의 산책로, 보트장, 수상체육시설, 생물의 낙원 등 친수공원으로서 지역주민에게 널리 친숙하게 이용되고 있다.

잃어버린 도시의 수면을 '재생'시키고자 하는 테마로 종래의 하천공간을 보다 향상시킨 이용방법은 독특하며 참고할 만한 것이 있다.

5.3 간만부

하천수위는 변동하는 것으로, 그것은 강수시의 비일상적인 경우의 수위변동이다. 경관설계의 중요한 장소로서 간만지부를 다루는 것은 태평양 쪽에서는 조류의 영향을 받아 수위변동

이 일상적으로 반복되는 장소이기 때문이다.

이러한 일상적인 수위변동을 하천의 경관설계에서 어떻게 다룰 것인가에 대해서는 크게 다음 두 가지 방법이 있다. 하나는, 수위의 변화를 의식하지 못하도록 다양한 수위의 변화에 대응한 경관적 검토를 실시하는 일반적인 방법이며, 또 하나는 수위의 변화를 보다 인상적으로 연출하는 방법이다.

전자는 경관표현수법의 발달도 있어 기술적으로도 그렇게 어렵지 않다. 기본적으로는 본서에서 기술하고 있는 다양한 검토를 복수의 수면높이에 대응하여 실시하면 될 것이다.

후자에 대해서는 현재는 그렇게 의식되는 경

그림 5.4 고토구(江東區) 요꼬즈칸가와(横十間川)·센다이보리가와(仙台堀川)와 친수공간

사진 5.9 상하방향이 요꼬즈칸가와(横十間川) 친수공간, 우측은 센다이보리가와(仙台堀川), 교차점에 중도

사진 5.10 센다이보리가와(仙台堀川)의 남단 「생물의 낙원」—중도를 점적으로 배치하여 목교로 연결한다. 집오리의 연못이나 습생식물원, 물가에 많은 생물이 생식하고 있다

우가 적어졌다고는 하지만, 예전에는「조류」에 대한 경관연출 기법이 존재했었다. 그것은 비교적 완만하고 얼마 안 되는 수위의 변화를 다른 물체의 모습을 빌려 인상적으로 연출하는 기법이다. 다른 물체라 함은 보이기도하고 안 보이기도 하는 물밑에 있는 바위이며, 응축된 물의 흐름이나 그것의 소리 등이다.

사진 5.12는 조류의 영향을 받는 하천 하류부의 간만부에서 수위의 변화를 교묘하게 활용한 하천공원의 사례이다. 조류가 들어오고 나감에 따라 보이기도 하고 안보이기도 하는 호수의 돌이나 얕은 여울 더 나아가서는 공원의 진입에도 간만을 이용한 징검다리와 같이 재미있게 하려는 노력이 깃들여 있어, 일반적으로 물을 사용한 공원과는 다른 간만의 영향을 받는 지

역 특유의 공원이 되고 있다.

경관설계에서 중요한 점은 공원의 연못·수면과 본천의 물과의 연결을 가능하게 하는 것으로 이것에 대해서는 이 사례와 같이 파이프를 사용하는 방법 외에 본천과의 칸막이를 투과성 구조로 하는 방법 등도 생각해 볼 수 있다.

5.4 다리·다릿목

(1) 기본사고

다리는 하천의 횡단구조물이기 때문에, 하천 공간 내에서 부각되는 존재임과 동시에 하천을 조망하는 시점장소이기도하다.

여기에서 대상으로 하는 것은 다리 그 자체보다 다리를 포함한 하천 내의 경관에 대해서이다. 따라서 다리 자체의 경관에 대해 『아름다운 다리의 디자인 매뉴얼』, 『가로의 경관설계』 등에서 기술하고 있는 내용은 가급적 중복을 피해 다리를 중심으로 하는 시점장, 하천 내에서 구조물의 제약조건, 교대의 접합, 고수부지나 저수부지에서의 경관에 대해 사례를 이용하여 설명하겠다.

기본 개념으로서는 다음 세 가지를 제안한다.

a. 다리와 하천의 일체적 정비　소속관할기관이나 계획시기가 다르기 때문에 서로 다른 인접구조물을 정비함에 있어 서로의 존재가 다른 계획에 걸림돌이 되기도 하여, 보다 좋은 일체적 정비를 추진하는 것은 쉽지 않다. 단순히 보이는 것만이 아니라 이용방법이나 장래계획에 대해서도 관련구조물에 대한 충분한 협의가 필요하다.

b. 장기간의 병용을 전제로 하는 경관　완성 시에 구조물이 어떻게 보일 것인가와 동시에 사용 후 어느 정도(예를 들어 10년) 경과한 후 어떻게 보일 것인가에 대해서도 고려할 필

사진 5.11　간만에 의한 수위변동을 의식하여 만든 친수테라스(히로시마시·모토야스가와)

사진 5.12　아이오이바시(相生橋) 남쪽 빌딩 위에서 섬 전경을 조망(도쿄(東京)·스미다가와(隅田川))

요가 있다. 구조물을 둘러싼 환경이 어떻게 바뀌고 있는가 및 구조물 자체의 오손에 대해 검토한다. 완성 시 만의 인상으로 밝은 도색이나 칼라장식을 채택해도 계속적인 유지관리가 없으면 더러움이나 파손이 두드러지게 보일 우려가 있다.

c. 쾌적한 공간과 교통기능의 정비

차량교통기능을 너무 중시한 나머지 다리의 외관이 몰개성 하게 되어버린 것은 어쩔 수 없으나, 차량·보행자들을 건너가게 하는 목적이 있는 이상, 교량의 교통기능은 경시될 수 없다.

경관을 고려하는 것이 보다 좋은 공간정비의 일면으로서 외관을 정비하는 것이라고 한다면, 아름다움을 위해 무엇인가를 첨가할 것이 아니라, 원만한 차량통행, 보행이 되고 나서 시각적으로 만족할 수 있는 계획을 실시해야 한다.

예를 들어 아름다운 난간과 타워를 세우는 것도 좋으나, 그것이 시선을 교란시킨다면 적합하다고는 할 수 없다.

(2) 시점장

다리를 대상으로 하는 시점장에는 그림 5.5에 제시한 A~C가 있으며, 그 외에 다리에서 하천공간으로 향한 시점장 D가 있다. 각 시점장의 특징을 간단하게 정리하면 다음과 같다.

A 강변에서의 시점장. 다리를 내려다본다. 혹은 하천 내 풍경으로서의 다리.

B 고수부지에서의 시점장. 다리를 올려다본다. 다리의 측면과 디테일을 본다.

C 수면에서의 시점장. 배에서의 연속경관 등. 원경(遠景)은 A, 근경(近景)은 B와 비슷하게 보이나, 다리 중앙 교각 밑에서 보는 것은 A, B에 없다.

D 다리 위에서 하천공간으로 향한 시점장. 일반적으로 내려다보는 조망.

(3) 구조조건(하천관리, 도로기능에서 요구되는 제약)

하천에 구조물을 설치하는 경우, 하천관리시설 등에 관한 구조령(構造令)에 의해 기둥 간격이나, 형하 여유고에 제약을 받는다. 또 도로기능으로부터의 제약도 받는다. 경관에 영향을 끼치는 각 조건에 대해 간단하게 설명하겠다.

a. 다리의 평면형상

다리를 도로의 일부로 본 경우, 그림 5.6에 제시한 바와 같이 A지점과 B지점을 연결하려고 할 때 기본은 ①이며, 하천을 직접 건너가는 경우의 변화가 ②이다. 종래계획에서는 거의 대부분이 ①, ②이다. 그러나 더욱 자유로운 보행자의 동선을 고려하거나 다리 위를 단순히 통행하는 것만이 아니라, 산책 등의 목적도 고려한다면 다리의 평면형상을 상기의 유형으로 취급할 수 없는 것도 있다.

기본개념 사례를 ③, ④에 제시하였다. 구체적인 사례로서는 스미다가와(隅田川)의 사쿠라바시(櫻橋)(사진5.13) 등이 있다. 평면형상에 노력을 기울임으로써 즐겁고 편안한 공간정비의 재료로 할 수 있지만, 반면 너무 시각적 취향만을 의도하면 주변 환경과 조화가 성립하지 않으므로 주의를 요한다.

b. 다리의 측면형상과 진입부 접합

다리의 계획고는 하천의 계획홍수위＋여유고, 선박의 통과높이에 의한 제약을 받고 있어 원만한 종단선형을 접합하는 것이 곤란한 경우가 있다(그림5.7 참조). (a)는 급하게 휘어져 있어 접합이 곤란한 경우이며, (b)는 형하 조건이 엄격하여 상당히 높게 계획된 경우이다.

(a)는 특이한 경관을 보여주기 이전에 다리를 접합시키는 데 무리가 있고, 교통기능, 배수, 일조 등에 지장이 있다. 이 경우에는 도로 접합부의 토지를 높게 하는 등의 수법을 취해 하

천에서 어느 정도의 구간을 일체적으로 정비할 필요가 있다. 종단접합을 위해서도 다릿목 공간은 효과적이다.

(b)에 제시한 경우는 전후의 접합이 고가교(高架橋)나 루프(loop)가 되어, 하천에서 상당히 부각되는 구조물이 된다. 일조에 관해서도 문제가 되므로, (a)의 경우와는 달리 다리의 횡단방향에 건축물을 근접시키지 않는 것이 바람직하다. 구조물의 높이나 크기에 의해 생기는 음울함은 대비되는 부근의 구조물과 시점장을 정리함으로써 어느 정도 경감시킬 수 있다.

다리의 측면형상은 구조형식에 따라 좌우된다. 교차조건이나 경제성 면에서 라멘교가 되는 경우가 많다. 라멘교는 트러스나 아치에 비해 경관상 액센트가 되기 어렵지만, 오히려 세련된 인상을 역으로 활용해야 할 것이다. 강

사진 5.13 사쿠라바시(櫻橋)(도쿄·스미다가와)

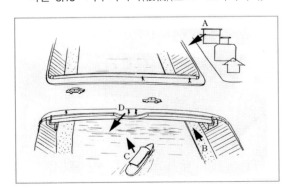

그림 5.5 시점장 설명도

철·콘크리트를 불문하고 평범한 형상의 교량 위에 중후하고 멋있는 난간이 설치되는 것은 부조화다.

(4) 다리 위에서의 경관

다리 위에 돌출부를 설치하여 하천을 조망하거나, 휴게하는 장소로 사용하는 것은 자주 실시되고 있다. 사진 5.15는 그 사례이다. 포켓파크나 전망테라스로 불리는 이러한 공간을 정비함에 있어서는 다음과 같은 점에 주의 한다.

① 무엇을 볼 것인가. 멈춰서 즐길 수 있는 외적 환경 없이 시점장을 설정하는 것은 무의미하다.

② 교량형상에 손상을 입히고 있지는 않은가. 특히 교각과의 균형을 검토할 필요가 있다.

(5) 교대의 접합

교대형상에 대해서는 다리의 상부구조나 고가교(高架橋)의 교각에 비하면 경관적인 배려가 충분하지 않은 경우가 많다.

일반 하천에서는 그림 5.9에서와 같이 교대에

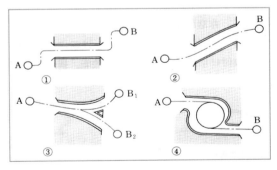

그림 5.6 평면형상 설명도

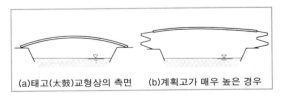

(a)태고(太鼓)교형상의 측면   (b)계획고가 매우 높은 경우

그림 5.7 종횡단형상 설명도

대한 하천조건의 제약이 있고, 이들 제반조건을 만족시키는 것에 중점이 놓여지기 때문에 경관에 대한 노력이 불충분해진다고 생각된다.

교대경관의 바람직하지 못한 사례로는 상부공과 제방과의 통일감 결여와 구조물 표면의 접합부, 더러움이 두드러진 것 등이다. 여하튼 고수부지나 저수로에서의 경관을 고려하지 않은 것이 원인이다.

물리적으로 제약을 받는 장소에서는 형상에 노력을 기울일 여지도 적어지지만, 교대를 단순히 상부구조를 받치고 있는 것으로 볼 것이 아니다. 제방과 고수부지를 포함한 공간정비 속에서 경관을 고려해야 할 것이다(그림5.10 참조).

사진 5.13에 사쿠라바시(櫻橋)의 교대 하부 공간을 제시하였는데 이 사례는 친수호안의 정비와의 관련 속에서 성립하고 있다. 교대를 특수

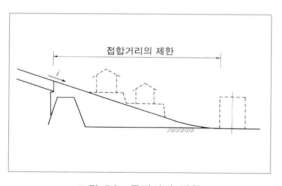

그림 5.8 급경사의 접합

과 만나는 부분의 방토(防土)나 제방에서 고수부지로 향하는 계단이나 오르막길 등 친근감 있는 교대형상이 바람직하다.

(6) 하천 내에서의 교량경관

선박의 운항이나 강을 건너다니는 것이 성행했던 시대에 놓여진 교량은 하천 내에 서의 시각을 어느 정도 의식해서 계획된 흔적이 있다. 사진 5.16에 하천을 향한 장식 사례를 제시하였다. 이러한 장식은 노면의 기능만을 중시한다면 필요 없는 것이다.

최근 지방이나 대도시를 불문하고 유람선으로 하천경관을 즐기는 기획이 실시되고 있다. 그때 교량형상의 아름다움이 경관상 좋은 액센트가 된다. 교량을 계획할 때에도 하천 내에서의 조망을 의식함으로써 도로와 난간이 조화를 이루지 못하거나 전체 형상이 부자연스러워지는 것을 피할 수 있다.

(7) 다릿목

교량과 제방과의 접점에서는 교량의 연속선상에 있는 도로와 제방도로, 제방에 평행한 도로의 삼각관계에 의해 다양한 유형을 생각할 수 있다. 그 사례를 그림 5.11에 제시한다.

다릿목을 넓은 의미에서 다리의 접합부로 본다면, 그 기능에 무엇을 추구해야 할 것인가.

사진 5.14 계획고가 높은 사례

사진 5.15 다리 위 발코니의 사례

도시에서는 다릿목에 방재기능이나 기능변경을 위한 공간으로 생각할 수 있으나 그러한 기능이 중시되지 않는 일반하천에서는 오히려 그림 5.11에 제시한 접합을 위한 교통기능의 안전성 확보를 우선하는 것이 좋다.

그 이유는 그림 5.11 (a)에서 제시한 것과 같이 통행금지의 예 등이 많고 조잡한 공간처리라는 느낌을 줌과 동시에 교통흐름도 위험하기 때문이다. 교통량이 많고, 적음을 불문하고 모든 도로의 접합부를 정비할 필요는 없으나, 어느 정도의 교통량이 있는 경우에는 가능한 한 접합부에서 도로가 휘어 있음을 알리기 위해 모서리를 둥글게 설치할 필요성이 있다.

그림 5.11 (b)의 경우에는 하천부지나 제방에 평행한 교통의 통행에서 시선을 방해하는 키가 큰 식재 등은 두지 않고 완만하게 조정하는 것이 좋다. 교량 전체에 비해 공사비 증가가 적다면 접합부를 넓게 확보하여 차량이 회전하는데 불안감을 갖지 않도록 해야 할 것이다. 다

릿목을 공원화 하는 것도 좋으나, 시선의 관통이 가능한 오픈스페이스를 확보할 수 있도록 더욱 노력해야 한다. 그리고 파손된 가드레일이나 난간이 얼마나 살벌한 공간을 만들어 내는가에 주의해야 한다.

5.5 행사·이벤트의 장

하천마다 특징이 될 수 있는 장소는 아니지만 하천에는 다양한 전통적 행사나 이벤트가 실시되는 장소가 있다. 이러한 장소는 지역과 하천을 사회적으로 연결짓는 활동이 실시되는 장소이며, 그것이 이 장소의 중요한 본질이다.

그러나 이러한 활동은 비일상적인 활동으로 우리들이 일상적으로 바라보는 것은 그 장소가 행사, 이벤트가 실시되고 있지 않은 상태에서의 풍경이다.

그 때문에 경관설계에서는 일상적인 풍경 속

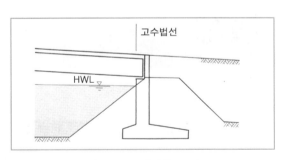

그림 5.9 교대계획 조건도

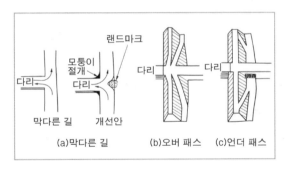

그림 5.11 다리의 접합유형

그림 5.10 교대정비의 포인트

사진 5.16 강쪽으로 향한 장식 사례

에서 비일상적 활동의 장소를 어떻게 넣을 것인가가 과제이다. 이것에 대한 기본적 사고에는 다음 세 가지로 요약할 수 있다.

하나는 공간의 비목적적·단일 목적적으로 이용하는 사고방식이다. 이벤트 활동만을 위한 특별공간으로 정비하는 것이 아니라 통상의 활동에도 대응할 수 있는 공간으로서 정비한다는 사고방식이다.

사진 5.17은 「인형 흘려보내기」라는 전통행사가 열리는 장소를 정비한 사례이다. 행사 때는 물론 일상적 활동장소로서의 풍경에도 충분한 배려가 깃들어 있다. 또 하나의 방법은 가설적인 공간 만들기의 사고방식이다. 비일상적인 활동에 대응하는 공간을 항구적 공간으로서가 아니라 그 때만을 위한 장소로서 가설적으로 설치한다는 사고방식이다. 하천 구조물은 영구적인 구조물이라는 사고방식에 대해 일부러 일부분에 가설적 구조물을 설치함으로써 비일상적 활동에 대응시키는 것이다. 교토(京都)의 가모가와(鴨川)에서는 여름철만의 풍물로서 「강가 평상」이라고 불리는 것이 있다. 이 평상은 강제의 파이프와 나무판으로 만들어진 좌석으로 여름철에만 강에 설치되어 청량감을 즐기는 장소로 이용되고 있다(사진5.18). 물론 가설적으로 구조물을 설치하기 위한 장치는 필요하지만 그러한 장치를 두드러지게 하지 않는 배려도 잊어서는 안 된다. 특별한 행사를 위한 장소는 아니지만 계단 호안의 일부에 파라솔을 세울 수 있는 구멍을 마련해둠으로써 여름철 뜨거운 햇빛을 피할 수 있는 공간이 생겨나 하천공간의 이용도 더욱 쾌적하게 된다.

이것도 가설적인 공간 가꾸기 사고방식의 하나이다. 마지막으로 이곳은 행사·이벤트가 열리는 특별한 장소라는 것을 일상적인 풍경 속에서도 암시하는 공간 가꾸기 사고방식이 있다.

사진 5.19는 등롱(燈籠) 흘려보내기가 열리는 장소의 경관설계에서 그 공간을 인상짓는 등롱의 설치를 생각한 사례이다. 암시하는 정도가 어렵다고 해서 간판을 세우는 직접적인 표현을 하는 것은 일상풍경 속에서는 오히려 거부반응을 일으킬 염려가 있어 설계에서는 주의할 필요가 있다.

5.6 수변 요소의 취급

수변요소를 솜씨 좋게 다룸으로써 중요한 장소가 될 수 있는 양호한 하천 경관을 만들어낼 수 있다. 중요한 장소의 풍경에서 가장 중요한 것은 장소다움, 즉 아이덴티티라고 할 수 있으나, 그것은 주변 요소를 목적한 대로 솜씨 좋게 다룸으로써 비로소 가능하게 된다.

종래는 너무 개성적으로 한 나머지 개개의 디

사진 5.17   돗토리(鳥取)현·지요가와(千代川)·인형 흘려보내기 행사가 열리는 호안

사진 5.18   강에 있는 평상(교토(京都)시·기부네가와(貴船川))

자인이나 상세한 부분에 집중시키는 경향이 강했다고 생각된다. 그러나 그것은 이상한 것이 되어버릴 가능성이 크다.

아이덴티티(정체성)는 공간디자인으로 만들어지는 것이 아니라 그 공간 주변의 요소, 특히 인위적으로는 만들어질 수 없는 자연적, 역사적 요소를 솜씨 있게 수용함으로써 생겨나는 것이라는 것을 명심해야 한다.

(1) 차경(借景)

사진 5.20은 강 너머로 보이는 히에잔(比叡山)을 수용한 교토(京都) 가모가와(鴨川)의 풍경이다. 물론 산 자체를 만들어 내는 것은 불가능한 것으로 경관설계의 요점은 이렇게 빼어난 자원을 발견하는 것과 그 조망을 보다 인상적

(a) 낮의 호안

(b) 밤의 등롱 흘려보내기 풍경

사진 5.19　히로시마(廣島)시·모토야스가와(元安川)의 원폭 돔 앞에서 열리는 이벤트

으로 보이기 위한 배려이다. 이러한 사고방식을 조경에서는 차경(借景)이라고 하는데 많이 사용되는 전통적 기법이다. 이 사례에서 보이는 교토의 가로에서는 강 너머로 보이는 산의 조망을 유지·보전하기 위해 산 전경의 건너편 호안지역 전체에 대해 건물 높이나 색채에 관한 규제를 실시하고 있다.

이러한 배려는 도시 가꾸기의 일환으로서 도시가 적극적으로 추진해야 하지만 이에 덧붙여 호안 등 하천구조물 설계에 있어 배려해야 할 것이 한 가지 있다. 그것은 억제한 듯한 경관설계라는 점이다.

종래에 호안의 경관설계라고 하면 계단호안이라든가, 칼라블록을 사용한다든지, 호안에 그림을 그리는 등과 같이 자기주장이 강한 호안을 만들어 내는 경향이 강했다고 생각된다. 물론 그러한 경관설계가 필요한 장소가 있을지도 모르겠으나 적어도 하천 주변의 요소가 탁월한 장소에서는 하천구조물은 보조역할을 하여 주역이 되는 지형이나 건물의 존재를 부각시킬 수 있는 설계로 하는 것이 상당히 중요하다.

사진 5.21은 요코데(橫手)에 있는 성을 조망한 것으로 호안은 자연석을 사용한 돌쌓기를 하여 그 존재감을 약화시켜 성의 조망을 부각시키려고 하고 있다. 현재 자연석 돌쌓기는 상당히 사치스러운 것이지만 이렇게 차분하고 안정되고 깊이가 있는 경관설계가 강변의 요소를 수용하는 경우에는 특히 중요하다.

(2) 반사경(倒景)

하천이 아니고는 할 수 없는 강변 요소를 도입하는 기법에 반사경(倒景)이 있다. 반사경을 성립시키기 위해서는 반사경이 되는 요소와 보는 장소와의 위치적 관계, 수면 등의 조건을 만족시켜야 한다.

반사경이 되는 요소와 보는 장소의 조작이라

사진 5.20 교토(京都)시・가모가와(鴨川)・강 너머로 산을 조망

사진 5.21 아키타(秋田)현 요코테(横手)시・요코테가와(横手川)・교량에서의 조망

는 기본적인 것을 제외한다면 수면의 상태를 컨트롤하는 것이 문제가 된다. 수면의 상태는 상당히 어려운 문제이기는 하지만 경관설계에 있어서는 다음 두 가지 사고방식이 참고가 될 수 있다.

하나는, 사진 5.22와 같이 둑을 이용함으로써 고요한 수면을 만들어내어 또렷한 반사경을 만들어 내는 것이다. 이 사례는 교토(京都)의 아라시야마(嵐山)인데, 둑이 고요한 수면을 만들어 내어 주변의 산들을 반사시킴과 동시에 고요한 수면을 이용한 뱃놀이도 가능하게 하고 있다.

또 하나의 방법은 앞서 기술한 요코테의 사례이다. 여기서는 요코테(横手)의 성이나 강변에 유서(由緖)있는 종각 등이 반사경으로서 수면에 비치고 있어 이 장소의 풍경을 보다 인상적으로 만들고 있다. 이 경우에는 자연발생적인 「깊숙한 장소」가 비교적 평온한 물의 흐름을 만들어 내고, 그것이 반사경을 만들어 내는 조건이 되고 있다. 둑과 같은 하천구조물에 의존하지 않고서도 반사경을 만들어 내는 방법으로 한번 생각해 볼만하다.

(3) 공원

하천공간에는 다양한 기능이 요구되며 그 중 하나가 공원으로서의 기능이다.

하천을 이용한 공원에는 보통 도시 내의 공원에서 얻을 수 없는 그 나름대로의 매력이 있어 하천의 공원적 이용에 대해서는 앞으로도 적극적으로 추진하는 것이 좋다.

그러므로 하천을 이용한 공원정비에서는 하천에 인접하는 기존의 공원을 조화롭게 연결하여 서로의 특성을 살림과 동시에 그 기능을 보완하는 것이 효과적이다.

이 때 경관설계의 요점은 강변의 공원과 하천 공간과의 일체감을 높이는 것이다. 모처럼 하천에 인접한 공원이 펜스 등으로 하천공간과 분리되어 자유로이 왕복할 수 없거나, 수목을 너무 많이 심어 공원에서 수면을 볼 수 없다면 보물을 갖고 있으면서도 썩히는 것과 같다.

강변공간과 하천공간과의 일체감이 뛰어난 자연스런 하도에서는 그 특성을 활용하여 가능한 한 하천으로 개방된 공원 가꾸기를 실시하는 것이 중요하다.

한편 둑이 있는 하천에서는 제방에 의한 단절감을 완화시키기 위해 다양한 배려가 필요하다. 제방 뒤편 경사지에 식재를 하여 경사면 자체도 공원화함으로서 제방에 의한 분단을 완화하고 있는 사례가 있다.

또 수변 공원 일부에 성토를 하여 시각적 일체감을 만들어 냄과 동시에 공간적인 연속성을 높이는 방법도 생각해 볼 수 있다.

사진 5.22 교토(京都)시・아라시야마(嵐山) 가쓰라가
와(桂川)

사진 5.23 모리오카(盛岡)시・나카쓰가와(中津川) 강
변의 이와떼공원-하천으로 열린 강변공원

6.1 도시하천이란

(1) 현대도시와 하천

a. 도시와 하천의 관계　도시는 인간이 활동을 집적시켜 효율적인 사회관계를 전개하는 장소로 형성되어온 곳으로 생활상의 필요에서 수변 가까운 곳에 입지하는 기원을 갖고 있는 경우가 많다. 즉 상수(上水)를 얻을 수 있고, 우수(雨水)나 하수(下水)를 배출하기 쉽고, 선박에 의한 운송이 편한 곳이다. 또 군사방어상의 이유에서 하천을 방어를 위한 수로로 정의한 도시도 있다. 이러한 이수적(利水的) 관계와 함께 치수대책도 중요한 문제였다.

b. 도시하천과 치수　제2차 세계대전 이후 일본 도시에서는 인구 급증으로 강변유역 내에 급격한 도시개발이 전개되고, 또 치수대책을 위해 도시하천이 크게 변용되었다. 1959년 이세만(伊勢灣)태풍을 계기로 다음해 「치산치수(治山治水)응급처치법」이, 1964년에는 신 「하천법」이 각각 제정되어, 국토개발이 적극적으로 추진됨에 따라 경제발전을 목표로 한 하천 주변 토지이용의 고도화가 제창되고, 치수(治水)우선의 하천개수사업이 수자원개발과 병행하여 진행되었다.

도시주변의 큰 하천에는 연속제방이 세워지고 도시 내의 중소하천에는 수직 콘크리트호안이 설치되었다. 그것은 수변의 인공화라는 형태의 경관변화를 야기하고, 동시에 수질악화나 호안의 토지이용변화, 선박운반의 쇠퇴 등을 수반하게 되었다. 하천환경의 변모로 고도경제성장이 유지되어왔다고 해도 좋을 것이다. 지하수 취수에 의한 지반침하의 진행이나 이세만(伊勢灣) 태풍의 교훈에서 하구의 저습지대를 에워싼 높은 제방이 건설되어 하구지역의 풍경이 소멸된 것도 이 무렵이다. 고속도로가 하늘을 막아버린 하천도 생겨났다.

1960년대에 들어서면서 수해의 양상이 변하였다. 대형태풍 내습의 감소와는 반대로 저지대 도시에서의 침수피해가 속출하여 중소하천의 범람이 주민들을 괴롭히게 되었다. 이것은 원래 논이었던 지역이 도시화의 물결 속에서 무질서하게 개발되어 신흥주택지로 개발되었기 때문에 유역(流域)의 유출계수(流出係數)의 증대로 인한 최고유량의 증가와 홍수 도래시간이 짧아진 것에 기인하고 있다. 이른바 도시형 수해의 발생이다.

1960년대 중반에는 게릴라 호우의 발생으로 경사지 붕괴가 빈번하고, 토사에 의한 재해가 교외 주택지를 엄습하여 급격한 도시개발의 나쁜 여파가 각처에서 한꺼번에 불기 시작했다.

사진 6.1　수직호안으로 고정된 하천

사진 6.2　고속도로로 덮인 하천

이것에 대처하기 위해 계획수위의 개정과 더불어 이른바 종합치수대책이 수립되어 유역내 우수저류와 개발규제 등이 고려되게 되었다.

다른 한편으로는 수자원개발의 진전에 의한 상수도의 정비, 도로포장율이나 건축율의 증가에 의한 지하 침투량의 감소, 소하천의 암거화(暗渠化)를 수반한 하수도의 정비 등 이른바 도시기반정비는 평균유량의 감소를 초래하여 하천에서 하천다움이 점점 상실되게 되었다.

c. 하천환경의 재생　　고도경제성장기를 지나 1970년대 중반에 들어서면서 도시환경의 질적 향상을 요구하는 여론이 높아짐과 동시에 하천공간의 친수성 확보가 커다란 과제로 부상하였다. 도시화에 의한 자연환경이나 오픈스페이스 감소에 따른 반발로부터, 어메니티 자원으로서 하천공간의 가치를 재고하는 움직임이 나타나 하천을 향한 눈길은 다양화 양상을 보이기 시작했다. 홍수, 물 부족, 수질악화 등의 제반문제에 대한 대책은 말할 것도 없으며 하천환경정비사업이나 하천공원정비 등의 공간이용에 이르기까지 다양한 요구의 조정을 수용하면서 도시하천을 계획·설계하지 않으면 안 되게 되었다.

이러한 추세 속에서 대하천의 고수부지에는 공원이, 또 중소하천에는 녹도나 친수호안이 만들어지는 등 수변의 환경설계에서 질적 향상을 위한 시도가 각지에서 보이게 되었다. 예전에 이러한 설계는 도시가 실시하는 사업과 거의 독립적으로 실시된 예가 적지 않았지만, 수질정화, 자연회복, 경관정비, 재개발 등과 같은 새로운 움직임과 함께 최근에는 도시공간으로서의 일체적인 정비가 검토되어 실시되게 되었다. 도시공간계획 속에서 하천공간을 관련짓는 시스템을 계획적으로 확립시켜야 할 시대가 되었다고 하겠다.

(2) 도시하천의 특징과 기능

a. 도시하천　　도시하천이란 여기서는 「시가지 내를 흐르는 하천」을 의미하는 것으로 한다. 이것은 농림업 등의 1차 산업보다도 공업 등의 2차 산업, 더 나아가서는 상업 등의 3차 산업의 집적이 현저하고, 건축물이 모여 있는 지역을 도시로 생각하기 때문이다. 이러한 장소에서는 하천공간과 인간의 관계나 그 밀도가 그 이외의 지역과는 상당히 달라, 다양한 요구나 조건이 특정구간에 집중적으로 반복되게 나타나는 경향이 강하게 된다. 특히 그 모습은 도시개발의 이력과 밀접한 관계를 갖고 있어 강변 및 유역의 도시개발 동향을 근거로 한 공간의 계획·설계를 고려해야 한다.

b. 도시환경으로서의 하천　　도시환경 전체 속에서 하천이 차지하는 역할은 상당히 복잡하

사진 6.3　고수부지 공원(교토시·가쓰라가와)

사진 6.4　친수공원

표 6.1 도시하천의 기능

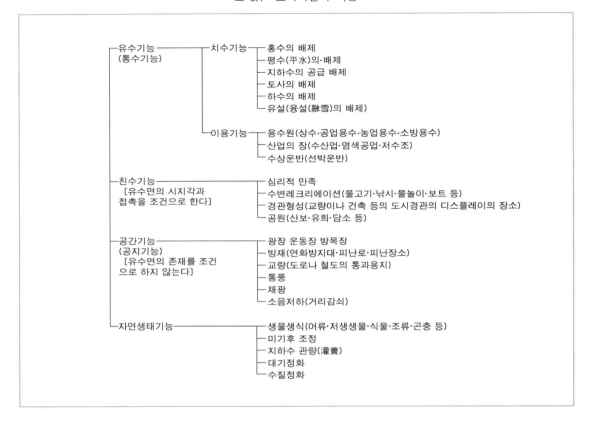

게 뻗어 있다. 그것은 교외하천이나 전원하천 보다도 복합적·중복적임과 동시에 수행해야할 역할의 정도도 크다. 즉 고밀도의 도시환경 모습을 그대로 반영하고 있다.

도시하천의 기능을 크게 나누면 유수기능, 친수기능, 공지기능, 자연생태기능으로 분류할 수 있다(표6.1). 인간이 직접적으로 하천환경을 이용하는 경우에 하천공간의 형태나 경관적인 보임이 문제가 된다. 그러나 통수(通水)기능을 중시하여 계획·설계하는 경우에 있어서도 다른 기능을 수행하지 못한다면 도시하천이라고 할 수 없다. 하나의 기능만 특화하여 생각하는 것이 적절하지 않다는 것은 배수로화 한 단조로운 도시하천의 사례를 인용하지 않더라도 알 수 있을 것이다.

도시공간은 인간이 생활하는 장소로 적절한 수준을 유지해야 할 환경이다. 따라서 어떻게 공간을 이러한 다중적인 기능을 갖는 장소로서 구성하고, 경관적으로 통일감이 좋은 형태로 마감할 것인가가 도시하천 특유의 설계계획상 과제라 할 수 있다.

(3) 도시하천의 문제점

a. 수량과 수질   수변의 어메니티 향상에서는 깨끗한 물의 흐름에 접할 수 있는 공간구성으로 되어 있는가 어떤가가 열쇠가 된다.

앞서 기술한 바와 같이 상수도정비에 의한 취수량의 증가, 도로포장율이나 건폐율 증가에 따른 지하침투량의 감소, 소하천의 암거화(暗渠化)를 수반한 하수도 정비 등이 원인이 되어 평균수량이 감소하고, 사람들이 가장 많이 접할 수 있는 평상시 하천의 수량이 적어지는 상

사진 6.5 암거하천 위에 만들어진 녹도공원

사진 6.6 색조를 맞춘 추락방지용 울타리

태가 나타나게 되었다. 하수도 정비가 진전되지 않은 지역에서는 생활배수의 유입에 따른 수질악화가 심각해져 악취문제가 발생하고, 매립 암거화를 추진하여 녹도나 공원으로 바뀌어 버린 사례도 많다.

최근에는 이러한 암거화에 의한 수면상실을 반성하여 청류의 부활에 의해 하천 보전을 도모하려는 움직임이 현저하다. 또한 장소에 따라서는 암거화를 도모하면서도 지표부에 전혀 새로운 친수기능을 우선한 공원적·정원적인 하천정비를 실시하는 사례도 보인다. 거기에서는 상수 혹은 처리수를 기계 설비를 사용하여 흘려보내거나 순환시켜, 인공적으로 유수환경을 창출하는 경우가 많다. 자연의 유수나 용수를 끌어들여 흐르게 하는 사례도 있으나, 하천의 수리권 등의 제약으로 충분한 수량이 확보되고 있다고는 할 수 없다. 여하튼 어떻게 필요한 수량을 확보하고, 쾌적한 환경형성에 요구되는 수질을 달성할 수 있을까가 커다란 과제가 되고 있다.

한편 종합치수대책의 도입으로 다목적 조절지 등에 의한 유역 내 우수저류와 개발규제, 투수성포장에 의한 지하수침투 등이 고려되게 되었고, 평균수량의 회복을 도모하고 있는 지역도 점차로 증가하고 있다.

b. 하천구역의 여유　　홍수 유하(流下) 능력

의 확보를 위해서는 하천용량을 확장해야 하지만, 도시에서는 용지매수비용의 상승으로 폭을 확장하는 것이 곤란하기 때문에, 지하를 하천화 함으로써 필요단면을 확보한다는 수법도 도입하게 되었으나, 대부분의 경우는 호안을 가능한 한 수직으로 하여 통수단면을 확보하고 있다. 양쪽 호안에 관리용 도로가 있는 곳은 그래도 나은 편이나, 건물이 호안에 접하게 세워지고 있는 장소에서는, 때때로 건물 이면의 경관을 조망하게 된다. 전통적인 도시공간이 남아 있는 곳에서는 하천에 대해 건물이 정면을 향하고 있기 때문에 하천공간과 건물이 일체적인 경관을 형성하고 있는 곳이 많다. 근대화된 하천에서도 수변의 건물은 조망대상이며 조망하는 장소이기도 하므로 경관적 배려가 요구된다.

강가에 측면도로나 고수부지가 있는 경우에는 공간을 이용하기 쉽고, 또 경관적으로도 다양한 노력을 할 수 있는 여지가 있다. 공원과의 공간적 일체화나 도시경관의 실루엣 조망을 의식하는 등 효과적인 경관형성이 가능하게 된다. 여하튼 하천구역과 수변공간에 어느 정도의 여유를 갖게 하는 것이 바람직하다.

c. 수변으로의 접근성 확보　　측면도로나 고수부지는 중요한 통로가 되지만, 도시 쪽 도로망과의 접속이나, 제방이나 호안의 형상, 수변

사진 6.7 울타리 없는 수변(교토시·철학의 길)

사진 6.8 구조용 튜브(오른쪽)와 응급경보장치(중앙)(서독일·베를린·슈프레강)

의 토지이용형태에 따라서는 상당히 이용하기 어려운 경우가 있다.

진입금지의 관리용 통로, 콘크리트 수직호안이나 제방, 광대한 공장이나 창고와 같은 사유지 등은 공간적·시각적으로 하천과 도시와의 관계를 차단해버린다. 도시 공간구조와의 연속성 확보가 중요하다.

d. 친수성과 안전성　　수직호안에서는 하천에서는 추락위험을 방지할 목적으로 추락방지용 울타리를 호안 위에 설치하는 경우가 많다. 이러한 울타리는 규격품(네트·펜스나 가드레일류)이 자주 사용되기 때문에 조형 의장이 경관에 적합하지 못한 사례가 많고, 수변의 어메니티 관점에서 문제가 되기 쉽다. 이들의 디자인 향상도 중요하지만 어디까지나 주역이 물이라는 것을 생각한다면 설치하는 경우에는 두드러지지 않는 형태와 색채로 해야 한다.

수변의 친수성 향상이라는 관점에서는 그러한 울타리 종류가 없는 것이 바람직하지만, 친수성 향상과 사고 위험성을 직접 관련지어, 공공물 설치주체의 관리책임을 중시하는 입장에서 본다면 적어도 침입방지책을 설치하여 용이한 접근성을 억제하려는 경향이 강하게 된다. 이 문제는 안전성에 관한 개인의 책임능력에 대한 사회적 합의 상황이 관계하고 있어 사회의 정

신적 성숙도에 따라 수변설계가 달라진다. 예를 들어 개인의 주체적 책임을 중시하는 사회에서는 침입·추락한 본인에게 책임이 있다는 사회통념이 배경에 있다. 이것에 비해 관리자 책임을 중시하는 사회에서는, 그 책임수행의 표현으로서 울타리의 설치라는 행위를 우선하게 된다. 그러나 한편으로는 시설정비비의 증가나 이용자의 책임의식이 희박해진다는 문제가 생겨난다.

응급시를 위한 튜브나 사다리 등을 요소에 배치하여 사회의 상호부조를 자발적으로 의식할 수 있는 시설정비를 실시하고 있는 사례가 있으나, 수직호안에 울타리가 설치되어있는 지역(국가)에서는 응급 시에 구조작업이 어렵다는 문제가 있다.

6.2　도시하천경관의 성립

(1) 도시하천의 조망

도시하천의 경관설계를 생각할 때, 사람들이 거기에서 어떠한 경관체험을 하게 될 것인가를 다시 한번 생각해둘 필요가 있다.

인간의 경관체험은 어떤 지점에 서서 어떤 방향을 조망하거나 이동하면서 계속적으로 전개

사진 6.9　도시하천의 유축경(파리·세느강, 오르세 미술관)

사진 6.10　도시하천의 대안경(파리·세느강, 오르세 미술관)

사진 6.11　랜드마크가 되는 탑(네델란 드 텔프트)

사진 6.12　교토(京都)시·가모가와(鴨川)에서 본 히에잔(比叡山)

되는 경관의 계기적 연속(계기적 연속)를 체험하는 것과 같이 그 경우가 다양하다. 그리고 좋고 싫음 등의 감정적인 평가에 따라 다양한 장소를 정의하고 있다. 도시하천공간을 마음에 드는 장소로 정의하기 위해서는 조망하는 장소의 분포상태에서부터 구성요소의 재료나 디테일에 이르기까지를 충분히 음미하는 것이 필요하다.

시점장의 분포는 도시 공간을 어디에서 어떠한 방향으로 조망하게 되는가, 그리고 그 때

무엇이 어떠한 구도 속에서 보일 것인가를 규정한다. 시점 상으로는 주로 강변의 건물, 측도, 다리 그리고 배가 중요한 요소이다.

다리 위에서는 유축경(流軸景)으로 조망되고, 강가에서는 옆으로 본 유축경(流軸景)과 대안경(對岸景)이 보인다. 이러한 조망 속에서 무엇을 주제로 보여줄 것인가, 즉 무엇을 「그림(圖)」으로 하여 부각시키고, 무엇을 「바탕(地)」으로 하여 배경에 융화시킬 것인가가 문제이다.

일반적으로 하천경관에서는 유수와 수변이 주제가 될 것으로 생각되지만, 도시하천경관에서는 오히려 수변의 건물 등을 중심으로 하는 도시 경관 쪽이 주제가 되어야 할 것이다. 이 때 건물이나 식재 형태가 경관의 주제로서 적

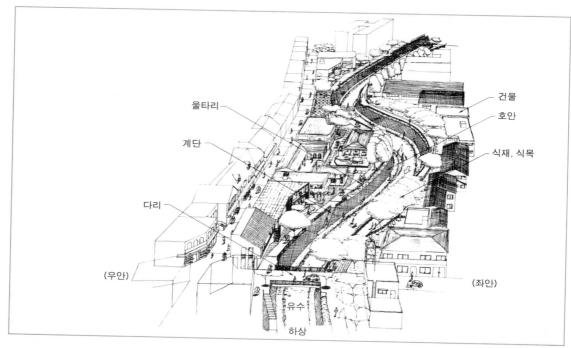

그림 6.1 도시하천경관의 구성요소

합한 것인가가 열쇠가 된다. 그리고 다리가 주제가 되는 시점장소도 당연히 존재한다. 따라서 도시경관의 전체적인 마스터플랜 속에서 하천경관을 적절하게 정의함과 동시에, 하천경관 속에서도 어디가 중요한 초점이 되어야하는 가를 계획적으로 생각해둘 필요가 있다.

경관적 초점으로서 랜드마크(목표)가 되는 것이나 아이스톱(투시도의 초점 등 시선이 모이는 부분 또는 거기에 있는 시선을 차단하는 두드러진 시설)에 위치하는 것이 좋은 구도 속에서 보이도록 시점장소 주변을 정비함과 동시에 대상주체 및 그 주위의 경관설계를 검토할 필요가 있다. 랜드마크나 아이스톱이 되는 것에는 중요한 건물, 경관수, 교량, 수문, 둑, 선착장, 산 등이 있다. 또 하도의 굴곡자체에 구도적인 재미가 있다면 그러한 경관도 일종의 랜드마크라고 할 수 있다.

또, 주요 시점장의 각 간격이나 접속방법, 즉 측도나 선박의 운항경로에 따라 어떠한 계기적

연속으로 경관이 연속될 것인지도 네트워크의 문제로서 생각해야 한다. 초점적인 장소의 분포를 생각함에 있어서는 교량과 교량의 간격 등도 고려하여 조형상에 음률을 부가하는 것도 검토해야 한다.

이러한 시점장 상호의 관계와 함께 각각의 시점장에서 수면과의 낙차나 건너편 건물에 대한 앙각(仰角), 수변에 대한 부각(俯角), 전경에 의한 원경(遠景)의 불가시(不可視)영역 등의 상호관계에 대해서도 양호한 관계를 형성하는 것이 바람직하다. 예를 들어 교토(京都) 가모가와(鴨川)에는 건너편 수변에 대한 부각(俯角)에서 원경의 히에잔(比叡山) 스카이라인에 대한 앙각(仰角)의 범위가 적절한 시야 내에 들어오는데, 건물의 높이도 낮게 조정되어 있어 조망되기 쉬운 관계가 지켜지고 있다.

(2) 주요 구성요소

도시하천의 기본적인 구성요소에는 교외지역

이나 자연하천과 공통되는 것이 있다. 그러나 경관면에서는 도시하천의 특징에 해당하는 수변요소가 중요한 역할을 담당하고, 동시에 거기에 대응한 수변 형태가 요구된다.

a. 유수·하상

도시하천이 흐르는 모습은 그 도시의 지형적 입지조건과 깊은 관련이 있다. 따라서 지형적으로 그 장소에 출현할 가능성이 높은 유수상태를 소중히 해야 한다.

하구(河口) 부근의 저지대는 간조구간이 있고 하상경사가 완만하고 유속이 느리기 때문에, 거의 직선에 가까운 평온한 수면을 보이는 완만한 흐름이 된다. 그다지 좋은 수질은 바랄 수 없고, 고여 있는 느낌을 주는 경우가 많다. 이러한 지구에 바위가 노출된 계류와 같은 흐름을 억지로 창출하는 것은 장소에 적합하지 않은 조경이 되며, 위화감을 주는 것이 된다. 한편, 수변의 토지이용은 상당히 고도화되고 있기 때문에 이용압력은 높고 호안도 인공적으로 조성하지 않을 수 없다.

중류지역의 도시하천 특히 선상지(扇狀地)하천은 하상경사에 따라서는 여울과 소 및 삼각주가 출현하는 경우가 있다. 저지대보다 유속이 있고 시각적으로 즐길 수 있는 요소가 증가되어 수변설계도 그러한 자연발생적인 요소를 고려하는 것이 요구된다.

b. 호안·계단

앞서 기술한 바와 같이 토지와 수용유량의 관계에서 호안은 수직에 가까운 형태가 되는 경우가 많다. 친수성을 향상시키기 위해 계단을 설치하는 경우, 경사나 폭에 충분한 여유를 갖게 하지 않으면 오히려 위험이 초래된다.

도시하천은 인공적으로 정비되기 때문에 전반적으로 단조로운 호안이 연속되기 쉽다. 그런 가운데 계단이나 굴곡부 혹은 성의 석단(石壇)과 같이 열쇠형으로 연속된 부분 등이 적당한 간격으로 있다면 경관에 변화가 생겨난다.

c. 수문·둑

보를 막아서 수심이나 수량을 확보하는 경우, 상류와 하류의 흐름이 전혀 다르고, 방류 혹은 월류하는 물소리나 흐름이 있어 관심을 모으는 곳이 된다.

d. 교량

수면을 위에서 조망하는 시점장

사진 6.14 망막한 대규모 하천

사진 6.15 협소하고 답답한 도시하천

사진 6.13 런던·템즈강—중세 갑옷의 이미지로 디자인되고 있다

이 되며, 또한 그 자체가 랜드마크나 하천공간을 분절화 하는 아이스톱으로서 기능한다. 도시공간으로서는 다리 위, 다리 밑, 그리고 다릿목 공간이 각각 유효하게 활용되어야 한다.

e. 건물, 수목　도시의 표정을 하천경관으로 만들어 내는 중요한 입면적 요소이다. 건물형태에 경관적인 매력이 결여된 경우에는 수변수목에 의한 조경을 생각해볼 수 있는데, 도시경관으로 하천경관을 정의한다면 건축협정이나 미관지구, 풍치지구 등의 제도적인 대응도 고려해야 한다. 뒤에 기술하겠으나 하천공간을 슬쩍 보았을 때의 넓이에는 양쪽호안의 입면적 요소와 관련이 있다. 따라서 수변에 있는 이러한 요소가 얼마만큼 여유를 하천공간에 줄 수 있을 것인가가 커다란 열쇠가 된다.

f. 사람·선박　하천경관의 주역은 유수를 중심으로 하는 하천공간과 거기서 어떠한 행위를 하고 있는 인간이다. 또 교통수단인 선박의 종류 등도 하천다운 표정을 풍부하게 하고, 생동감 있게 이용되고 있는 하천이라는 인상을 만들어낸다. 선착장 등도 중요한 거점이며 질서 있는 정비가 요구된다.

g. 원경　광역적인 관점에서 위치확인을 위한 단서가 되고 그 도시의 아이덴티티를 확인함에 있어 중요한 원경의 산이나 하류의 바다 등 같은 경관요소가 양호한 구도 속에서 보일 수 있도록 강변요소를 적절하게 조절하는 것이 바람직하다.

h. 기타 인공적인 요소　울타리, 가드레일, 전주, 조명, 식재, 스트리트퍼니쳐 등, 도시의 공공공간에 설치되는 거의 모든 요소가 해당된다.

(3) 횡단면 구성

a. 하폭과 스케일　도시하천에서 그 경관을

보다 친숙한 것으로 하기 위해서는 스케일 문제에 주의할 필요가 있다.

깊이감이 있는 유축경(流軸景)에서는 하천공간을 구분하는 것이 중요하다. 교량이나 하도의 굴곡 등에 의해 공간이 닫혀 보이게 하지 않으면, 폭이 넓은 경우에는 망막한 느낌이 들기 쉽다. 한편 폭이 좁은 하천에서는 예를 들어 교량과 교량간격이 좁거나 하면 상당히 협소하고 답답한 인상을 준다.

대안경(對岸景)에서는 하천폭과 건너편 제방의 경관적 주제의 스케일의 관계에 주목하는 것이 과제가 된다. 수면이 시야의 대부분을 차지하는 폭 넓은 대규모 하천인가, 그렇지 않으면 건너편 제방의 건물윤곽이 문제가 되는 중규모 하천인가, 혹은 식재나 사람의 표정을 식별할 수 있는 소규모 하천인가에 따라 구성요소의 디자인방법이 다르다.

이러한 공간의 시각적 구분에서는 거리와 시지각(視知覺) 내용의 관계가 문제시되어, 어떠한 거리에 있는 무엇을 보여줄 것인가, 혹은 보이지 않게 할 것인가를 생각해야 한다. 여기서는 인간의 식별능력과 함께 보이는 요소의 종류와 의미가 문제가 된다. 따라서 주요 시점장과 거기에서 보이는 대상물의 상대적인 크기의 관계를 생각하는 것이 중요하다(표6.2).

또 인간에 의해 이용될 가능성이 상당히 높은 도시하천에서는 그러한 제반활동의 행동범위와 공간의 통일, 즉 어떻게 마이크로 조닝을 장소의 분위기를 깨지 않도록 배열할 것인가를 생각해야 된다. 활동 분포는 공간의 구분화와 밀접한 관계가 있고, 스케일상의 조화에 영향을 미친다. 따라서 수요와 공급이라는 간단한 대응으로 안이하게 도입하는 것은 피해야 하며, 항상 어떻게 보고, 보일 것인가 하는 관점에서 검토해야 한다.

b. 하폭과 수변건물 높이와의 관계　중요

한 구성요소가 유수(流水)를 중심으로 집합하게 되면, 그것의 조합과 스케일에 따라 다양한 경관이 출현하게 된다. 횡단면 구성의 기본적인 골격은 다음과 같은 요인과 관련되어 있다.

① 단단면인가 복단면인가
② 측도의 유무, 편측인가 양측인가
③ 수면 폭원 D_w
④ 수면과 측도의 낙차 H_w
⑤ 수면 폭원과 낙차의 비율 D_w/H_w
⑥ 수변의 수직면 요소(건물, 가로수 등)의 높이 H_b
⑦ 양안의 수직요소 사이의 거리 D_b
⑧ D_b와 H_b의 비율 D_b/H_b
⑨ 양안의 수직요소의 높이와 하천 공간 전체의 깊이 $D_b/(H_b+H_w)$ 등

측도의 유무는 시점장의 분포상태, 즉 하천공간에 사람들이 접하는 빈도에 영향을 끼친다. D_w는 수량감 및 건너편 제방과의 일체감에, H_w는 공포감 또는 안전감과 관련 있다. D_b는 D_w를 포함하여 건너편 호안과의 일체감이나 공간의 폐쇄감과 관련 있다. 특히 D_b/H_b가 3을 넘으면 망막한 느낌이 들기 쉽다. 이 수치가 1~2정도라면 하천공간이 선상 모양으로 통일된 인상이 된다(표6.3). 그러나 H_w가 크면 계곡과 같은 느낌이 강하게 된다. 또, 한눈에 멀리 내다보는 거리 L도 깊이감이나 둘러싸인 느낌에 영향을 미친다.

6.3 도시하천의 이용형태

도시하천의 이용형태는 공간의 크기·형상 등에 의해 규정되는 한편, 이용하려고 하는 요구가 하천공간의 형태를 만들어 간다. 이러한 이용형태와 하천공간과의 다양한 관계를 분류정리하고, 이용 면에서 본 공간계획의 모습이나 경관설계상의 유의점을 제시한다.

(1) 이용형태의 분류

하천공간의 이용형태는 도시하천에 요구되는 제반기능 중 인간 활동이 직접적으로 하천공간 속에서 전개되는 것이라고 생각할 수 있다. 따라서 하천공간의 어디에서 어떠한 활동이 일어나고 있는가를 올바르게 인식하고, 경관설계를 실시할 필요가 있다. 그러한 이용형태는 활동패턴과 목적성(활동목적의 명확함 정도)에 따라 표 6.4와 같이 분류된다. 활동패턴은 이용장소가 되는 하천공간의 형상이나 크기와 관련 있고, 목적성은 다른 활동과의 공존·배제 관계에 있다.

이러한 이용형태 중에서 친수적인 하천이용에 속하는 내용을 그 대상에 따라 분류하면 표 6.5와 같다. 그 내용은 인간과 하천의 본래적인 관계방법에 속하는 것이 많다.

a. 물 그 자체를 사용 하천을 흐르는 물 그 자체를 이용하는 가장 직접적인 이용형태이다.

일반적으로 마시는 물이나 씻는 물을 얻을 수 있는 장소에 취락이 발달하고, 사람들과의 강한 유대로 인해 수계가 형성되어 왔다.

구조하치만(郡上八幡)(사진6.16) 등에서 지금도 전형을 볼 수 있다. 물이용 체계가 토지이용 질서를 구축했던 시대의 흔적이다. 그러나 상수도의 보급은 이러한 공동체의식을 희박하게 하였다. 하천의 물은 생활을 유지하는 근원이라는 의식을 회복하여 주변 지역과의 강한 유대를 의식시킬 수 있는 정비를 실시하는 것이 필요하다.

예를 들어, 수원(水原) 취수구 부근을 공원화하여 사람 눈에 띄기 쉽게 하고, 수변과의 연계를 강하게 느낄 수 있는 연출도 효과가 있다고 생각된다.

b. 물의 흐름을 이용
（ⅰ）목욕재계, 등롱(燈籠)흘려 보내기 등의 행사(신앙 활동)

D/H		공간의 느낌	대상이 보임
0.5	63°	근접하고, 좁고 답답한 느낌	둘러싸인 느낌 건너편 입면의 절반 정도가 눈에 들어 온다 폐소공포병적감각
1	45°	높이와 폭 사이에 균형·조화가 있다	높이와 공간이 어느 정도 좋은 관계를 형성 폐쇄성의 강조 건너편 전면이 눈에 들어온다
1.5	34° 좋은 광장의 D/H		
2	27° 쾌적한 D/H	떨어지고 넓은 느낌	건너편 건물을 보기 쉽다 2.5 이상에서는 광장공포증의 감각이 생기기 쉽다
3	18°		보통은 시야전체를 차지한다 경관의 일부가 되지만 다른 것과 독립해서 보인다 입체적으로 둘러싸였다는 느낌보다, 장소의 경계가 된다 입면에서 디테일이 없어진다
4	14°	폐쇄성의 감소	주변 경관과 일체가 된다 둘러싸인 정원 광장·D/H의 상한
6	9°	폐쇄성의 하한	
8	8°	폐쇄성의 상실 막막한 느낌	

표 6.3 D/H의 의미(다카하시 연구실 편 「형태의 데이터 파일」에서 작성)[2]

일본에서 물은 모든 것을 흘려 사라지게 하는 신통력을 갖고 있는 것으로 보고 있어, 재앙·죄·더러움 등을 강이나 바다에 흘려보내는 「종이인형 흘려보내기 행사」나 「목욕재계」 등의 행사가 예로부터 행해져왔다. 이 행사에 사용되는 물은 모든 것을 씻어 흘려버리는 신통력을 갖고 있는 것으로 의식될 수 있는 청류(淸流)가 되어야 하며 신성한 공간인 수변으로 인간이 접근할 수 있는 장치가 필요하다.

하천공간의 계획에서는 이런 신성한 공간을 정비할 수 있는 장소가 한정되겠지만, 수변지역의 풍습·행사 등의 조사에 입각해서 배려해야 한다.

(ii) 경관요소로서의 이용

물의 흐름을 도입한 정원 가꾸기의 전통은 오늘날에도 이어지고 있으며, 물을 도입한 상업공간도 증가하고 있다.

하천공간에서는 바라보가 만들어 내는 낙차에서 복잡하면서 다양한 물의 흐름을 볼 수 있어, 바라보는 사람을 유도하는 요소가 되고 있다. 물의 흐름에 빨려 들어가는 것은 단순히 물의 시각적 조형적인 아름다움에 의해서만은 아니다. 물의 흐름이 갖는 정신적인 의미까지 의식할 수 있는 디자인이 요구된다.

자동차가 보급되기까지는 수상운송이 최대의 운송수단이었다. 물의 흐름 없이는 도시가 성립되지 않을 정도로 수로변에 도시가 형성되어 왔다. 그 대표적 경관을 이탈리아의 베네치아나 에도(江戸)시대의 에도(江戸), 오사카(大阪) 등에서 볼 수 있다.

거의 모든 물류유통이 자동차운송에 의해 이루어지고 있는 현대, 선박운송은 그 운명이 다했지만 우지가와(宇治川)에서는 30여척의 석재운반선이 유람선으로 부활하여 사용되고 있고, 오사카(大阪)나 도쿄(東京)에서는 수상버스가 운행되고 있다. 선박에서의 조망은 도시의 새

표 6.4 도시하천의 이용형태

목적성 활동유형	특정 목적적	불특정 목적적
정지적 (거점적)	물고기 낚시*, 스포츠 경기관람, 야외연극	휴게*, 독서, 사색*, 낮잠, 담소*, 야외 바베큐, 악기연주, 일광욕*, 세탁*, 집회, 명상, 수영*
선운동적	사이클*, 카누*, 유람선	조깅, 마라톤
경운동적	롤러스케이트, 스케이트보드, 줄넘기	산책*, 물놀이*, 피크닉*, 야조관찰*, 자연감상*, 연날리기, 아동유희, 캠프*, 돌 던지기(돌 날리기)*
면운동적 (영역적)	골프연습장, 골프코스, 자동차연습장, 자동차시험코스, 각종운동경기(야구, 테니스, 럭비, 풋볼, 축구, 배구), 경비행기, 글라이더, 파라셀링, 행글라이더, 스카이다이빙, 보트*, 윈드서핑*, 수상스키*, 축제	

주) *: 친수적 활동으로 생각되는 것

표 6.5 친수적인 이용형태의 분류

이용 대상	이용 목적
물 그 자체를 사용	생활용수로 이용
물의 흐름을 사용	행사, 신앙 활동
	경관요소로의 이용
	교통로로서의 이용
물이 있는 공간을 사용	창작, 교육활동
	관광
	운동, 레크리에이션

로운 얼굴을 감상하는 것이다. 수변풍경과의 일체감이 느껴지는 친숙감 있는 공간조성이 요구되고 있다.

c. 물이 있는 공간을 사용

(ⅰ) 창작·교육활동의 장소

강가는 연극의 무대이며 가와하라(河原乞食)라고 불렸던 예능인이 예술을 펼쳤던 곳이다.

현재 이러한 이용형태는 전혀 볼 수 없으나 컨벤션 도시로서 각광을 받고 있는 미국의 산·안토니오(San Antonio)에서는 강을 끼고 야외극장의 무대와 관객석이 설치되어 관객에게 일종의 독특한 감동을 갖게 하고 있다.

자연이 풍부하게 남아 있는 하천공간은 자연관찰의 보물창고, 소풍 장소 등으로 이용되고, 강변지역의 사회활동도 동시에 관찰할 수 있는 절호의 교육장소가 되고 있다. 창작이나 교육활동의 장소로서 하천공간에는 확장감 있는 고수부지 등이 필요하고 사람이 주역이 될 수 있는 휴먼스케일의 공간구성이 요구된다.

(ⅱ) 관광장소

하천 관광지 중에서는 오리를 이용해서 물고기를 잡는 행사가 열리는 나가라가와(長良川)가 유명하다. 최근에는 구라시키(倉敷)·야나가와(柳川) 등과 같이 수로를 갖는 역사적 도시경관이 관광객을 끌어들이고 있다.

사라져가고 있는 고향의 수로를 대신하는 것을 추구하고 있다는 해석도 있으나, 통일된 이미지를 갖는 공간에 빠져드는 쾌적함이 인기를 모으고 있다고도 할 수 있다.

(ⅲ) 운동·레크리에이션의 장소

넓고 넓은 하천공간은 고밀도 토지이용이 실시되고 있는 도시에 있어서는 귀중한 오픈스페이스로 운동·레크리에이션·축제의 장소로서 이용되고 있다.

이러한 이용형태에서는 물과의 관련이 거의 없어, 공간 확장감 만이 활용되는 경우도 있으나, 물과의 접촉을 즐길 수 있는 다양한 이용형태도 보인다. 고대에는 물가에서 술을 마시고 노래를 부르며 즐기는 「무대」가 열렸는데, 강에 설치된 평상에서 음식을 즐기는 가모가와(鴨川)의 전통은 아직도 현대에 계승되고 있다.

물에 대한 관심이 높아짐에 따라 보트, 요

사진 6.16　수로에 있는 빨래터 풍경(기후(岐阜)현 구조하치만(郡上八幡))

사진 6.17　교토(京都)시 케아게(蹴上)공원─비와호 (琵琶湖)에서 흘러온 물을 이용한 발전소, 정수장의 취수구 주변이 공원으로 되어 있다. 근처에는 배를 끌어올리기 위해 이용했던 기계장치의 흔적이 보존 되어 있다

사진 6.18　가나자와(金澤)시· 사이가와(犀川)의 바닥보─물의 흐르는 기세와 시원함을 느끼 게 한다

트 대회장으로의 이용도 증가하고 뗏목으로 강 을 따라 내려가는 행사도 개최되었다.

(2) 이용형태와 하천공간 계획·설계

a. 공간이용계획의 기본방침
하천공간의 다양한 이용형태를 수용하기 위해 공간계획 및 경관설계에서 충분한 검토가 요구된다.
(ⅰ) 공간의 중층성(복합적 이용)에 대한 대 응

이용에 적합한 공간을 형성하는 경우에 목적 성의 명확함이나 활동 상호간의 경쟁관계에 착목하게 되는데, 본래 섞여 있어도 지장을 초 래하지 않는 활동들을 세세하게 기능을 분화 시켜 개별로 존을 나누면, 매우 기이한 경관이 생겨날 가능성이 있으므로 주의를 요한다. 따 라서 하천공간은 한 종류의 이용형태에 대응 할 수 있다면 좋은 것이 아니라, 몇 개의 형태 에 대응할 수 있도록 적절한 조닝과 동선배치 를 계획하고 설계해야 한다.
(ⅱ) 조망대상으로서의 하천공간 및 수면과의 관계

오픈스페이스로서의 확장감이 이용대상이 되 는 경우에도 수변에 근접할 수 있고, 물을 조 망할 수 있도록 하는 것이 중요하다. 예를 들 어, 물 속에 들어가는 것은 불가능해도 하천과 인간과의 심리적인 연결을 갖게 하기 위해 양 호한 하천경관의 조망을 형성할 필요가 있다.
(ⅲ) 배후지와의 연계확보

수변부의 형태는 배후지 토지이용 등에 따라 규정된다. 수방활동, 축제나 불꽃놀이 대회 등 의 이벤트 개최 등과 같이 소프트한 대응책은 강변과 하천공간의 연계를 강하게 하는 것이 며, 그것을 수용하는 공간을 확보해 두는 것이 바람직하다.

사진 6.19　수상버스에서 조망한 현대의 오사카(大阪)시

사진 6.20　산·안토니오 강의 양측에 설치된 야외극장의 무대와 관객석(미국 산·안토니오)—이벤트를 한층 고조시키는 무대조성

사진 6.21　오사카(大阪)시·요도가와(淀川) 완도—자연관찰, 자연교육의 장소로 활용되고 있다

사진 6.22　구라야시키(倉屋敷)가 늘어서 있는 구라시키가와(倉敷川)의 강변(오카야마(岡山)현·구라시키(倉敷)시)

(ⅳ) 이미지 가꾸기를 위한 디자인 방침

　경관 통일로 개성적인 장소의 이미지를 만들어 내는 것은 하천공간에 사람들을 끌어들여 애착을 깊게 하는 것이 된다.

　문화활동의 무대·관광자원으로서 통일된 이미지가 느껴지는 공간가꾸기가 요구되고 있다. 지나치게 취미생활에 치우친 디자인은 반감을 일으키기 쉽다. 절제되고 세련된 조형의장을 만들어 내는 기량이 요구된다.

b. 친수활동과 하천공간의 형태

　하천공간의 다양한 이용형태 중에서 최근 특히 사회적 요구가 강한 것이 친수활동이다. 친수 활동이란 물을 가까이서 느끼는 것을 목적에 포함하는 활동을 말한다. 앞서　기술한 이용형태의 분류에서 「물이 있는 공간을 사용」하는 경우가 대략 여기에 해당한다. 그러한 친수활동의 「본보기」를 다음과 같이 분류하고, 그것에 대응하는 공간의 모습을 보기로 하겠다.

(ⅰ) 물에 접근한다

　다양한 물의 흐름이나 강변의 경관을 조망, 휴식, 휴게하는 경우이다. 조망되는 물은 취수나 하상 유지를 위해 설치되는 둑이나 수중보의 형상 등에 따라 조용한 물에서부터 물보라

를 일으키는 역동적인 흐름에 이르기까지 자유
롭게 연출할 수 있다.

경관을 조망하는 장소는 오목한 형상 등을 만
들어 주위로부터 분리된 안정감 있는 곳으로
하는 것이 좋다.

（ⅱ）물에 들어간다

간석지나 모래삼각주에서 조개 잡이·물놀
이·진흙놀이, 물고기 잡기 등은 하천에서의
친수활동을 대표하는 것이었지만, 수질악화 등
으로 인하여 이러한 활동이 불가능해진 곳도
있다.

최근에는 어린아이도 안전한 얕은 흐름을 인
공적으로 만드는 곳이 증가하고 있다. 안전은
당연히 확보되어야 하지만 경관적으로 융화성
없는 안전시설이 하천공간에 출현하는 경우도
적지 않아 과보호되고 있다는 생각이 든다.

（ⅲ）수면을 이용한다

광대한 수면을 이용한 수상스키나 보트놀이
등이 있다. 하천을 이용한 수영장도 여기에 해
당된다. 풍부한 수량과 넓은 수면이 필요하지
만 유속은 느릴수록 좋다.

（ⅳ）수변을 이용한다

고수부지의 수변이나 초지를 이용한 낚시, 캠
프, 야외연회 등의 레크리에이션 활동이 여기
에 해당된다.

그룹단위의 친수활동에 있어 가장 중요한 장
소이며, 수변선 변화로 적당한 스케일의 공간
통일성을 만들 수 있다면 좋다. 수변의 횡단경
사는 1:40 정도로 완만한 것이 바람직하다.

（ⅴ）공간의 확장감을 이용한다

하천공간의 확장감을 활용한 자연공원, 운동
공원 등에서의 운동·레크리에이션으로 해방감
을 맛볼 수 있다.

그늘이나 주차장 등의 확보를 요망하는 경우
가 많으나, 인공적인 것은 평탄한 공간에 수용
되기 힘들다. 나가라가와（長良川）의 주차장과

사진 6.23 관광선이 왕복하는 야나기가와（柳川）의
풍경（후쿠오카（福岡）현）

사진 6.24 광대한 다마가와（多摩川）의 운동공원（도
쿄（東京））

사진 6.25 개수·정비되어 새롭게 태어난 요꼬즈칸
가와（横十間川）의 임대보트（도쿄（東京）·고토구（江東
區））

사진 6.26　쿠마모토(熊本)현·기쿠치가와(菊池川)에서 뗏목 타고 내려오기

사진 6.27　오목한 형상을 갖고 있는 호안(삿포로(札幌)시·도요히라가와(豊平川))

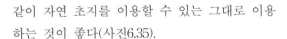

사진 6.28　간척지에서의 물놀이(히로시마(廣島)시·오타가와(太田川))

사진 6.29　얕은 여울에서의 물고기 잡기 대회(교토(京都)시·가모가와(鴨川))

같이 자연 초지를 이용할 수 있는 그대로 이용하는 것이 좋다(사진6.35).

확장감을 이용한 교통공원, 자동차학원, 골프연습장 등이 고수부지를 점용하고 있는 곳이 있으나, 이러한 것들은 하천공간이 아니면 안되는 것은 아니다.

c. 이용행동과 공간설계

인간이 하천공간을 이용하는 상황을 자세히 살펴보면 「걷다」, 「앉다」, 「조망하다」, 「달리다」 등과 같이 다양한 행동의 연쇄적인 조합으로 구성되어 있음을 알 수 있다. 그리고 그러한 행동에 대응한 공간의 형상이나 치수가 요구되게 된다.

인간행동과 공간형태 관계의 기본원칙에 대해서는 다른 문헌에 많이 있으므로 여기서는 생략하겠으나, 친수적 이용행동을 상정하는 이상, 늘 수면과의 관계를 의식하는 것이 필요하다.

예를 들어 「앉다」 라는 행동을 생각해보면 거기서는 동시에 「조망하다」 라는 행동이 수반되며, 앉은 부분의 높이뿐만 아니라 앉은 방향이나 시선과 수면 사이에 있는 요소들의 위치관계 등도 영향을 끼친다는 것을 알 수 있다. 「걷다」 혹은 「달리다」 라는 행동도 「조망하다」 라는 행동을 포함하고 있다. 그 도중에는 「멈추다」, 「오르다」, 「내려가다」 와 같은 변환지점도 있어, 지표면의 단차나 경사, 통로의 넓이나 방향이나 선형, 쉴 수 있는 공간의 위치 등 공간체험의 연속(계기적 연속)을 어떻게 설정할 것인가가 설계상의 판단기준이 된다.

（ⅰ）정적 행동에 대한 대응

「휴게」, 「식사」 등과 같이 한 곳에 앉아 어느 정도의 시간을 보내는 장소는 강변의 건물을 제외하고는 타인의 동선이나 동적행동 등에 영향을 받지 않는 간격을 유지시키면서 공간을 형성할 필요가 있다. 또 강변의 토지이용에 따라서는 낮이나 저녁 등의 특정 시간대에 비교적 밀도가 높은 이용이 예상되거나(상업·업무지구 등), 공휴일 오후에 이용빈도가 증가한다거나(주택지) 하는 것을 염두에 두고 공간의 규모나 벤치 등의 시설 개수에 여유를 갖게 하는 것이 좋다.

（ⅱ）동적행동에 대한 대응

산책 등의 「보행」이나 조깅, 사이클 등의 「주행」에는 선적인 통로공간을 확보하는 것이 기본인데, 평면적인 영역을 자유롭게 이동할 수 있도록 하는 것도 장소에 따라서는 좋을

사진 6.30 친수공원의 선구적인 역할을 했던 고마츠가와사카이가와(小松川境川)(도쿄(東京)·에도가와구(江戸區))

사진 6.31 고수부지에 정비된 실개천(야마가타(山形)현·마미가사키(馬見ヶ崎川))

사진 6.32 보트나 수상스키에 몰두하고 있는 사람들(오사카(大阪)·요도가와(淀川))

사진 6.33 시가지에서의 물놀이(기후(岐阜)현 구조하치만(郡上八幡)·요시다가와(吉田川))

사진 6.34 수변에서의 물놀이(교토(京都)부·기즈가와(木津川))

것이다. 또 다릿목 등 하천공간과 그 도입부 사이의 거리가 긴 경우에는 도중에 발코니나 돌출된 공간을 형성하여 휴게장소를 두어야한다. 그러한 지점은 조망이 좋은 곳으로 하면 좋다. 또, 천변 시가지의 녹지공간이나 보행자 가로와의 유기적인 접속도 하천공간과의 친숙성 향상을 도모하는데 중요하다.

그 외에, 스포츠나 레크리에이션 활동과 같이 특정 사람들이 평면적인 영역을 상당히 넓게 점용하는 행동에 대해 말하자면 그러한 활동이 행해지지 않을 때에도 불특정 목적의 이용에 공유될 수 있는 공간을 배치할 필요가 있다. 그러한 장소의 규모나 밀도는 시가지측과 수요—공급관계로 결부되게 된다.

(iii) 이벤트·축제에 대한 대응

불꽃놀이대회 등과 같이 1년에 한번 밖에 개최되지 않는 활동도 당일에는 수많은 사람들이 모여들기 때문에 적절한 안내유도나 가설의 시설배치가 필요하다. 이것은 어디까지나 관리에 속하는 문제이지만 하천공간의 설계상, 평상시에도 다른 목적으로 이용될 수 있도록 영구적인 시설(관람석으로 사용될 수 있는 계단호안 등)로 그 장소의 특수성을 경관으로 표현하는 것도 고려하는 것이 좋다.

d. 친수활동의 조사방법

도시하천의 공간계획·경관설계에서는 기초적

인 자료로서 친수활동의 상황이나 수요 등을 파악하는 것이 바람직하다.

(i) 관찰·기록에 의한 방법

친수활동 상황을 제방 위에서나 다리 위에서 관찰하고 기록하는 방법이다. 구체적인 이용활동 및 이용 장소의 특성·시간대·이용밀도 등을 파악할 수 있어, 하천공간의 소규모적인 개량 등에 직접 도움이 된다.

사진 6.36　시라가와(白川)에서 본 찻집 풍경(교토(京都)시 기온(祇園))

사진 6.37　묘우진가와(明神川)의 흐름을 끌어들이고 있는 가미가모(上賀茂)의 사케마찌(社家町)(교토(京都)시)

사진 6.35　자연수변의 이용(기후(岐阜)현·나가라가와(長良川))

사진 6.38　흐름에 면한 무대를 갖고 있는 상업빌딩(교토(京都)시·다가세가와(高瀬川))

하천공간을 다리 위에서나 강변의 건물에서 VTR로 촬영하여 친수활동을 유형분류하고, 활동유형과 이용 장소의 공간특성과의 관계를 파악하는 방법도 있다. 어느 방법이든 계절, 요일, 시간대, 기후 등의 변동요인을 염두에 둘 필요가 있다.

(ii) 강변주민에 대한 앙케트조사

보행권내의 거주자를 대상으로 이용 상황을 앙케트로 조사하는 방법이다.

봄의 꽃구경, 여름의 물놀이 등 연간 이용상황(언제, 어디서 등) 외에 이용자의 속성(거주지, 교통수단, 그룹구성, 이용목적 등)을 파악할 수 있다. 또한 하천공간정비에 대한 요구를 함께 들을 수도 있다.

강변주민에 대한 앙케트조사를 실시하여 이용이 많은 (이용밀도가 높은) 지점과 거기서의 이용목적을 파악하여, 이용자가 많은 지점을 명소적인 거점공간으로서 중점적으로 정비하는 하천환경정비계획을 검토하고 있는 곳도 있다.

(3) 하천공간과 시가지와의 관계 계획·설계

a. 강변지역과 하천공간의 결속방법

(i) 차경(借景)으로서의 하천

예전에 수변을 내려다 보이는 연회석에서 식사하는 것은 고급 유흥에 속하였다. 시라가와(白川)변에 찻집의 처마가 연이어져 있는 풍경은 교토(京都)를 대표하는 것이었고, 가모가와(鴨川)의 평상도 그러한 종류의 일종이었다.

이렇게 하천공간과 시가지의 관계가 순조로울 때에는 연회장에서 강을 바라보는 것도, 강에서 연회장을 바라보는 것도 각각 조화로운 풍경이다.

(ii) 물을 강변의 대지로 끌어들임

하천수를 용수로를 거쳐 정원으로 끌어들이고, 다시 강으로 흘려보내는 이용형태는 교토

사진 6.39 이탈리아·베네치아 운하—운하에 의해 도시가 구조화되었다

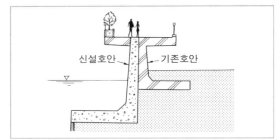

사진 6.40 돌출부에 설치된 나가노지마(中之島) 유보도(오사카(大阪)시·구(旧) 요도가와(淀川))

신설호안   기존호안

사진 6.41 다릿목의 계단(독일·함부르크)

(京都) 가미가모(上賀茂)의 사케마찌(社家町) 등 일본의 전통적인 도시에서 많이 볼 수 있다. 이처럼 일상생활과 융화된 긴밀한 관계가 수질을 지키고, 하천을 도시하천경관 속에 융화시켜 왔다고 할 수 있다. 현대에도 강변의 공원이나 광장의 수면과 하천을 일체화시키는 것은 충분히 생각해볼 수 있다.

(iii) 천변 건물과의 일체화

하천과 천변과의 관계가 긴밀할수록 그것은 천변건축물의 형태가 되어 나타나게 된다.

교토(京都) 다카세가와(高瀬川) 주변의 상업빌딩이 그 전형적인 사례로 흐름에 가까이 갈 수 있는 무대(Stage)가 마련되어 있다.

(iv) 방재·피난공간으로서의 하천

폭이 넓은 도시하천은 연속재해방지대의 기능을 갖고 있는데 대지진으로 인한 화재로부터 고밀도 시가지를 지키기 위해서는 운하를 개발하는 것이 효과적인 수법이라 고 할 수 있다.

이러한 기능을 의식한 하천공원을 적극적으로 정비하여 시민의 일상생활과 밀착시켜 가는 것은 앞으로의 도시계획에서 중요한 과제이다.

b. 연계를 저해하는 요소에 대한 대책

(i) 제방 위의 자동차교통

제방상단을 간선도로로 이용하고 있는 사례는 얼마든지 있다. 그러나 대량의 자동차교통은 하천과 수변지역과의 연계를 단절시키는 커다란 요인이 되고 있다. 제방상부의 관리·일반교통겸용도로는 어디까지나 일시적 대책이라는 점을 인식하여 바이패스도로의 정비를 추진할 필요가 있다.

(ii) 높은 방조제

거듭되는 침수로부터 시가지를 보호하기 위해 제방을 높게 한 결과 수면을 볼 수 없게 된 도시하천이 많아지고 있다.

이 대책으로 오사카(大阪)시는 제방 위를 돌출시켜 광장이나 발코니가 있는 산책로를 만듦

사진 6.42 공공건물 정면과 조화이룬 수변 발코니 (런던·템즈강)

사진 6.43 차도와의 사이에 녹지대를 두어 수면과 일체화한 산책로(캐나다·오타와·리드 운하)

사진 6.44 제내지측에 있는 자전거통로(캐나다·오타와·리드 운하)

으로써 휴게장소로 친숙감을 얻고 있다.

(ⅲ) 민가 등이 들어서 이면이 보이는 경우

양측에 이면을 보이고 있는 민가가 연이어져 있어 접근할 수 없는 하천공간도 많다. 그러한 건물이 만약 상업건물로써 하천공간을 의식하여 디자인되었다면 다행이지만 그렇지 않은 경우에는 거주자·소유자의 의식개혁을 촉진할 수밖에 없다. 적어도 관리용 통로가 있는 곳은 적극적으로 산책로로 활용하는 것이 바람직하다. 재개발을 생각하고 있다면 처음부터 하천공간과 수변공간의 일체적 이용을 고려한 계획·설계를 해야 할 것이다.

6.4 수변네트워크의 형성

(1) 보행공간의 확보

도시하천의 경관을 즐기기 위해서는 먼저 수변으로 접근할 수 있을 것, 그리고 수변을 따라 걸어갈 수 있을 것이라는 두 가지 조건이 중요하다.

시가지의 가로가 수변과 만나는 장소의 경관은 가능한 한 인상적이면서도 바람직한 것이 좋다. 첫 번째 인상이 안 좋으면 하천공간 전체의 평가에도 영향을 미친다.

이러한 장소는 다릿목인 경우가 많고, 따라서 다릿목공간의 정비와 다리의 조형이 중요하게 된다. 다리와 다리의 간격이 떨어져 있는 곳에서는 그 도중에도 시가지와의 접점이 필요하게 된다. 나아가 그 장소가 식별하기 쉽도록 작은 광장 등의 공간으로 정비되는 것이 바람직하다. 수변 발코니 등과의 조합도 인상적이다(사진6.42). 이러한 장소는 그만큼 더 수변에 접근할 수 있도록 설계하는 것이 좋다.

(2) 싸이클링 로드

인력에 의한 교통은 비교적 안전하다고 여겨지고 있으나, 자전거 종류에 따라서는 상당히 스피드를 낼 수 있으므로 원칙적으로는 보행공간과는 분리하는 것이 좋다. 또 선형도 너무 급하게 회전하는 구간은 두지 않고, 경관을 즐길 수 있는 여유가 있는 넉넉한 곡선이나, 혹은 직선으로 해야 한다. 폭원도 가능한 한 여유를 두는데, 만약 그것이 불가능하다면 싸이클링 로드용 통로는 두지 않는 것이 좋다. 도로를 넓게 확보하기 위해 하천방향으로 도로를 돌출 시키는 형태는 오히려 하천공간을 옹색하게 할 소지가 많으므로 피하는 것이 현명하다.

자전거 통로의 위치는 원칙적으로 차도 측에 설치하는 것이 좋으나, 보행공간에 여유가 있고 또 강가에 단차를 두어 보행공간을 높은 위치에 둘 수 있는 경우에는 싸이클링 통로를 수변측에 설치하는 것도 생각할 수 있다. 다만 모든 지역을 이렇게 하면 보행공간의 친수성에 손상을 입으므로, 적당한 간격에서 위치를 바꿀 필요가 있다. 그 때 교차부분에서의 접촉사고를 피하기 위해 보행이 우선이 되도록 자전거 멈춤 장치를 설치할 필요가 있다.

또 자전거 주륜시설을 설치하는 경우에는 자전거보관소 등과 같은 설비를 갖추어 정돈되게 세워둬야 하는데, 그러한 정비는 경관상의 주제는 될 수 없으므로 식재 등에 의한 적극적인 조경을 생각하는 것이 좋다. 이러한 주륜시설은 시가지 가로와의 접점이 되는 장소 주변에 설치되기 쉬우므로, 충분히 공간적 여유를 두는 것이 바람직하다. 보행공간으로 자전거 진입을 금지하는 경우에 고려해야 할 사항이다.

(3) 선박·보트

수면이용을 생각할 때 이러한 수단의 승강지점은 하천공간에 대한 접점이기도 하므로, 그러한 설비의 디자인에는 경관적 배려를 하는 것이 바람직하다. 특히 계류시설 종류는 기능적으로 치우치는 경향이 있기 때문에 디자인상의 배려가 필요하다.

계류된 채 건물과 마찬가지로 레스토랑 등으로 이용되는 선박과 데크는 유지관리를 철저히 실시하고, 시설의 디자인이나 간판 등의 의장에도 배려가 요구된다.

수상버스를 이용해 네트워크를 형성하는 경우에는 정류장과 수변 주요시설의 거리관계나 접근용이성이 문제가 된다. 또 수면 위에서 조망되는 경관의 연속풍경도 중요하며, 항로변의 경관정비가 요구된다. 선박 자체의 디자인도 경관형성요소로서 자각이 필요하다.

(4) 네트워크의 구조화

이상의 이동수단이 어떠한 경로로 도시의 하천경관을 체험할 수 있도록 구성할 것인가 하는 것은 도시경관계획의 일환으로서 하천경관계획을 정의함과 동시에 도시하천의 공간이용계획을 책정하는 것이기도 하다. 이른바 마스터플랜에 상당하는 골격을 세우는 것이다.

거기서는 수변과의 접점 분포, 초점(集点) 혹은 결절점이 되는 장소의 설정, 통과하는 통로공간의 확보와 접속관계의 수립, 제내지 네트워크와의 정합성 등을 검토하게 된다. 또 수변으로의 이용성, 접근성에 대해서는 어느 지점에서 어느 정도의 용이함을 제공할 것인가, 즉 단지 조망하는 것에서 물에 들어가는 것에 이르기까지를 어느 단계의 친수성을 어느 지점에서 제공할 것인가 하는 것도 검토과제가 된다.

더 나아가 제내지 측의 수변토지이용과의 관계에서 네트워크를 이용하는 내용이나 밀도에 따라 계층화하여 환경정비의 수준설정을 하는 것이 필요하다. 이것은 장소의 분위기에 따라 디자인 경향을 맞추거나, 이용형태를 조절하려는 것이기도 하다.

사진 6.45 집중되게 설치된 자전거 보관소(네덜란드·유트레히트)

사진 6.46 수상레스토랑(네덜란드·텔프트)

사진 6.47 수상버스(오사카(大阪)성 앞, 오사카(大阪)시·히라노가와(平野川))

(5) 수변네트워크와 하천경관

하천 측에서 수변경관을 조작하는 것은 가로경관의 질서를 잡는 것 못지 않게 간단하지는 않으나, 도시경관계획의 일환으로 정의되어 있다면 그것에 상응한 대책을 세울 수 있다. 어느 장소에서 어떠한 경관을 보여줄 것인가 하는 것은 그 장소에 존재하는 경관자원의 성격에 좌우된다. 따라서 전체의 틀을 보편적인 모습으로 기술하는 것은 어렵지만 기본이 되는 요소의 배열방법에는 참고 가능한 수법이 존재한다. 그것은 도시공간에서 도시디자인의 수법과 공통되는 것이다.

기본적으로 수변과의 접점과 통로의 분포 및 접속의 문제로 사람들이 모이는 결절점을 어디에 두고 시선이 유도되는 축의 공간을 어느 방향으로 전개할 것인가 하는 것에 귀착된다.

결절점과 수변의 접점은 중요한 시점장이며, 거기서 보이는 파노라마 같은 조망이 충분히 인상 깊은 것이 되도록, 주요 랜드마크나 이이스톱의 방향 또는 각도 등을 고려하여 시점장 주변의 조경이나 대상부근의 경관정비를 생각하는 것이 과제이다.

또 그러한 지점을 접속하는 통로공간의 연속성을 보다 인상 깊게 하기 위해서는 가로수 등에 의한 시선유도가 효과적이며, 그것의 밀도나 해방·폐쇄의 정도에 따라 시야를 억제하여 연속경관에 기승전결이나 전개양상 등과 같은 억양을 부여함으로써 다이내믹한 체험을 줄 수 있다.

6.5 도시경관계획과 도시하천

(1) 도시공간과 장소의 특성

도시하천의 경관계획을 실시할 때, 하천구역만을 생각하는 것으로는 불충분하다. 도시공간을 구성하는 모든 요소를 염두에 둘 필요가 있다. 따라서 강변의 모습이 상당히 중요하고 모든 요인이나 요소를 무차별적으로 균등하게 취급할 수는 없으며 또한 무의미하다. 도시에는 다양한 공간이 존재하고, 그 속에는 다른 곳에서 얻을 수 없는 독특한 분위기를 갖춘 장소가 발견되는 경우가 있다. 그러한 독자성 혹은 아이덴티티를 갖춘 장소의 존재와 그것의 구성요소를 확인한 후에 하천공간과의 관계를 고려해야 한다. 결국 수변구역에 한정하지 말고 도시공간 전체의 경관구조를 「장소의 특성=장소성」이라는 관점에서 명확히 하고 그것에 입각한 도시경관계획 속에서 하천경관계획을 정의해야 한다.

도시공간의 장소성은 「토지특성」이라든가 「장소특성」이라고 하는 것으로 역사성이나 풍토성에 연계된 이미지적인 인상까지 포함하고 있다. 그러나 결코 추상적인 것에 그치지 않고, 그 장소에서 토지이용형태나 그것에 따라 나타나는 인간 활동의 패턴, 또 건축 형태나 녹지형태, 스트리트퍼니처 등의 세세한 요소들이 혼연(混然)히 사람들에게 지각되고 인식되어 성립하는 현상이라 하겠다. 큰 스케일에서 본다면 지형의 기복이나 교통 공간, 하천 공간도 중요한 요소이며, 시민들은 이러한 것들을 현지에서의 경관체험 등을 통해 기억에 축적하면서 다양한 장소의 특성을 인식해 가는 것이다.

K.린치는 이렇게 인간이 공간체험을 통해서 형성된 도시공간이미지를 Paths, Nodes, Landmarks, Districts, Edges의 5개 요소로 분류하고 있다.

Paths는 통로상의 선적인 공간을 의미하고 도로나 하천 등이 해당한다. Nodes는 교차점이나 다릿목과 같은 결절점이 되는 공간이다. Landmarks는 고층건축물이나 산악 등과 같이 지리적인 표적이 되는 지형을 의미한다. Districts는 일정하게 정돈된 지역으로 이미지 되는 영역이며, Edges는 가로나 하천공원 등의 오픈스페이스에 면하여 가로경관으로서 조망될 수 있는 입면적인 요소군(群)이다.

토지이용이라는 측면에서 장소 특성의 모습을 살펴본다면, 주택지라면 집합주택, 타운하우스, 독립주택 등의 건축형태나 옥외공간의 설치방법이 열쇠가 될 것이며, 상업·업무지구라면 광고나 상품 디스플레이 등에서 각각의 특징이 생겨난다. 공업지구는 일반적으로 무미건조한 곳으로 받아들이기 쉽기 때문에 수경이 필요한 장소가 많다. 역사적 가로경관(전통적건조물군 보존지구 등)이나 풍치지구·미관지구는 명료한 아이덴티티가 있는 Districts과 Edges를 형성하고 있는 장소이다.

이와 같이 어떤 특징을 갖는 경관으로서 식별되는 요소가 알기 쉬우며, 또 한편으로는 적당한 다양성을 가지면서 풍부한 모습으로 배치되고 있는 도시공간의 구조로부터 가로 전체의 개성적인 매력이 생겨나는 것이다. 그러한 공간구조 속에서 하천공간은 분명히 도시경관을 장식하는 특징적인 장소인 것이다.

(2) 도시 하천경관과 장소성

도시 내의 수변공간은 도시화 정도를 불문하고 일반시민이 좋아하는 장소로서 평가되고 있는 경우가 많다. 이러한 수변공간 속에서도 하천은 도시의 골격을 형성하고, 도시 전체의 이미지에 가장 현저하게 성격을 부여하는 중요한 요소이다. 그러나 한마디로 도시하천이라 하여도 도시내를 흐르는 강에는 크기가 다양하고 중시되는 기능도 각각 다르다. 그리고 하천과 접하는 지역에 고유의 자연적·역사적·문화적 특성, 결국 하천환경의 고유성 즉 장소성에 따라 도시하천이 갖고 있는 표정은 크게 달라진

다. 도시의 개성을 올바르게 파악하여 도시하천의 복합적인 기능을 완수하면서 그러한 요소를 도시경관계획의 일환에 포함시켜 계획적으로 하천경관에 활용하고 표현해 가는 것이 과제이다.

(3) 도시하천 장소성의 규정요인

장소에서 고유성의 규정요인이 되는 소재는 실로 다양하지만 도시하천에 관해서는 수변의 요소·하천자체·인간 활동·원경의 요소·동식물의 다섯 가지 기본요인으로 정리분류 할 수 있다. 역으로 말하면 하천 장소의 개성=장소성을 표현하려고 할 때에는 이러한 다섯 가지 요인을 염두에 두고 대상하천을 보게 된다.

a. 수변의 요소
① 개성적 가로경관, 공공건축물(미술관, 박물관, 도서관, 학교, 청사 등), 교회, 야외조각, 도로, 다릿목, 철도, 수로, 담, 울타리
② 성터, 역사적 가로경관, 보존건물, 토담
③ 숲, 전원, 공원, 보존수목, 대지에 있는 수목, 가로수, 생울타리

b. 하천자체
① 하천자체의 공간구성(평면 및 종횡단 형상, 흐름, 하천부지, 제방·호안·수문·둑 등)
② 하천망 패턴(우상형, 방사상형, 평행형, 복합패턴 등)
③ 하천공간내의 요소(교량, 잔교(棧橋) 등의 허가공작물, 하천부지 점용물건)

c. 인간의 활동
① 수변의 토지이용형태(상업지역, 주거지역 등)에 대응한 건축형태
② 하천공원 내의 사람③ 축제, 시장, 그 외의 이벤트

d. 원경의 요소

① 지역의 상징으로 조망되는 산악, 주변의 산세
② 멀리 보이는 성곽이나 탑, 교목

e. 동·식물의 생태

① 식생
② 곤충류, 어류, 조류

(4) 도시하천에서 장소성의 발견
—모리오카(盛岡) 사례로—

한마디로 도시하천의 개성이라지만 디자인 모티브가 사전에 명확하게 설정되어 있는 하천은 드물다고 생각된다. 따라서 먼저 대상하천이 흐르는 도시의 공간특성(도시공간의 골격적 구조)을 파악하여 거기서 얻어진 공간구조의 경관적인 의미부여를 명확히 하는 것부터 시작해야 할 것이다. 이것은 도시경관계획의 마스터플랜을 책정하는 것으로 도시하천의 경관계획은 그 속에서 정의되어야 한다. 이 때 앞서 기술한 다섯 개의 요인을 염두에 두면서 다양한 구성요소를 경관적으로 편집하는 작업을 통해 대상하천의 디자인 기조를 명확히 하는 것이

필요하다. 여기서는 이와테(岩手)현 모리오카(盛岡)시의 경관조사사례에 의거해 해설한다.

모리오카(盛岡)의 조사에서는 위치특성, 지형, 동·식물, 보존건조물, 보존수목, 토지 이용 현황, 역사적 환경, 도시특성 등에 관한 자료조사에 입각해서 현지조사 및 도시공간의 구조해석(이미지해석과 경관유형의 해석)을 실시하여 도시공간의 골격적 구조파악이 실시되었다. 경관구조에서 본 가로와 하천의 공간특성에서 중요한 것은 다음과 같다.

(i) 동부 구릉지대에서 큰 산의 높은 언덕 경관을 전망하는 자연풍경지가 시점장으로서 존재한다

모리오카의 동부 구릉지대에는 가까이에 녹지가 많고 레크리에이션 장소로서의 이용빈도가 높고, 여기에서의 조망 스케일은 웅대하다. 전원지대에 둘러싸여 시가지가 펼쳐진 모습이나 그 속을 흐르는 몇 개의 하천 더 나아가서는 지역의 주봉인 이와테산(岩手山)을 비롯해 도시를 부드럽게 감싸는 주위의 산악을 한눈에 조망할 수 있다(사진6.48). 도시 전체가 자연풍경 속에서 융화된 듯한 도시 가꾸기야말로 바

사진 6.48 이와야마(岩山) 녹지에서 보이는 모리오카 시가지의 조망

람직하다고 여기는 일본의 전통적인 풍경관을 실감할 수 있는 장소이다. 모리오카 도시경관의 배경을 구성하는 요소로서 이러한 자연경관 요소는 불가결한 존재이다.

（ⅱ）랜드마크로서 모리오카 성터가 근처에 존재하고 있다

성곽도시 모리오카 발상의 상징이 되는 핵심 지구인 모리오카 성터는 도심지역의 나카쓰가와(中津川) 주변에 위치하고 모리오카의 상징 가로에도 접하고 있다.

（ⅲ）나가쯔가와(中津川), 기타가미가와(北上川), 시주쿠이시가와(雫石川)의 얕은 흐름이 낮은 구릉 사이를 흐르고 있다

모리오카는 나카쓰가와, 기타가미가와, 시주쿠이시가와의 합류지역에 형성된 하안단구의 지형을 이용해서 만들어진 도시이기 때문에 도시공간의 골격을 형성하는 오픈스페이스에 해당하는 하천망 유형은 개성적인 방사상유형을 띠고 있다. 따라서 도시공간구조에 방향성과 초점성이 초래되고, 게다가 각 하천이 양안 지역의 경계가 되어 각 지구의 영역을 형성하고 있다(사진6.49).

또 하천도 각각 개성적이다. 기타가미가와는 평면선형이 직선적인 하천으로 강폭에 비해 수량이 풍부하고 상징적인 이와테산을 차경으로 하고 있다는 점에서 조망 대상으로서의 하천(사진6.50)이라는 성격을 강하게 갖고 있다. 한편 나카쓰가와의 평면선형은 완만한 곡률반경의 곡선을 그리고 있으며, 강가로도 접근하기 쉬우므로 수변 요소의 분위기를 하천공간으로 침투시킨 장소성을 형성하기 쉬운 친수공원으로서의 하천(사진6.51) 분위기가 있다. 또 시주쿠이시가와는 다른 2개의 하천과 비교하면 상당히 넓은 강폭과 자연적인 강가로 형성되어 있어 녹지대적인 하천(사진6.52)의 특징을 갖고 있다. 3개의 모든 하천이 도시공간에 자연성을

사진 6.49 방사상 패턴을 이루고 도시에 방향성과 초점을 가져오게 하여 영역을 형성하고 있는 모리오카 시가지의 하천망 유형

사진 6.50 다리에서 기타가미가와의 유축(流軸)으로 보이는 이와테산—하천부지의 버드나무 교목이 풍경을 부드럽게 하고 있다

사진 6.51 친수성이 있는 인간적인 나카쓰가와—천변은 보행자용 도로로 되어 있다

사진 6.52 버드나무 군락과 강변(雫石川)

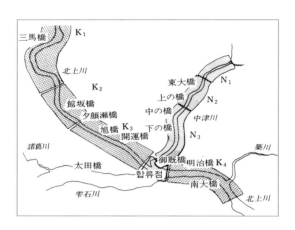

정비중점지구		
존구분	기타카미가와 (北上川) 하천경관축	K₁ 기타오오바시(北大橋)에서 상류 존
		K₂ 기타오오하시(北大橋)에서 유가오세바시(夕顔瀬橋)부근까지의 존
		K₃ 유가오세바시(夕顔瀬橋) 부근에서 3개 하천의 합류지점까지의 존
		K₄ 3개 하천의 합류지점에서 하류의 존
	나카쓰가와 (中津川) 하천경관축	N₁ 야마가바시(山賀橋) 부근에서 상류의 존
		N₂ 야마가바시(山賀橋) 부근에서 후지미바시(富士見橋) 부근의 존
		N₃ 후지미바시(富士見橋) 부근에서 하류의 존
	하천계획축 합류점	기타가미가와(北上川) 본류와 나카쓰가와 (中津川), 시주쿠이시가와(雫石川)의 3개 하천 합류점 부근(강의 합류)

그림 6.2 하천경관축 형성지구의 조닝 (모리오카시 (盛岡市))

환경보호지구		나카쓰가와(中津川)지구	
시자연환경등보전조례	보존수목	· 우에노하시(上の橋) 부근의 팽나무	
		· 우에노하시(上の橋) 부근의 은행나무	
		· 社陵의 작은 느티나무	
	보존건조물	· 구 정미상점(旧井弥商店)	
		· 코야마치(紺屋町) 오두막	
		· 고자마루(ござ丸)	
		· 구 모리오카저축은행(旧盛岡貯蓄銀行)	
		· 구 모리오카은행	
		· 구 다이큐쥬은행(旧第九十銀行)	
지정문화재	국가지정	· 모리오카성터(盛岡城址)	사적
		· 우에노하시(上の橋)의 난간 법수(法首)	중요미술품
	시지정	· 시타노하시(下の橋)의 난간 법수(法首)	유형문화재

그림 6.3 역사적 건조물을 얽어매어 역사적 개성을 기조로 구상된 나카쓰가와(中津川) 리빙파크(나카쓰가와 N3존)

가지게 하고 계절변화를 느끼게 하는 중요한 오픈스페이스이다.

이들 3개 유형의 경관구조는 모리오카 도시공간의 골격적 구조를 특징짓게 됨과 동시에 중요한 랜드마크인 이와테산을 차경으로 수용함으로써 각 장면에서 경관구성을 알차게 하고 있다. 상호 시점장(보는 지점)과 시대상(보이는 대상)이라는 상대적인 조합을 형성하면서 공존하고 있다. 이점에 모리오카 경관구조의 특징이 있으며, 뛰어난 자연경관을 내포하는 모습을 이루고 있다. 이상은 조사해석을 통해서 얻어진 대상도시의 마크로적인 스케일에서의 공간적 특성의 일면이다. 이러한 도시공간의 경관 구조적 특징을 참고로 하여 하천경관의 디자인 기조를 구성하는 요인이나 요소의 해독을 실시하고, 그것을 편집·표현함으로써 장소의 분위기를 이용한 하천공간의 설계를 수립하게 된다.

(5) 도시하천에서 장소성의 표현
—모리오카(盛岡) 사례로—

앞의 (3)에서 기술한 바와 같이 도시하천의 장소성을 표현하기 위한 소재는 다종다양하다. 도시하천과 같은 축성(軸性)을 기본으로 하는 공간디자인에서는 그러한 소재를 단순히 나열하는 것에 그치지 않도록 설계방침을 명확히 해야 한다. 예를 들어,

① 축이 되는 하천 자체에 의미가 있는가(시주쿠이시가와의 경우)

② 하천축의 시점과 종점이 되는 곳에 의미가 있는가(기타가미가와의 경우)

③ 하천축보다는 오히려 그 축을 기반으로 형성된 주변요소에 의미가 있는가(나카쓰가와의 경우)

등 공간구조의 경관적 의미를 충분히 파악하고 하천공간의 특성에 따라 경관에 통일성과 방향성을 부여하는 것이 중요하다.

여기에서는 경관형성이 필요한 장소에 대해 특별히 조닝을 실시하여 적극적으로 하천공간의 경관형성을 추진하고 있는 모리오카의 사례에 입각해서, 도시하천의 장소성의 표현방법을 중점적으로 생각해보기로 하겠다(그림6.2).

a. 수변요소를 활용하는 법

모리오카 시내를 흐르는 나카쓰가와의 도심부 수변(나카쓰가와 N₃존)은 사적 모리오카성이나 구(旧) 모리오카은행, 고자마루(ござ九) 등과 같은 역사적 건조물을 비롯하여 도서관, 시민회관, 학교, 시청사 등의 공공건축물이나 보존수목 등, 장소의 개성표현을 위한 소재가 비교적 많이 집적되어 있는 곳이다. 또한 하천이 완만한 곡선을 그리며 흐르고 있어 수변을 걸으면서 이러한 소재를 인상적으로 시야에 담을 수 있다.

이러한 경우에 개성적인 경관을 연출하는 수법으로는 역사적 건조물을 수변의 대표적인 Paths로 연결시켜 역사적 개성을 기조로 하면

서 공공건축물 등을 중심으로 가로경관의 이미지를 정비해 가는 것이 있다(그림6.3). 난간디자인을 천변의 근대초기 건축물과 조화시킨 「나까노하시(中の橋)」(사진6.53)나, 반대로 모리오카에서 가장 오래된 「우에노하시(上の橋)」와 조화시켜 건축한 상가풍의 건물(사진6.54) 등의 사례가 이미 나타나고 있다. 하천공간의 부드러운 분위기를 보전하기 위해 강변 건물의 높이에 관한 가이드라인도 설정되어있다. 또한 도시하천에서 장소의 개성표현에 교량이 수행하는 역할은 상당히 크다. 나카쓰가와에서는 목제 난간에 청동을 덮어씌워 성곽도시에서 최고로 오래된 다리로서의 역사성을 표현하고 있는 「우에노하시」(사진6.55)를 비롯하여, 나까츠가와·시주쿠이시가와·기타가미가와 세 강의 합류부 이미지를 난간에 디자인한 온마야바시(御廏橋)(사진6.56) 등 나까츠가와의 장소성을 표현한 다리가 6개 건설되어 있다. 기타가미가와에는 예전에 강을 왕복했던 옛날 선박을 난간 끝에 있는 굵은 기둥으로 하고 물의 흐름을 난간에 표현한 아사히바시(旭橋) 등이 2개 건설되어 있다. 이와 같이 다리는 하천의 장소성을 강조하는 공간으로서 연출할 수 있다.

b. 하천자체에서 발산되는 개성의 표현

하천 본체의 공간구성에 따라 하천의 표정이 달라진다는 것은 앞서 기술한 바와 같다. 일본 하천경관의 특징이라고 할 수 있는 하천부지나 천변의 자연성을 중시하여 그 자연적인 개성을 기조로 정비가 실시되고 있는 사례가 시주쿠이시가와이다. 기타가미가와 합류지점에서 상류방향으로 대략 2km마다 조닝을 실시하여, 야생조류존, 구기(球技)존, 자연관찰존, 그린스포츠존, 계곡존으로 된 전체길이 10km정도를 정비하는 구상이다. 이러한 자연적 개성을 기조로 하는 하천제방은 가능한 한 흙 제 방으로

사진 6.53 배경에 있는 구 모리오카은행과 조화된 「나까노하시」의 난간

사진 6.54 「우에노하시」의 디자인과 조화된 나가오까빌딩

사진 6.55 나까츠가와에 건설된 것으로 모리오카에서 최고로 오래된 다리—「우에노하시」 난간의 청동장식품은 국가지정 중요미술품이다

사진 6.56 3개의 지류가 합류하는 지점의 이미지를 난간에 디자인한 온마야마바시(御厩橋)

하는 것이 바람직하다. 하천망의 유형에는 우상형, 방사상형, 평행형 등과 이들의 복합유형이 있으나 이러한 것들의 시각적 효과도 하천의 개성표현이 된다. 모리오카에서는 앞서 본 바와 같이 3개의 지류가 한 지점에서 합류하고, 도시공간에 방향성과 초점을 부여함과 동시에 각 하천 양단지구의 영역을 설정하고 있다. 이러한 개성적인 방사상 패턴의 모습은 고속철도 안에서도 조망할 수 있다.

c. 인간활동에 의한 장소성의 표현 지금까지 기술한 장소의 개성표현은 모두 하천공간이 처음부터 자원으로서 갖고 있는 장소적 특성을 상징적으로 표현하는 것이었다. 그러나 강의 개성을 표현하는 소재를 좀더 직접적이며 창조적으로 배치할 수 있다. 즉 다른 장소와의 차이를 만들어내는 디자인 정책에 의해 장소의 개성을 새롭게 창출하는 것도 당연히 생각해야 할 것이다. 이러한 사례로 나까츠가와 도심부에서 상류부(나까츠가와 $N_3 \sim N_1$존)에 걸친 상업, 근린상업, 주거, 제2종주거전용, 제1종주거전용으로 이어지는 용도지역제도에 의해 차별화 된 강변의 도시경관 모습을 들 수 있다(사진6.57, 6.58). 해당 존은 건축의 규제유도를 중심으로 한 도시경관형성가이드라인에 의한 경관형성중점지구이며, 그 일부는 도시경관형성모델사업을 추진하고 있는 곳이기도 하다.

또 도심부 수변의 도시경관으로 형성된 분위기를 활용하여 개최되는 축제나 이벤트(사진

사진 6.57 용도지역을 1종주거전용으로 지정하여 강에서의 산세조망을 확보한 나까츠가와 뉴타운

사진 6.58 주거지역에 깨끗한 물을 재생시킨 산악 실개천, 수로—보호울타리는 없고 다리는 나무로 통일되어 있다

사진 6.59 말 타고 걷기 대회—나까츠가와 하천부지에서 피로를 푼다

사진 6.60 액땜 흘려보내기—관람석으로 사용되는 기타가미가와 콘크리트 호안

6.59, 사진6.60), 혹은 상류부의 보전된 하천의 자연성을 찾아 모여드는 낚시꾼들도 하천의 장소성을 강하게 하는 소재이다. 레크리에이션 목적에 따라 장소의 차이를 반영한 공간디자인이 여기서도 필요하게 된다.

d. 원경의 요소를 수용한다
모리오카의 상징인 이와테산을 유축경(流軸景)에 포함시켜 하천공간의 장소성을 높이고 있는 사례로서 기타가미가와를 들 수 있다. 그 중에서도 모리오카의 현관에 위치하는 가이운바시(開運橋)에서 조망했을 때의 이와테산의 경관은 기타가미가와와 모리오카의 대표적 풍경이다(기타가미가와 N3존, 사진6.52). 그러한 장소에서는 다음과 같은 점에 주의하는 것이 필요하다.

① 시점위치를 명확하게 설정할 것(다리 위에서도 강의 우안측과 좌안측에서 보는 것은 상당히 다를 수가 있다).

② 아이스톱으로서의 산의 모습을 아름답게 보일 수 있도록 수변경관을 구성하는 것(조망의 확보 정도 등)이 필요하다.

수변건물의 위치, 규모, 형상, 색채 등에 충분히 유의할 필요가 있다. 건물(혹은 공작물)의 높이에 대해서는 조례에 의한 규제 유도나 도시계획상의 관점에서 검토(지역지구지정 등)하는 것도 필요하다.

이상과 같이 도시하천에서 장소의 개성을 표현하는 수법으로는,

① 대표경관에 주목하는 방법

② 역사적 개성 등을 균형 잡히게 하는 방법

사진 6.61 환경보호지구로 지정되어 자연성이 있는 기타가미가와 상류

사진 6.62 백조의 도래지가 되고 있는 시주쿠이시가와

③ 조망을 활용하는 방법
④ 전체를 차별화 하는 방법
등을 들 수 있다.

e. 동식물의 생태에 의한 장소성의 표현

모리오카에는 기타가미가와처럼 자연성을 그대로 보전한 곳(사진6.61)이나, 시주쿠이시가와처럼 버드나무 낮은 수목림을 보호하고 있는

곳이 도처에 있어 도시에 물고기나 곤충이 생식할 수 있는 환경을 만들어 내고 있다. 할미새가 날아드는 나까츠가와, 푸른 버드나무가 울창한 기타가미가와, 야생조류의 낙원이 있는 시주쿠이시가와(사진6.62) 등과 같이 동식물을 강의 상징으로 삼음으로서 장소의 개성을 강하게 표현해 가는 것을 생각해볼 수 있다.

7장 도시하천의 경관설계

7.1 수변의 설계

(1) 호안과 재료

a. 호안   먼저 호안에 대해서는 그림 7.1에서 제시한 바와 같은 유형이 일반적이다.

(a)의 직립호안이나 급경사호안(콘크리트 호안, 강철판호안)이 시가지에서는 어쩔 수 없이 많아지지만 호안재료나 호안상부의 처리(일부에 흙을 사용하거나, 식재로 수경하거나, 돌 붙임에 노력하는 것 등)에 의해 변화를 줄 수 있다.

(b)의 파라펫(parapet)이 있는 호안에서는 수

호안 유형	특 성	개선 사례
(a) 직립호안·급경사호안	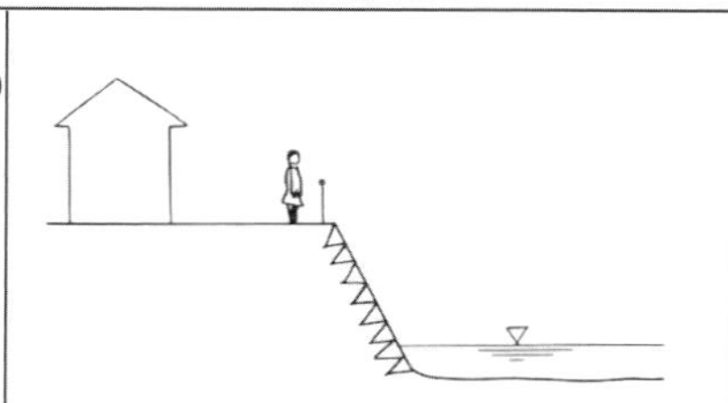 • 콘크리트 호안, 강철판 호안이 많아 살벌한 풍경이 되기 쉽다. • 패인 하도의 경우에는 강변에 교목 녹화가 도모된다.	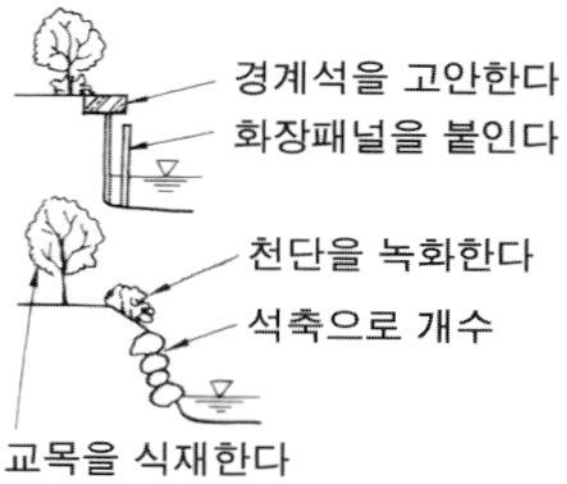 경계석을 고안한다 화장패널을 붙인다 천단을 녹화한다 석축으로 개수 교목을 식재한다
(b) 파라펫이있는호안	 • 수면이 보이지 않는, 혹은 보기 힘든 등 친수성이 결여된다. • 콘크리트의 파라펫이 하천 뿐만 아니라 가로측의 경관도 훼손시키기 쉽다.	 호안을 담쟁이 넝쿨 등으로 수경한다 보도를 높인다 호안 상부에 보도를 만든다
(c) 완경사호안	 • 수변에 접근하기 쉽다. • 법면을 잔디 등으로 녹화하기 쉽고, 바람직한 하천 경관을 만들기 쉽다. • 패인 하도의 경우에는 강변에 교목 녹화가 도모된다.	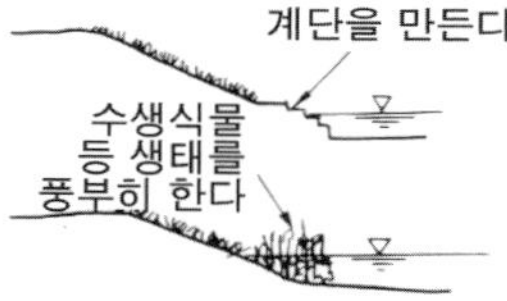 계단을 만든다 수생식물 등 생태를 풍부히 한다

그림 7.1 호안의 유형

사진 7.1   하도의 복단면화(야마구치(山口)시·이치노사카가와(一の坂川))—하도를 복단면화하고 적당한 물의 흐름을 만들어 내고 있다. 또 고수부지를 이용하여 반딧불이 생식 가능한 정비를 하고 있다. 저수로 지역이 자연스런 선형으로 되어 있어 위화감이 없다

사진 7.2   완경사호안(이와쿠니(岩國)시·니시키가와(錦川))—돌붙임 완경사호안으로 수변으로의 접근성을 높이고 있다. 또 푹 파여진 하도에서 상부와 소단에는 천변을 따라 교목이 심어져 호안에 녹음을 줌으로써 사람들이 휴식하기 쉽도록 하고 있다

면이 보이는 위치까지 도로면을 높이던가, 보도와 호안을 일체화시키는 방법 등으로 하천과 천변에 있는 길의 연속성을 확보해야 할 것이다. 제내지 측에 있는 차도나 건물과의 접합에는 충분한 배려가 필요하다.

(c)의 완경사호안은 가장 수면에 가까이 가기 쉽기 때문에 사람들도 모이기 쉽다. 호안은 가능한 한 흙(잔디 붙임) 등과 같이 친근감 있는 자연소재를 사용함이 바람직하다. 수변부는 하천의 성격이나 수질 등에 따라 산책로로 하거나, 수생식물·물고기 등을 배려하여 뿌리고정 어소(魚巢)를 겸한 처리나 친수성이 있는 계단 등의 노력이 고려된다.

중소규모의 도시하천에서는 평상시 수량이 적기 때문에 횡단모양을 복단면으로 하여 적절한 흐름이나 여울, 소, 초지 등을 만듦과 동시에 고수부지 등을 사용하여 친수성을 확보하는 등의 노력이 고려된다. 사진 7.1, 사진 7.2는 그러한 사례이다.

하상은 도시하천에서는 치수기능 중심이 되기 쉬운 관계로 콘크리트로 3면을 포장하거나 하상을 평탄하게 만듦으로써 진흙의 퇴적에 의해 생겨나는 하상의 다양성을 잃어버려 하천다움이 상실되기 쉽다. 이러한 이유로 하천면적에 여유가 있다면 하상에 요철을 두거나 물고기가 생식하기 쉽도록 돌 등을 넣어두는 등의 노력이 요구된다.

b. 호안재료   호안재료로는 돌쌓기나 콘크리트가 많고, 흙이나 목판 등은 적다. 천변의 토지이용이나 하천의 제약에 맞추어 재료를 선정하는데, 가능한 한 주변 도시와 위화감이 생기지 않도록 또 거기서 요구되는 자연환경에 따라 재료사용을 구분할 필요가 있다. 예를 들어 지역에서 출토되는 소재나 반딧불이 생식하기 쉬운 소재를 사용한다. 호안재료의 종류와 특성을 그림 7.2에 정리하였다.

(ⅰ) 석축호안

이들 재료 중에서 석축호안의 경우 돌의 가공방법이나 쌓기법에 따라 미묘한 경관연출이나 지역성이나 풍토성의 표현 등을 할 수 있다. 자연소재이기 때문에 하천경관으로서는 바람직하지만 일반적으로 비용이 많이 든다.

한편, 전국적으로 보급되고 있는 콘크리트 현장 타설이나 블록 쌓기는 시공방법도 확립되어 있고, 시공성도 좋으며 가격도 통일되어 있기 때문에 사용하기 쉽다. 그러나 획일적이 되기 쉬워 하천의 개성을 만들어 내기 어려운 면이 있다.

(ⅱ) 콘크리트호안

하천의 경관적 측면이나 생태적 측면(특히 물고기, 곤충, 식생)을 배려한 것으로 반딧불 블록이나 어소블록이 기성제품으로 개발되어 있다(그림7.3). 그러나 콘크리트 자체의 채도나 색상, 요철에 대해서는 아직까지 연구가 불충분하며, 도시하천을 대상으로 한 경관을 배려한 콘크리트 호안제품을 개발하거나 기존제품을 보다 세련되게 할 필요가 있다.

사진 7.3은 프랑스의 콘크리트 표면처리 사례로서 표면에 요철시도가 다양하게 실시되어 있다(이것은 토목시설의 사례라고는 할 수 없지만 응용은 생각해 볼만하다).

그림 7.4는 획일적이며 무미건조한 강철판호안의 표면을 경관상의 배려에서 화장용 PC패널을 설치한 사례이다. 패널형상을 결정하기 위해 수많은 안이 검토되었고 유지관리, 비용, 경관, 제작방법 등의 측면에서 이 패널이 최종적으로 결정되었다.

(2) 수변에 접근하기 쉬움

하천의 제내지에서 수변으로의 접근성 확보는 도시 속에서 의식하기 어렵게 된 하천을 통근, 통학, 쇼핑, 산책과 같은 일상생활에서 접하기

초지호안	녹화호안
 요꼬하마시(橫浜市)·이다찌가와(狛川)	 요꼬하마시(橫浜市)·우메다가와(梅田川)

	초지호안	녹화호안
특징· 유의점	· 물가의 생태가 풍부. · 종단구배가 급한 구간이나 수충부(水衝部)에는 부적 합(세굴되기 쉽다)	· 수변 식생의 회복을 유도하기 쉽다. · 콘크리트 구조물이 부각되어 보이기 쉽다.

목제말뚝호안(나무·모조목)	돌망태호안(돌) 잠정공사로서
 가와사키시(川崎市)·니가요(二ヶ領)용수  히로시마(廣島市)·후루가와(古川)친수공원	 코마가네시(駒ヶ根市)·우와부사와가와(上穗澤川)  도쿄도(東京都) 아다치구(足立區)·고탄노(五反野)친수녹음도로

	목제말뚝호안(나무·모조목)	돌망태호안(돌) 잠정공사로서
특징· 유의점	· 자연미가 있는 경관에 적합하다. · 일본풍 디자인에 어울리기 쉽다. · 생태적으로는 비교적 일체성이 나온다. · 말뚝이 수면 20㎝를 넘으면 부식진행이 쉽다.	· 자연미가 있는 경관에 적합하다. · 급한 구배에도 가능. · 시간과 함께 식생이 회복된다. · 시공성이 좋다.

그림 7.2

166   7장   도시하천의 경관설계

	석축호안(돌)	
사례	 쿄토시(京都市)·다가세가와(高瀬川)(노면돌쌓기)  효고현(兵庫縣)·슈큐가와(夙川)(견치석돌쌓기)	 가와고에시(川越市)·신가시가와(新河岸川) (호박돌 붙이기)  오타루시(小樽市)·오타루(小樽)운하(포장돌쌓기)
특징· 유의점	· 자연미가 풍부하다. · 생태계의 회복이 비교적 쉽다. · 세월이 지남에 따라 고상해진다. · 노면돌쌓기, 견치석돌쌓기, 호박돌 쌓기·호박돌붙이기는 일본풍 디자인에 어울리기 쉽다. · 견치석돌쌓기는 비교적 단조로워지기 쉽다. 돌쌓기 방법에 따라서는 기능공의 기술이 필요하다. · 돌의 단가가 높다. · 유역 내에 돌이 없는 경우에는 다른 곳에서 가져와야 하므로, 주변 경관과 어울리지 않는 경우도 있다.	· 포장돌쌓기는 서양풍에 어울리기 쉽다. · 호박돌쌓기·호박돌붙이기는 부드러움이 있고, 3차 곡면으로 마감할 수 있다.

	콘크리트현장타설호안(콘크리트)	강철판호안
사례	 도쿄도(東京都)·스미다가와(隅田川)	
특징· 유의점	· 인공적, 단조롭다. · 세월이 흐름에 따라 명도는 낮아지지만, 시각적으로 바람직하지 않다. · 단가가 저렴하다. · 시공성이 좋다.	
	콘크리트블록쌓기호안(콘크리트)	
사례	 가와고에시(川越市)·신가시가와(新河岸川)	오사카시(大阪市)·토사보리가와(土佐堀川)
특징· 유의점	· 인공적, 단조롭다. · 명도가 높고, 어울리지 않는다. · 세월이 흐름에 따라 명도는 낮아지지만, 시각적으로 바람직하지 않다. · 시공성이 좋다.	· 인공적, 단조롭다. · 녹이 나와 보기 싫다. · 직립호안이기 때문에 수변에 접근할 수 없다.

호안의 재료

호안의 유형	특색
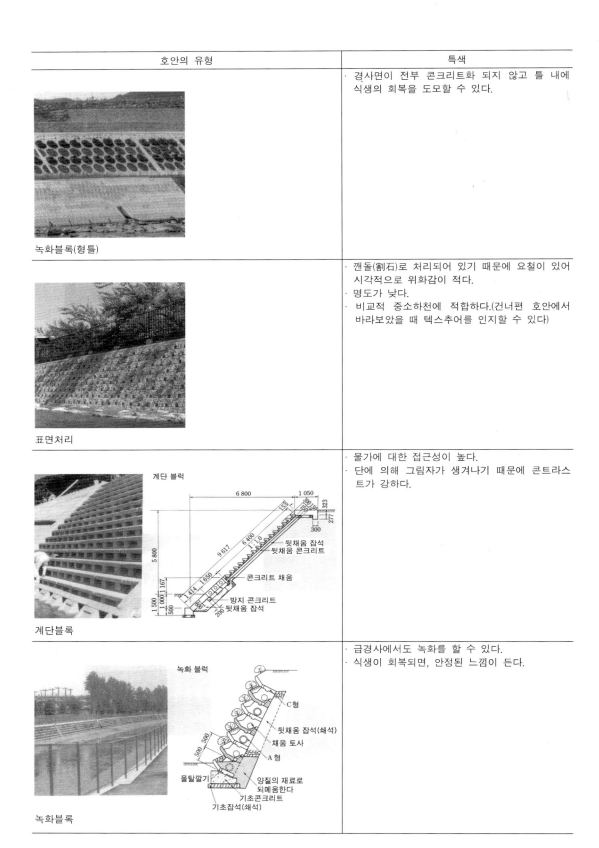녹화블록(형틀)	· 경사면이 전부 콘크리트화 되지 않고 틀 내에 식생의 회복을 도모할 수 있다.
표면처리	· 깬돌(割石)로 처리되어 있기 때문에 요철이 있어 시각적으로 위화감이 적다. · 명도가 낮다. · 비교적 중소하천에 적합하다.(건너편 호안에서 바라보았을 때 텍스추어를 인지할 수 있다)
계단블록	· 물가에 대한 접근성이 높다. · 단에 의해 그림자가 생겨나기 때문에 콘트라스트가 강하다.
녹화블록	· 급경사에서도 녹화를 할 수 있다. · 식생이 회복되면, 안정된 느낌이 든다.

호안의 유형	특색
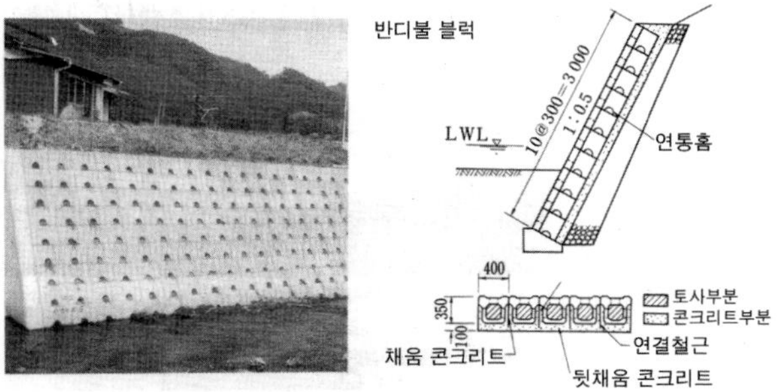 반디불 블럭 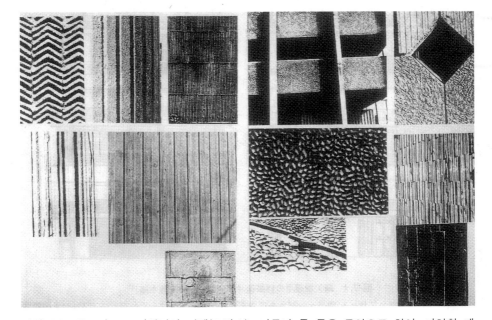*(상단 그림/사진: 반딧불이 블록)* 반딧불이 블록	· 반딧불을 중심으로 한 수생식물의 생식효과가 높다. * 반딧불이가 생식가능하기 위해서는 하상(河床)이나 호안상부에 부화장소(흙)를 만들 필요가 있거나, 고·저목 등에 의해 녹음의 확보 등과 같은 배려를 할 필요가 있다.
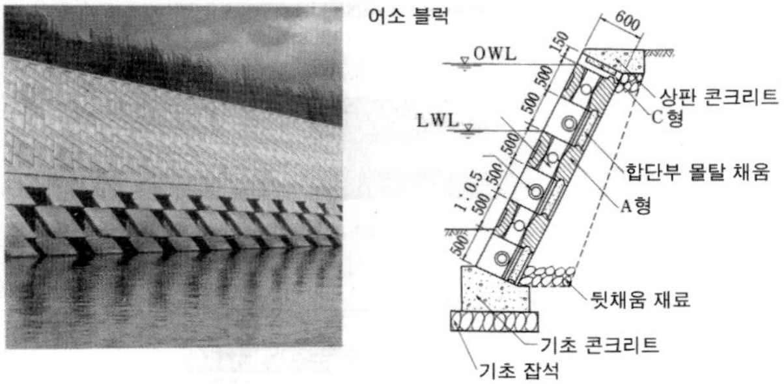 어소 블럭 *(하단 그림/사진: 어소 블록)* 어소 블록	· 물고기집 효과가 있다. · 도시하천과 같이 유로가 직선적이며 구배가 급한 호안에서는 물고기집 효과가 높다(붕어, 잉어 중심). * 물고기집 효과를 높이기 위해서는 하상(河床)형태의 개량(요철을 만든다)이나, 수생식물 등의 식재가 필요하다.

그림 7.3 콘크리트호안의 유형(환경을 배려한 것)

사진 7.3 콘크리트 표면처리의 사례(프랑스)—나무나 돌 등을 문양으로 하여, 다양한 패턴의 표면처리를 실시하고 있다. 표면에 요철을 만듦으로서 콘크리트가 갖고 있는 차가움을 누그러뜨리고 있다

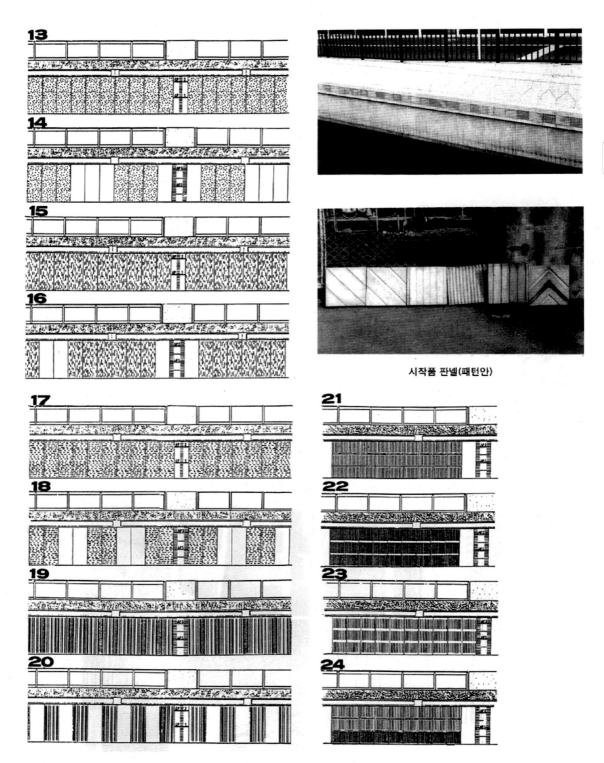

시작품 판넬(패턴안)

그림 7.4 강철판호안의 수경 사례(소가(草加)시·이치노하시(一の橋) 방수로)1) 검토된 패널의 계획안(콘크리트 PC)—패널에 다양한 줄눈을 넣음으로써 콘크리트의 명도를 떨어뜨리는 등의 노력이 실시되었다

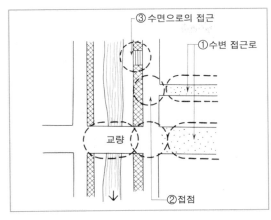

그림 7.5　강으로 접근하는 도로

사진 7.4　수변으로 향하는 도로(요코하마(横浜)시·산책로)—호안을 따라 수도관이 매설되어 있으며 그 상부를 산책로로 정비하고 있다. 이 도로와 하천이 교차하는 부분은 하천으로 향하는 내리막길에 질 높은 디자인이 실시되고 있다

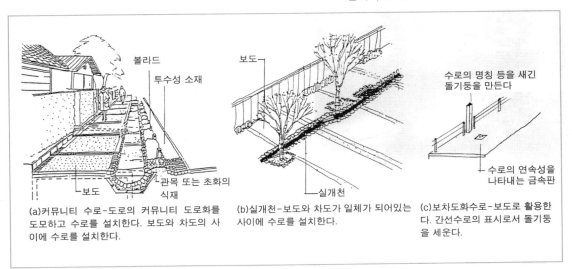

(a)커뮤니티 수로-도로의 커뮤니티 도로화를 도모하고 수로를 설치한다. 보도와 차도의 사이에 수로를 설치한다.

(b)실개천-보도와 차도가 일체가 되어있는 사이에 수로를 설치한다.

(c)보차도화수로-보도로 활용한다. 간선수로의 표시로서 돌기둥을 세운다.

그림 7.6　작은 수로를 활용해 수변을 향하게 한 도로계획(아다치구(足立區)·하천·수로종합이용계획)2)—지역에 아직도 많이 남아 있는 수로(예전의 농업용수로)에 다시 물을 흘러가게 하여, 강으로 이어지는 친수성이 있는 도로로 네트워크 시키려는 계획

쉽게 하여 도시구조로서 인식시키는 데 있어 상당히 중요하다. 그러기 위해서는 시가지에서 사람들이 모이는 도시거점(역, 공공시설, 상점가 등)과 하천을 연결시키는 동선의 네트워크, 특히 보행자 공간의 네트워크를 형성할 필요가 있다.

그 구체적인 정비로서는 ①시가지에서 천변길로 이어지는 도로, ②수변으로 향하는 도로와 천변도로의 접점, ③천변도로에서 수면으로 접근하는 방법, 이 세 가지로 나누어 생각해

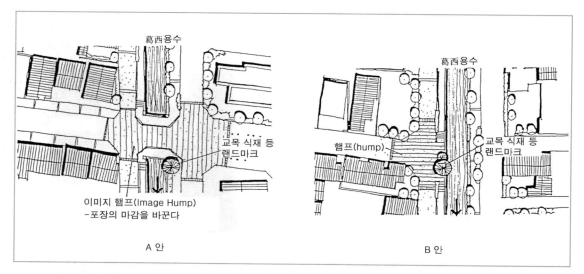

葛西용수

이미지 햄프(Image Hump)
-포장의 마감을 바꾼다

교목 식재 등
랜드마크

A 안

葛西용수

햄프(hump)

교목 식재 등
랜드마크

B 안

그림 7.7 수변으로 향하는 도로와 하천과의 접점 정비사례(아다치구·카사이(葛西)용수 친수계획)[3]

사진 7.5 계단(가와사키(川崎)시·니가요(二ヶ領)용수)—기존의 벚나무가로수를 남기고 나무 사이에 자연석을 사용한 계단이 만들어져 있다

볼 수 있다(그림7.5).

a. 수변으로 향하는 도로 수변으로 향하는 도로에는 기존의 녹도, 간선도로의 보도, 상점가의 산책로(promenade), 통학로 등이 있다. 또 이러한 수변으로 향하는 도로는 비상시에 강이나 건너편 제방으로 가사인에 노력을 기울이거나, 혹은 작은 수로나 측구에 노력을 기울여 물의 흐름에 따라 연속시키는 등의 아이디어가 필요하다.

그림 7.6은 아다치구(足立區)에서 기존의 수로, 예전 농업용수로를 재생시켜 하천과의 네트워크를 종합적으로 도모하려는 계획이다.

사진 7.4는 오네미치(尾根道)를 통과하는 수도관 상부를 산책로로 하여 수변으로 향하는 도로로 활용한 것이다. 주변과 조화된 식재나 노면의 디자인에 의해 특색 있는 내리막길이 되고 있다.

b. 수변으로 향하는 도로와 천변도로의 접점

이 접점은 도시와 하천의 결절점(Nodes)으로 강을 조망하거나, 수변에 접하기도 하는 중요한 장소이다. 형태는 십자교차(교량)와 T자교차로 나눌 수 있다. 모두 보행자동선의 교차(혹은 자동차 동선과의 교차)이기 때문에 접점을 명시하기 위한 노력이 필요하다. 예를 들어, 교차부 노면의 마감을 바꾼다든지 아이스톱이 되는 식재를 실시한다든지, 다릿목광장 등과 같이 조그만 휴식공간을 확보하는 것이 필요하다. 그림 7.7은 그러한 정비안의 사례이다(다릿목광장에 대해서는 5장 5.4를 참조).

c. 수변도로에서 수면으로 접근 수면을 향해 접근하는 것은 하천구역 내에 설치되기 때문에 치수상의 제약조건(하천면적을 손상시키

지 않는, 원칙적으로 하류방향으로 낮아지게 하는 등)에 유의할 필요가 있다.

설치장소에 대해서는 수변으로 향하는 도로와의 관계, 강가, 여울, 소, 수생식물 등과 같은 하천의 매력도, 친수활동의 내용 등에 따라 검토할 필요가 있다. 어떻든 사람이 모이기 쉽고, 수변이나 교량 등에서 조망되는 장소가 적합하다고 생각된다. 접근방법으로는 계단과 경사로가 있다. 경사나 폭원은 이용상황이나 하폭에 따라 결정된다(사진7.5).

(3) 수환경과 생태의 취급

도시하천의 특징으로는 유역이 시가화됨으로써 유수(遊水)·보수(保水)능력이 저하되고, 하수도가 보급되고, 호안이 콘크리트화 됨으로 인해 평상시 수량이 감소한 것 등을 들 수 있다. 또 하수도의 보급이 유역의 개발속도를 따라가지 못하여 가정 잡배수 등의 유입에 따른 수질악화도 특징으로 들 수 있다.

도시하천의 이용을 생각할 때 이러한 수량, 수질의 확보가 대전제가 된다. 수질, 수량을 어느 수준에 둘 것인가에 따라 수변경관은 크게 달라지며, 이용을 위한 시설의 모습도 결정된다. 이러한 관계를 고려하지 않은 시설정비는 균형이 잡히지 않은 경관을 만들어낼 위험성이 있다. 이러한 수변이용의 대전제가 되는 수량, 수질을 확보하는 방법과 수생생물 등에 의한 수변경관의 연출성에 대해 아래에 기술하겠다.

a. 수량확보　　수량 확보 방법은 일반적으로 표 7.1과 같은 것이 있다. 다른 하천이나 본천에서 물을 끌어들이는 것은 각 강의 유지·유량와 관련 있기 때문에 신중히 검토할 필요가 있다. 또 용수(湧水)의 활용에서는 현재 건물이나 지하철에서 발생하는 용수(湧水)를 하수도로 방류하는 것이 원칙으로 되어 있으나 이것과의 조정이 필요하다. 또 외관상의 수량을 확보하는 방법으로, ①평상시의 유수면을 좁게 하거나, ②낙차공(落差工), 상지공(床止工), 둑 등을 이용하여 평수면(平水面)을 만드는 방법 등이 고려된다. ①에서는 적당한 유속이나 수심을 만들어 얕은 여울, 소, 수변 등의 경관을 만들어 낼 수가 있다. ②에서는 평수면과 낙수 등에 의해 물 흐름의 대비나 변화를 만들어 낼 수 있다. 큰 강에서는 상류지역에 보트선착장 등과 같이 내수면을 이용하는 것도 가능하다. 모두 치수에 지장이 없도록 할 필요가 있다. 수량 확보에 있어서는 몇 개의 방법을 서로 조합시켜 목표량을 만족시키는 것이 바람직하다.

b. 수질확보　　수질을 확보하는 방법은 일반적으로 표 7.2와 같은 방법이 있다. 어찌됐든 수질정화대책에는 긴 시간이 필요하며 상류와 하류의 협력 없이는 실현할 수 없다. 따라서 장기적·단계적 목표를 세워 대처할 필요가 있다. 여기서는 특히 관면과 관련 있는 방법에 대해 기술한다.

정화용수를 끌어들인 것으로는 오사카(大阪)의 도우지마가와(堂島川), 토사보리가와(土佐堀川), 도돈보리가와(道頓堀川)의 정화 사례와 같이 요도가와(淀川)의 간만에 의한 물의 흐름을 이용하여 수문을 조작함써 상류에서 흘러오는 오염된 물 유입을 억제하고, 요도가와의 깨끗한 물도 끌어들임으로써 하천정화를 실시하고 있다. 이것은 하구지역 특유의 간만의 차를 유용하게 이용한 방법이라 하겠다. 도돈보리가와(道頓堀川)에서는 여기에 분수에 의한 공기분사를 같이 실시하여 정화효과를 높임과 동시에 야경연출을 시행하고 있다(그림7.8). 야나기가와(柳川)의 수로는 계곡하천의 물을 시내를 종횡으로 흐르는 수로로 끌어들이고 수문의 조작에 의해 항상 물이 흐르도록 하여, 시내 수로의 수질정화를 실시하고 있다. 시내 에서는 가정 잡배수 등에 대한 엄격한 규제가 정해져 있

표 7.1　수량 확보의 방법

수원	방법	안정 공급성	조정 등	사례
하천수	·펌프로 끌어올리기, 간만의 차, 둑 등에 의해 물을 끌어 들인다 ·저수지, 댐 등에서의 공급수를 받는다	방법에 따름 (여름은 많고, 겨울은 적다)	하천관리자와 조정이 필요	이께마치가와(筑後川水系) 후루카와친수공원 니가요용수(多摩川)
우수	·공공시설 등에서 우수를 저류하여 이것을 펌프로 끌어올려 흘려보냄	△		
용수(湧水)	·지하수의 함양(涵養)을 도모한다 ·낭떠러지 등의 용수를 끌어 들인다	○		노가와 용수의 보전
지하수	·지하수의 함양(涵養)을 도모한다 ·자유 지하수를 펌프로 끌어들여 사용한다	○		모토　오야스가와(本庄市, 廢川구간)
복류수 (伏流水)	·하천변에 집수관(수로)를 만들어 복류수를 모아 끌어당긴다	○		
용수(湧水)	·지하철 등의 용수를 모아 펌프 등으로 물을 끌어 들인다 ·건축물 등에서 발생하는 용수를 하천으로 방류한다	○	(하수도와의 조정이 필요)	皇居濠의 정화계획
하수처리수	·고차원 처리수 또는 2차 처리수를 끌어 들인다	○	(하수도와의 조정이 필요)	산불방지용수
공업용수	·공업용수를 구입하여 끌어 들인다	○	비용이 든다	
상수순환	·상수를 일부 유지용수로 하여 순환방식으로 끌어 들인다 ·정수장의 잉여수를 하천으로 방류한다	○ ○	비용이 높다 수도와의 조정이 필요	가타비라가와 친수녹도 (요코하마시·帷子川 구하천부지)

표 7.2　도시하천의 중요한 정화방법

정화방법	구체적인 방법	가능성	사례
물을 끌어 들여 물이 흐르는 상황을 개선하고 희석	·다른 하천에서 희석수를 끌어당겨 끌어 들인다 ·저수지에서 보급하여 유지용수를 순환하게 한다 ·해수, 하수처리수를 끌어 들인다	·많은 양의 수량이 필요 ·하천관리자와의 조정이 필요	이께마치가와 (池町川)(久留米市·筑後川)
역간(礫間)정화	·고수부지 등을 이용하여 자갈 등을 깔고 여기에 물을 끌어당겨 생물막에 의해 정화한다	·자갈을 깔기 위한 공간이 필요 ·상부이용이 가능(EX공원, 운동장)	노가와(野川)(東京都世田谷區·多摩川수계)
식물정화	·질소, 인을 흡착하는 식물을 배양하고, 이것을 정기적으로 제거하고 정화한다	·식물의 제거나 처리에 비용이 든다	테가누마(手賀沼)(柏市·물옥잠)
준설	·하상에 퇴적한 진흙을 정기적으로 준설한다	·준설 후의 잔토 처리에 비용이 든다. 퇴비 등 이용방법도 있다	소가(草加)시
진흙의 고정화	·진흙을 굳게 하는 약품을 섞어, 이용 가능한 흙으로 바꾸는 등 진흙을 고정화시킨다	·처리토를 효과적으로 이용할 수 있기 때문에 가능성이 높다	호리가와(堀川)(名古屋市) 사가바와(芝川)(川口市)
공기분사	·낙차공(落差工)이나 펌프 등에 의해 공기를 분사시켜 하천의 정화기능을 높인다	·종단구배가 있는 하천은 용이 ·기계에 의한 공기분사는 비용이 든다	도돈보리가와(道頓堀川)(大阪市)
수문조작	·간만구간에서는 수문조작에 의해 만조를 이용하여 양질의 물을 다른 하천으로 끌어 들일 수 있다	·치수상의 조정이 필요	히가시요코보리(東橫堀川)(大阪市)
오수분리	·오수와 하천수의 분리, 하수도	·비용이 든다 ·하천수량이 감소	일반적인 많은 도시

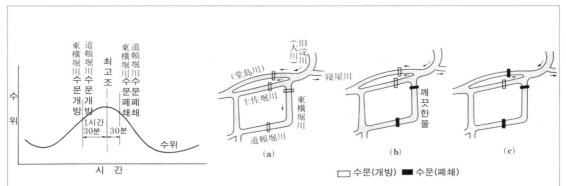

수문조작에 의한 정화의 기본적인 사고방식은 나야가와(寢屋川)에서 흘러들어온 오염된 물이 만조 부근에는 역류하여 대천의 깨끗한 물이 히가시요코보리(東橫堀川)로 들어오는 것을 이용하여, 가능한 大川의 물을 도입하려는 것으로, 도돈보리가와(道頓堀川) 등의 기존 수문과의 연계 조작과 맞추어 효과를 올리려는 것이다.

즉 그림(a)(만조 부근에 모든 수문을 개방)와 (b)(간조 부근에 2개의 수문을 폐쇄)를 반복하게 되는데 그림(c)와 같이 도우지마가와(堂島川) 수문도 적당히 조작하여, 큰 하천의 물을 가능한 한 토사보리가와(土佐堀川)로 흐르게 하여, 의 정화를 도모하려는 것이다.

그림 7.8 수문조작에 의한 정화방법

으며 물을 깨끗하게 하여 흘린다는 사상이 물의 고향 야나기가와를 유지시켜주고 있다.

작은 수로 등을 사용한 정화시설에 의한 정화에서 수로부지나 고수부지 등을 이용하고 여기에 하천의 물을 끌어들여 역간정화나 시설정화함과 동시에 수로의 친수화를 도모하고 있는 사례가 보인다. 예를 들어 아다치구(足立區)에서는 기존 수로에 정화시설을 설치하고 오염된 아야세가와(綾瀬川)의 물을 끌어들여 정화수를 친수공원의 수원으로 활용하고 다시 강으로 돌려보냄으로써 하천에 대해서는 수질정화, 수로에 대해서는 유지수원확보라는 역할분담과 상호이용을 도모하고 있다.

c. 수생생물 등에 의한 연출   도시하천에서 친수활동을 실시할 경우 강에 생물이 있는가 없는가에 따라 그 내용이 크게 달라진다. 따라서 하천정비의 디자인에서도 차이가 나타난다.

수생생물 중에서 가장 일반적인 것이 어류로서, 각지에서 잉어나 붕어 등의 방류가 실시되고 있으나, 그 하천의 수질조건이나 수심과 같은 생식환경을 충분히 고려해서 어종을 선택할

필요가 있다. 비단잉어는 물 속에 있어도 잘 보이지만, 원래 강에 사는 물고기가 아니므로 특별한 경우를 빼고는 피해야 할 것이다.

여하튼 물고기가 생식하기 위해서는 먹이가 되는 조류(藻類), 수초, 곤충 등의 생식이 불가결하다. 따라서 어소를 설치하는 것만으로는 불충분하여 여울과 소, 수변 등이 형성될 수 있도록 하천이 갖는 다양한 수변환경을 형성한다는 시각이 필요하다(사진7.6).

수문조작에 의한 정화의 기본적 개념은 나야가와(寢屋川)에서 온 오염된 물이 만조시 부근에 되돌아오는데, 이 때 주로 큰 하천의 깨끗한 물이 히가시요코보리가와(東橫堀川)로 들어오는 것을 이용하여, 가능한 한 큰 강의 물을 끌어들이려는 것으로, 도돈보리가와(道頓堀川) 등의 기존 수문과의 연계조작으로 효과를 올리려는 것이다.

즉 그림 (a)(만조시 부근의 모든 수문을 개방)와 (b)(간조 무렵 2개의 수문을 폐쇄)가 반복되게 되는데, 그림 (c)와 같이 도우지마가와(堂島川) 수문도 적당하게 조작하여 큰 강의 물을

가능한 한 토사보리가와(土佐堀川)로 흐르게
함으로써 토사보리가와의 정화도 도모하려는
것이다.

사진 7.6 하상의 다양한 변화에 의한 생태보전육성
(요코하마(橫浜)시 · 네꼬가와(狸川))―하상의 흙을 양
쪽으로 올려 하도에 변화를 줌으로써 생태계가 풍
부한 하상으로 정비하고 있다. 수변에는 수초가 자
라 자연미를 더해주고 있다

(4) 수변도로

a. 수변도로의 유형

하천변의 도로를 크게 나누면 다음과 같이
분류할 수 있다.
① 관리도로에서의 일반차량의 통행을 금지
시키고 있는 경우
② 관리도로와 차도를 겸하는 경우
③ 고수부지를 이용한 도로
이 분류와 호안의 형태(안쪽으로 들어온 하
천, 제방이 있는 하천)에 따라 그림 7.9와 같은
유형을 생각할 수 있다.
도시에서 하천공간은 귀중한 오픈스페이스
로서 사람들이 휴게나 레크리에이션을 하는 장
소라는 점에서 이러한 도로들을 가능한 한 보
행자계(자전거도 포함)의 도로로 정의하는 것
이 중요하다. 강변을 일상적으로 걷는 것이 강

	유 형	유 의 점
관리도로에일반차량통행금지	안쪽까지 들어온 하천 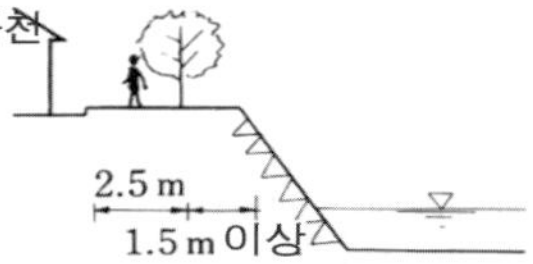 2.5 m 1.5 m이상	•하천변에 교목(高木)녹화가 가능하므로 수변녹화를 도모한다 •관리도로는 보행자(자전거)도로로 이용한다
	제방이 있는 하천 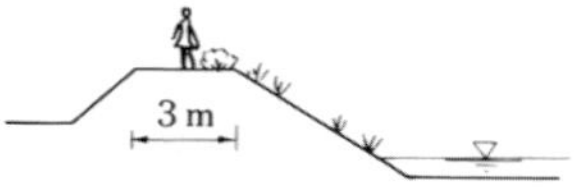 3 m	•제방 위를 보행자(자전거)도로로 이용한다 •저목(低木) 등의 녹화를 연구한다
관리도로와일반도로의겸용	안쪽까지 들어온 하천 	•제방 위를 보행자(자전거)도로로 이용한다 •저목(低木) 등의 녹화를 연구한다
	제방이 있는 하천 	•강측에 보도를 만든다(보차분리가 가능한 경우) •천변도로는 가능한 한 통과교통을 없애는 연구를 한다 (일방통행 등) •보도에 여유가 있다면 녹화를 도모한다 •보도의 높이를 연구한다(차도높이, 호안상단)
고정물이나고수부지를이용한길	바닥 고정물의 활용  고수부지의 활용 	•고정물 등을 연구하여 수변에서 가까운 레벨에 설치한다 •관목터널을 고려하여, 가능한 한 자연에 가깝고 관리가 용이한 소재로 한다 •수생식물 등의 연구를 한다

그림 7.9 수변도로의 유형

사진 7.7 오오카가와(大岡川) 산책로(요코하마(横浜)시·오오카가와(大岡川))—천변도로를 일방통행으로 하고, 차도와 보도의 상호이용이 가능한 형태로 디자인하고 있다. 강측은 파라펫을 방호책의 일부로 활용하고 있다.

사진 7.8 이시자키가와(石崎川) 산책로(요코하마(横浜)시·이시자키가와)—보도높이를 호안상부에 맞추고, 차도와는 계단 등으로 단차를 두어 자동차의 진입방지를 겸하고 있다

사진 7.9 가타비라가와(帷子川) 유보로(요코하마(横浜)시·가타비라가와(帷子川))—조망이 좋은 곳에 시점장소가 만들어져 있다. 노면의 마감과 펜스는 다른 곳과 차별을 두어 디자인되고 있다

사진 7.10 하천 내의 도로(요코하마(横浜)시·이즈미가와(和泉川))—물가에 흙으로 된 산책로가 만들어져 있다. 수면과 연속하여 자연스런 일체감이 있다

사진 7.11 하천 내의 데크(가와사키(川崎)시·니가요(二ヶ領)용수)—수면과 가까운 위치에 변화를 주면서 데크가 설치되어 있다

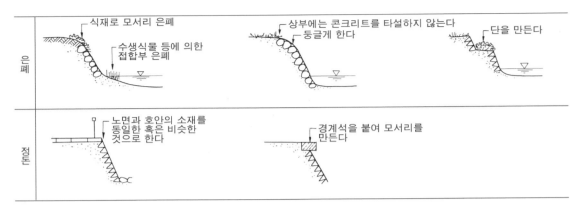

그림 7.10 호안과 수변도로의 일체설계 방법

사진 7.12 호안과 도로의 일체설계(말끔하게 한다) (요코하마(橫浜)시 · 이시자키가와(石崎川))—호안에 가까운 노면재료를 사용하고 있고, 펜스의 기초부분 도 안 보이게 하여 노면이 말끔해 보인다. 펜스의 색채를 약간 검게 하고 있기 때문에 노면과 호안의 연속감이 확실하게 보여 일체감을 느낄 수 있다

사진 7.13 호안과 수변도로의 일체설계(애매하게 한다)(도쿄(東京) · 묘쇼지가와(妙正寺川))—수변의 높 고 낮은 수목의 녹화나 호안의 덩굴류에 의해 피복 되어 모서리가 애매하게 되고 있다

을 의식하고, 도시생활 속에서 강을 되살리는 것이 된다. 각지에서 「수변 산책로」 조성이 추진되고 있는 배경을 보면 이런 것에 발상의 근원이 있다고 생각된다. 그러기 위해서는 관리도로에 일반차량을 통행시키지 말던가, 통행시키더라도 보차분리를 도모하거나 또는 통과교통을 허용하지 않고, 속도를 떨어뜨리는 등의 배려가 필요하게 된다.

사진 7.7은 일방통행으로 하고, 가로수를 배치하고, 보차공존형의 커뮤니티 도로로서 수변의 도로를 정비한 사례이다. 사진 7.8은 보도높이를 호안상단과 맞추고, 차도와 단차를 둠으로

써 보차분리를 도모한 사례이다. 또 사진 7.9는 보행자전용 산책로이다. 조망이 좋은 곳에 포장을 바꾸고 울타리에 배려하여 깔끔한 시점장소를 만들고 있다.

뿌리고정과 고수부지를 이용한 도로는 가능한 한 수면에서 가까운 곳에 설치함으로써 친수성을 보다 높일 수 있다. 그 방법으로 큰 하천에서는 고수부지 등을 이용하여 산책로화 하거나, 사이클도로를 설치할 수 있다. 중소하천에서는 토지가 좁으므로 고정물 등에 노력을 기울여 상부를 산책도로로 하거나 하도 내에 테크(deck)를 통과시키는 등에 노력한 사례가

표 7.3 포장재료

재료	특성	적합한 장소
흙	• 자연미가 있다 • 우천시 보행불편이 예상된다	잡초에 의해 자연미를 더하는 것도 가능 붉고 차진 흙 등에 의해 내수성을 올리는 것도 가능
자갈	• 투수성이 있다 • 일본풍의 이미지와 어울린다 • 보행하는데 기분이 좋다 • 자전거는 부적합	일반적, 도시적인 장소에는 어울리지 않는다
돌	• 보행성이 뛰어나다 • 경관적으로도 훌륭하다	품격 있는 노면을 만드는 장소 등에 적합하다
나무벽돌	• 보행성이 뛰어나다 • 부드러운 느낌이 있다	산책로 등에 적합하다
아스팔트	• 보차에 모두 사용될 수 있다	일반적, 보차겸용도로
시멘트 콘크리트	• 보차에 모두 사용될 수 있다	일반적, 보차겸용도로
벽돌	• 투수성이 있다 • 도시적 이미지에 적합하다	보행자도로에 적합하다
콘크리트 블록	• 표면에 다양한 마감이 가능(물갈기, 칼라화, 문양 삽입)	일반적, 도시적인 장소에 적합하다
타일	• 도시적 이미지에 적합하다 • 수변건물과의 일체적인 정비 가능	격식 높은 도시적인 노면을 만드는 장소에 적합하다

사진 7.14 교토(京都)・철학의 길―돌과 흙과의 조합으로 만들어진 산책로, 석축호안과 천변 민가에 의한 가로경관이 조화를 이루고 있다

있다. 그러나 본래는 필요한 토지를 확보해서 정비하는 것이 바람직하다. 어느 것이나 치수상의 배려는 필요하다. 또한 수생생물(물고기, 곤충, 작은 생물 등)에 대한 배려나 활용을 도모해야 할 것이다.

고정물이나 고수부지를 이용한 도로디자인은 수변이용의 상태에 따라 수면 및 호안상부에서의 높이, 노면재료, 폭원 등을 결정할 필요가 있다. 사진 7.10, 사진 7.11은 이러한 사례를 제시한 것이다.

b. 호안과 수변도로의 일체설계　다음으로 호안과 강변도로와의 일체설계수법에 대해 기술한다. 크게 나누면 경계 부분를 말끔하게 하여 강조하는 방법과 애매하게 하는 방법으로 나눌 수 있다. 구체적인 방법을 그림 7.10에 제시한다. 사진 7.12는 석축호안의 경계석(笠石)과 보도부분의 포장재를 안, 도로는 하천경관의 구성요소에서 '배경(地)'이 되는 것이므로, 안정되고 억제한 듯한 디자인으로 해야 할 것이다. 따라서 극단적인 색상, 명도, 채도는 피해야 한다.

c. 포장재료　하천경관구성상 천변도로는 호안 다음으로 중요하다. 포장 재료로는 흙, 자갈, 돌, 아스팔트, 시멘트 콘크리트, 벽돌, 나무벽돌, 콘크리트 블록, 타일 등이 있다. 이러한 재료의 일반적 특성을 정리한 것이 표 7.3이다. 천변도로의 성격(보행자중심인가 차도중심인

가)이나 호안재료나 수변건축물 등과의 조화를 고려하여 선택할 필요가 있다.

d. 재료의 복합　　또한 단일재료뿐만 아니라 복수의 재료를 조합함으로써 도로에 표정을 만들어낼 수 있다. 사진 7.14는 교토(京都) 철학의 길로서 자연석과 흙과의 조합이 석축호안과 강변의 안정감 있는 가로경관과 조화되어 교토다운 표정이 있는 경관을 만들어내고 있다.

(5) 수변의 건축물

도시하천에서는 특히 수변에 늘어서 있는 건물이 기본적인 경관구성요소가 되고 있다. 하천이라는 오픈스페이스를 끼고 그 표정이 눈에 띄기 쉽기 때문에 경관에 미치는 영향은 크다. 따라서 어떻게 강변의 가로 경관을 컨트롤하고 하천과의 일체성을 갖게 할 것인가가 중요한 과제가 된다.

일반적으로 매력적인 가로경관을 창출하기 위해서는 각 건축물이 개성을 잃지 않고 지역특성이나 주변 건물과 조화를 이루도록 하는 것이 중요하다. 그러기 위해서는 건축물의 형태나 색채를 일정한 가이드라인에 따라 규제 유도해 가는 방법이 가장 일반적이다. 물론 가이드라인이 일률적인 것이 되어서는 안 되며, 각 지역의 실정에 따라 상세하게 해야 된다. 운용에 있어서도 쓸데없이 구속적인 것으로 할 것이 아니라 일정한 여유를 가지면서 유연하게 대응해야 할 것이다.

a. 건물배면에 대한 대응　　수상교통의 쇠퇴, 자동차 사회로의 이전 등으로 도시의 중소하천은 도시이면에 존재하는 것이 되어버렸다. 앞으로는 하천에 전면을 향하게 하는 도시 가꾸기라는 시각이 필요할 것이다. 어쩔 수 없이 이면부분이 되는 경우에는 건축지도나 가이드라인, 표창제도 등으로 주민의식을 높이는 것이 효과적일 것이다.

b. 수변일조의 개선　　「건축기준법」에서 하천변 인접지 사선제한은 하폭의 1/2만큼 외측에 인접지 경계선이 있는 것으로 간주하고 있기 때문에 건물 높이는 대폭 완화된다(권말자료 A참조). 특히 북측에 강이 흐르고 있는 대지에서는 남측에 공지를 두면서 최대한 강에 근접하여 건물이 세워지기 쉽다(그림7.11). 그 결과 강변에서 공지가 없어져 높은 건물로 둘러싸이게 되어 하루 종일 그림자가 드리워져 하천경관으로서는 상당히 바람직하지 못한 공간이 되어버렸다.

지금까지 도시 측의 이론만으로 강변에 건물이 세워지게 된 것은 하천이 도시의 이면이 되어버린 하나의 요인이라고 생각된다. 현행제도 하에서 이를 제한하는 방법은 건축협정, 지구계획제도, 조례에 의존할 수밖에 없는 것이 현실이다. 조례에 의거하여 높이제한을 실시하고 있는 (혹은 계획하고 있는) 사례로는 센다이(仙台)시 「히로세가와(廣瀬川)의 청류를 지키는 조례」(그림7.12)와 오타루(小樽)시의 「경관지구지정」을 들 수 있다.

c. 수변에 공지를 확보, 활용　　강변에 보행자공간을 확보하거나 녹화공간을 마련하기 위해서는 가능한 한 건물을 후퇴시켜 공지를 확보하는 것이 바람직하다.

벽면선을 후퇴시켜 하천 변에 친수성이 높은 오픈스페이스를 확보함으로써 시계가 보다 해방됨과 동시에 하천경관을 조망하는 장소를 정비하는 것도 가능하게 된다. 이에 대해서는 공개공지를 제공함으로써 건물에 인센티브를 부여하는 등의 제도가 있어 활용이 요망된다.

d. 녹화의 추진　　천변의 오픈스페이스를 이용하여 녹화를 실시함으로서 건축물의 경직된 표정을 부드럽게 하고 하천경관에 윤택함을 줄 수 있다.

e. 상업·업무지　　상업지에서는 단순히 통일

사진 7.15 상업빌딩의 이면 모습(교토(京都)시·다가세가와(高瀬川))—공조설비가 난잡하게 늘어서 있어 흉한 표정이 강을 향하고 있다

사진 7.16 강에 면한 역사적 주택경관(교토(京都)시·시라가와(白川))—교토의 시라가와 주변은 기온신바시 전통적구조물보존지구로 지정되어 하천과 가로경관이 일체적으로 정비되어 있다

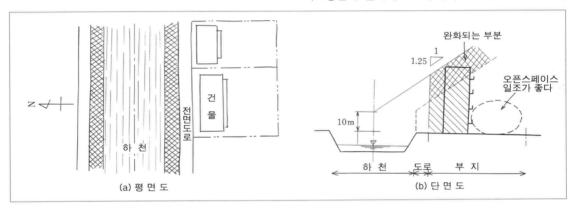

그림 7.11 하천변에 건물을 건축하는 방법—건물이 남측에 오픈스페이스를 가질 수 있도록 최대한 하천에 근접시켜 세우는 것이 이득이 많으므로, 하천변을 따라 길게 벽처럼 건설되기 쉽다. 결과적으로 판상형으로 계속 세워지게 된다. 건물은 남쪽에 방이 배치되고 북쪽에 통로나 화장실, 욕실 등과 같은 주택의 이면시설들이 배치되기 쉽다

감을 갖고 있다고 해서 좋은 경관으로 평가될 수는 없다. 번화가 등에서는 단지 아름답게 한 경관만으로는 뭔가 부족함을 느낄 것이다. 오사카 도돈보리(道頓堀)에서는 양측의 각 점포가 경쟁하듯 자기들 마음대로 자기주장을 역동성이 넘친 독특한 번화를 자아내고 있는데 이러한 난잡함을 무턱대고 부정도 할 수도 없다.

따라서 상업지에서는 수변공간을 적극적으로 이용하여 경관에 변화나 리듬을 갖게 함으로써 활기나 번화감을 연출하는 노력도 필요하게 된다. 전체가 단조로운 경관이 되지 않도록 다릿목과 같이 중요한 장소에는 랜드마크가 될 만한 건축물이나 쌈지공원을 배치하는 것도 필요할 것이며, 밤의 번화함을 만들어낼 수 있게 수변건축에 야간조명을 설치하는 것도 필요할 것이다. 라이트 업 된 건축이 하천경관에 장식을 첨가해줄 뿐만 아니라 수면에 떠 있는 빛의 반사경이 환상적인 풍경을 만들어 낸다.

f. 주택지 저층주택지에서는 최소대지규모 등의 설치로 미니개발을 방지함과 동시에 층고나 외벽의 위치를 컨트롤하는 것을 생각해볼 수 있다. 지붕의 구배나 외벽의 소재·색채에 대해서도 통일을 도모하여 안정된 경관을 만들어 내도록 배려한다. 또 하천변의 공지에 녹화

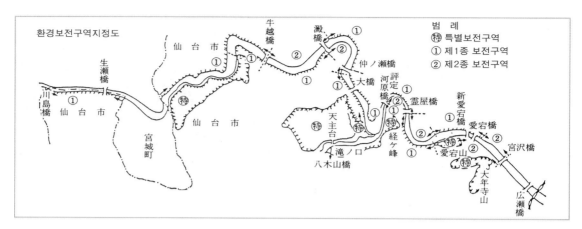

그림 7.12 히로세가와(廣瀬川)의 청류를 지키는 조례[5]—각각의 보존구역별로 건축물의 높이를 제한하거나 하천 변에 오픈스페이스를 확보하도록 정해져 있다. 또 건물의 색채에 대해서도 제한이 가해지고 있다

1 보전구역지정의 대상이 되는 길이와 면적

항목		수치
우안	총 연장	11,230m
	총 면적	561,500㎡
좌안	총 연장	10,280m
	총 면적	514,000㎡
총 계	총 연장	21,510m
	총 면적	1,075,500㎡

주 : 하안선 또는 제방선에서 50m의 범위내의 면적으로 특별보전구역은 이 범위에 들어가는 만큼의 면적을 뜻한다.

2 보전구역 내에서 공유지의 현황

항목		면적(㎡)	총 면적에 대한 비율%
총 면적		369,945	34.40
내 역	공원	41,850	3.90
	운동장	19,350	1.80
	도로	46,495	4.32
	수로	2,250	0.02
	그 외	260,000	24.17

3 보전구역 내에 있어 건축물 수

약390동

구역의 종류 \ 용도지역의 종류	제1종 주거전용지역	제2종 주거전용지역	주거지역	근린상업지역	상업지역	준공업지역	비고
특별환경보전구역	30%	30%	30%	–	–	–	건축물의 높이제한 10m, 대지면적의 30% 이상의 토지가 환경보전을 위해 식재 등이 가능한 대지로서 확보 가능할 것(하천에 접한 토지에서는 이것을 수변선 따라 확보할 것)
제1종 환경보전구역	40%	50%	50%	60%	60%	50%	건축물의 높이제한 20m, 대지면적의 30% 이상의 토지가 환경보전을 위해 식재 등이 가능한 대지로서 확보 가능할 것(하천에 접한 토지에서는 이것을 수변선 따라 확보할 것)
제2종 환경보전구역	50%	60%	60%	60%	60%	–	건축물의 높이제한 20m, 대지면적의 30% 이상의 토지가 환경보전을 위해 식재 등이 가능한 대지로서 확보 가능할 것(하천에 접한 토지에서는 이것을 수변선 따라 확보할 것)

(환경보전구역내의 형태제한(건폐율))

건축물의 색채제한

건축물의 부분	색상	명도	채도
지붕	2.5R에서 5YR의 범위 내에 있을 것.	명도의 값에 채도의 값을 더한 값이 10 이하의 범위 내에 있을 것.	채도의 값에 명도의 값을 더한 값이 10 이하의 범위 내에 있을 것.
외벽	2.5R에서 5Y의 범위 내에 있을 것.		2 미만

(주) 색채계는 먼셀색채계에 따름.
　　도시만들기—그 知惠와 手法, 1982에서

4 보전구역내에 있어 종별 면적

항목		면적(㎡)	총 면적에 대한 비율%
종별	특별보전구역	180,000	16.74
	제1종 보전구역	621,250	57.76
	제2종 보전구역	274,250	25.50

(수치는 도면에서 산정한 것으로 실측은 아님)

사진 7.17 번화가의 다릿목에 출현한 기린플라자(오사카(大阪)시·도돈보리(道頓堀))—활기가 넘치는 장소의 특성을 활용해서 세워진 상징성이 강한 「빛의 탑」은 세워진 때부터 오사카의 명소가 되었다. 1층은 공개된 퍼블릭 스페이스로 되어 있다

사진 7.18 광고가 난립하는 수변(오사카(大阪)시·도돈보리(道頓堀))—화려한 자기주장의 경쟁이 번화가의 특징인 활기 넘치는 분위기를 만들어 내고 있다

사진 7.20 수변의 건축선 후퇴와 쌈지광장(도치기(栃木)시·우즈마가와(巴波川))

사진 7.19 수변의 고층주택(히로시마(廣島)시·오타가와(太田川) 혼가와(本川))—200m의 강폭도 100m 정도의 건물이 늘어서면 둘러싸인 느낌이 든다

를 실시하고, 주변에 있는 담을 생울타리로 하는 것도 소프트한 경관 가꾸기에 도움이 된다.

중고층 주택의 경우에는 스카이라인을 어지럽히지 않도록 건축물의 높이에 주의한다. 특히 하천이 북측이 되는 경우에는 수변으로 향하는 일조를 방해하지 않도록 건물의 높이나 배치에 유의한다. 최근 유행하는 강변맨션 등은 수변에 평행하게 배치되는 경우가 많은데, 이러한 경향은 그다지 바람직하지 못하다. 판상형 건물이 강가에 평행하게 연속해서 늘어서 있으면 일조를 방해할 뿐만 아니라 보는 사람에게 압박감을 주므로 주동(住棟)배치에는 세심한 주의가 필요하다.

하천 변에는 충분한 오픈스페이스를 확보하여 일반시민도 수변에 접근할 수 있는 동선처리를 실시하는 것이 바람직하다. 이러한 오픈스페이스에 대해서도 충분한 녹화가 필요하다는 것은 언급할 필요가 없을 것이다.

g. 공업지 공장, 창고 등의 건축물에 대해서는 향후 디자인적인 배려를 실시하여 경관적

매력을 높여 가는 것이 바람직하다. 기존건물에 대해서는 주변의 외장을 다시 도색 하는 등의 대책도 강구할 필요가 있다.

또 주변의 완충녹지대도 포함해서 공장부지 내의 녹화에 노력함과 동시에 강변 오픈스페이스를 시민에게 개방하는 것도 적극적으로 검토해야 한다.

그리고 도크 등 하천과 관련된 공장시설에서 하천경관에 특색을 줄 수 있는 것에 대해서는 그 기능이 없어진 경우에도 기념물로서 적극 보존하거나 그것을 이용한 새로운 사업전개를 도모하는 것이 바람직하다.

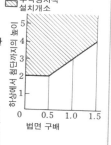

「하천전락사고방지시설설치요강」의 제정(1975.10.25)

추락방지책 설치개소

(목적)
추락사고의 방지를 도모하여 적정한 하천관리를 실시한다.

(대상)
도지사가 관리하는 1급 하천

(설치장소)
시가지 및 주택지 주변으로 하상에서 상부까지의 높이가 2.0m 이상으로 경사가 1:0.5 보다 급경사인 장소. 그 외에서도 하천추락사고가 발생할 위험이 있거나 기타 특별한 사정

(구조 및 종류)
하천부근의 경관을 손상시키지 않도록 환경조건에 맞는 구조 및 종류를 채용할 것. 하천마다 일관성을 갖게 하기 위해. 가능한 한 동일종류를 채용할 것. 방호책은 원칙적으로 총 높이를 1.1m 이상으로 할 것.

그림 7.13　방호책의 설치기준사례(사이타마(埼玉)현 펜스설치요강)

7.2 수변의 소도구

수변에는 수변다운 퍼니쳐가 어울린다. 울타리, 벤치, 안내판, 볼라드(bollard) 등은 수변의 소도구로서 경관을 섬세하게 연출해주는 것이다. 이러한 소도구는 다음과 같은 특징이 있다.

① 호안 등 다른 하천구조물에 비해 내구성과 수명이 짧다. 파손 된 것의 보수, 도시의 변화나 이용의 변화에 따른 개수 등 상당히 세심한 관리가 필요하다.

② 강이나 도시의 개성에 맞추어 표현하거나 기능을 충족시켜 주어야 할 뿐만 아니라 디자인에서도 자유도가 높으므로 유연한 독창성 있는 디자인이 가능하다.

(1) 울타리 · 펜스

도시하천에서는 호안이 급경사이고 하상이 깊어지기 쉽다. 또 천변에는 교통량이 많기 때문에 방호책이나 가드레일이 설치되어 있는 사례가 상당히 많다. 지자체에서 이러한 울타리의 설치기준을 정하고 있는 사례도 많다(그림 7.13).

사진 7.21　검은 회색으로 도색된 펜스(소가(草加)시 · 덴우가와(伝右川))―기성 펜스의 투시효과를 높이고, 주변경관 속에서 드러나지 않도록 배려하여 색을 검은 회색으로 바꾼 사례

a. 울타리의 색채　기성제품의 네트펜스는 녹색계통의 것이 많은데 채도가 너무 높거나 주변 색조와 부조화를 이루는 사례가 많다. 펜스의 색은 가능하다면 「배경(地)」이 될 수 있는 검은 색 또는 갈색이나 어두운 회색 등과 같이 안정감 있는 색채가 바람직하다. 사진 7.21은 기존 펜스를 투과하여 건너편이 보이게 함으로써 자기 주장을 하지 않고 안정감을 주고 있다. 이와 같이 주변의 경관을 강조하고 울타리 자신은 눈에 띄지 않는 색채, 또한 지역의

| (요코하마 시·오오카가와(大岡川)) | (스위스·루체른) |

사진 7.22 펜스의 네트방향에 의한 투과성—세로방향의 것은 유축으로 시선이 향함에 따라 펜스의 색이 면적으로 나타난다

사진 7.23 이벤트에 사용되는 펜스 (요코하마(横浜)시·오오카가와(大岡川))—하천의 이벤트에 사용될 수 있도록 디자인된 펜스. 경우에 따라서는 펜스의 높이를 낮출 수 있도록 고안되어 있다

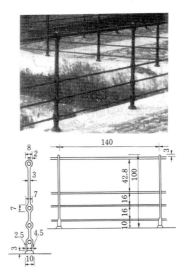

사진 7.24 투시를 중시한 펜스 (서독일)6)—어린이의 추락방지를 위해 하부는 촘촘하게 설치하고 상부는 가능한 한 오픈시키고 있다

향토색이 될 수 있는 색채를 선택하는 것이 좋다.

b. 울타리의 소재와 형태 다음은 소재이며, 대량생산성, 시공성, 유지비, 강도, 가격의 측면에서 철제, 알루미늄이 많이 사용되고 있으나 하천의 정체성을 높이기 위해서는 유역에 있는 소재 혹은 생산되는 재료(돌, 마무, 대나무, 주물, 벽돌, 도기류)를 사용하여 조합시키는 노력이 바람직하다. 특히 다릿목과 같이 중요한 장소가 되는 곳에서는 다리, 다릿목의 디자인과 관련시켜 다리의 거점성을 높이는 노력도 필요하다.

형태는 소재와 관련이 깊으며 직선적인 하도가 많은 도시하천에서는 방호책의 네트방향이 세로보다는 가로가 되도록 설치하는 것이 투시성이 좋다(사진7.22). 즉 세로방향의 것은 시선이 유축방향으로 가까이 갈수록 펜스의 색채가 면적으로 나타난다. 또한 단순히 방호기능뿐만 아니라 다른 용도나 장래적인 이용도 고려하여 형태나 설치방법을 고안하는 것도 필요하다. 사진 7.23은 펜스를 이벤트도구로 사용될 수 있도록, 그리고 경우에 따라서는 높이를 낮출 수 있도록 고안된 것이다. 사진 7.24는 특히 어린이의 방호를 의도한 것으로 하부는 방호를 빈틈없이 하고 상부는 투시성을 높이고 있는 사례이다.

c. 기존 펜스의 수경 기존 펜스나 가드레일을 수경하는 방법은 색을 도색하거나, 관목이나 담쟁이덩굴 등으로 덮어씌우는 것을 생각해볼 수 있다.

(2) 휴게시설

사람이 자주 모여드는 곳에는 휴게시설이 필요하게 된다. 그 중에서도 벤치, 쓰레기통, 재떨이, 변소, 음수전은 필수이다. 설치장소는 다릿목이나 수변으로 향하는 도로와의 접점, 인접공원 등과 같이 사람들이 많이 모이는 장소가 좋다. 또 제외지에 설치하는 경우에는 관리상 제약이 크므로, 원칙적으로 제내지로 반출

사진 7.25 파고라 밑에 있는 안정감 있는 벤치(오사카(大阪)시・나가노지마(中之島))

사진 7.26 수변의 벤치(네덜란드・암스테르담)—벤치 앞에는 펜스가 설치되어 있지 않아 장애 없이 조망할 수 있다

사진 7.27 볼라드를 겸한 벤치(요코하마(横浜)시・오오카가와(大岡川))

그림 7.14 시점을 고려한 정자

될 수 있도록 하는 것이 전제가 된다(상세한 내용은 「하천부지점용허가기준」을 참조).

이동 가능한 시설 중에 특히 고수부지에 설치되어 있는 화장실은 거의 대부분이 공원이나 가로에 설치되고 있는 간단한 기성품으로 경관상 바람직하다고 할 수 없다.

a. 벤치　　벤치는 가능하면 수면을 조망할 수 있는 위치에 설치하고, 휴식처가 되는 파고라나 관목·교목 등으로 둘러싸여 안정감 있게 한다. 색은 돌출되어 보이지 않는 색으로 하고 형태는 앉기 편안한 것으로 한다.

b. 파고라·정자　　특히 고수부지에서는 나무에 의한 녹음을 얻을 수 없기 때문에 파고라를 설치하면 좋다. 다만 수해 시에 넘어져도 유수에 지장이 없는 장소를 선정하고 구조상의 고안하는 것이 필요하다. 또한 물가에 설치하는 경우에도 역시 수면이 조망될 수 있도록 노력함과 동시에 다리나 수변에서 조망되는 아이스톱으로서의 역할이나 반사경 효과도 배려해야 할 것이다. 그림 7.14는 상류의 다리에서 조망되는 위치에 정자를 설치하고, 동시에 좀더 높은 위치에서 호안과 접하는 형태로 배치한 계획 사례이다.

이러한 휴게시설은 소재, 형태, 색채 모두가 설치되는 장소의 특성에 따라 종합적인 시각에서 디자인할 필요가 있다.

c. 화장실　　최근 공중화장실의 디자인은 화장실협회 등도 설립되어 상당히 개선되고 있다. 화장실의 커다란 문제는 방범면과 위생면(특히 악취)의 관리, 또 장난낙서나 문의 파손 등에 대한 관리 등 이용자의 도덕관과 관련 있는 것이 많다. 가능하면 도시 속에서 눈에 쉽게 띄는 장소에 설치하고 밤에도 밝고 청결하여 좋은 미관을 갖도록 고려해야 할 것이다.

(3) 사인·안내판

하천의 다양한 정보를 전달하는 방법으로 사인이나 안내판이 설치되어 있다. 이러한 하천과 관련된 사인, 안내판 등을 분류해 보면, ① 하천관리용 표시판, ②경고, 전용허가 등의 표시판, ③시가지 등을 포함한 안내판·지도로 나눌 수 있다.

모두 일반시민이 알기 쉽고 하천다운 분위기를 품위 있게 표현해야 할 것이다.

또, 표시라고 하는 단일목적을 위해 설치할 것이 아니라 아이스톱이나 랜드마크가 되거나, 다른 시설과 일체화하여 복합적인 기능을 갖게 함으로써 하천경관의 향상에 보탬이 되게 하는 것도 가능하다. 또한 도시의 사인시스템 속에 하천의 사인을 포함시킴으로써 하천과 도시와의 관계를 보다 유기적이게 할 수도 있다.

사진 7.28　다릿목의 공중화장실(요코하마(横浜)시·오오카가와(大岡川))—1920년대 후반에 만들어진 것으로 수면도 조망할 수 있고 다릿목의 랜드마크가 되도록 채광부에 스테인드 글라스 등이 디자인되었다. 내부도 콤팩트하게 디자인되어 있다

사진 7.29　고수부지의 가설 화장실(도쿄(東京)·다마가와(多摩川))—화장실은 필수품이지만 경관을 배려한 기품 있는 디자인이 바람직하다

사진 7.30 강의 안내판(오사카(大阪)시·나가노지마(中之島))—산책로 입구에 신주로 에칭된 질 높은 사인이 새겨져 있다

사진 7.31 다릿목의 안내판(다카야마시·미야가와)

사진 7.32 강변공원(소가(草加)시·덴우가와(伝右川))8)

사진 7.31은 다카야마(高山)시의 가각정비라고 하는 다카야마(高山) 도시경관형성 시스템 속에 다릿목의 안내판 자체가 포함된 사례이다. 사진 7.32는 시민으로 하여금 수해방어의식을 갖도록 하자는 의도에서 하천에 수위표시를 설치하고, 그 취지를 표시하기 위해 설명안내판을 호안펜스에 설치한 사례이다. 예전에는 거의 의식하지 않았던 수위변동을 일반시민에게 인식시키기 위한 노력이다.

(4) 가설구조물

도시하천에서는 앞으로의 친수활동 등의 이용이 점점 증가할 것으로 예상되므로 그에 따른 이용을 위한 시설이 필요하다. 특히 일시적인 이용(이벤트나 축제)이나 계절적 이용에 있어서는 가설적인 시설이 중요하다. 이 시설은 이

사진 7.33 여름의 풍물 「강가 평상」(교토(京都)시·가모가와(鴨川))—여름 일정기간 동안 무더움을 피해 시원함을 즐기기 위한 가설공작물인 평상은 교토의 여름 풍물이다. 예전에는 평상이 밑에 설치되어 강물에 발을 담글 수 있었다

것을 사용한 활동이나 행사와 함께 강의 풍물을 만들어 냄에 있어 중요하다. 사진 7.33은 가모가와(鴨川)의 전통적인 여름 풍물인 「평상」이다. 설치되는 시기는 6~9월 중순으로, 교토(京都) 여름에 가모가와의 대표적인 풍경이 되고 있다. 또한 사진 7.34는 다카야마(高山) 미야가와(宮川)강변의 아침시장인데 강변에 아침 일정시간 가설텐트가 세워져 많은 시민이나 관광객으로 붐비는 것을 볼 수 있다.

사진 7.34 아침시장용 가설텐트(다카야마(高山)시·미야가와(宮川))—아침시장용 텐트가 간단하게 설치될 수 있도록 도로의 강변에 설치용 받침대가 있다

도로의 수변측에 간단한 장치(받침대)가 있을 뿐이어서 텐트를 철거하면 보행자나 자전거 통행에 지장이 없는 도로로 되돌아온다.

이러한 전통적 행사나 시장과 더불어 불꽃놀이 대회, 카누, 페스티벌, 치어의 방류, 등롱(燈籠) 흘려보내기 등 전통행사의 부활이나 새로운 이벤트가 실시되고 있어, 이를 위한 대형도구, 소형도구에 대한 고안이 필요하게 되었다. 특히 하천구역 내에 설치되는 것은 하천관리자의 승인이 불가결하므로 유지관리의 규칙을 명확히 해둘 필요가 있다.

7.3 식재 설계

「물」과 「녹음」은 도시에서 자연을 상징하는 요소이다. 「하천의 물」과 「식재의 녹음」이 강한 일체감을 연출하여 보다 하천다운 경관, 친수성을 상징하는 경관을 형성하는 것

이 도시하천에서의 식재설계의 기본과제이다.

하천과 일체화된 식재는 선적인 「녹음」으로서 도시의 공원녹지체계를 형성하는 중요한 요소가 된다.

다만, 현재 상황의 하천식재는 치수상의 관점에서 많은 제약이 있기 때문에(「하천 등의 식재기준(안)」 1983년 6월), 경관적 관점에서 완전히 자유롭게 설계할 수는 없다. 그렇지만 식재기준의 범위 내에서 다양한 기술적 시도가 실시되고 있다. 앞으로도 이러한 성과에 입각해서 식재기준과의 검토를 더욱 면밀히 하면서 보다 풍부하고 하천다운 하천공간을 창출해갈 필요가 있다.

(1) 수종·식재구성의 개념

식재설계를 할 때 배려해야할 기본적 사항으로 다음과 같은 두 가지를 들 수 있다.

① 지역 및 그 장소의 환경조건(기후, 물, 토양 등)

② 대지조건(식재 폭원, 주변토지이용 등)

이러한 조건을 충분히 검토하여 거기에 적합한 특성(분포, 내성 등)·형상(형태, 높이 등)의 수종을 선정하고 식재구성(수종의 조합, 식재형식)을 디자인하는 것이 식재설계의 기본이라고 하겠다.

a. 수종에 의한 하천다움의 연출　수종선정에서는 상기의 기본적 배려사항에 지역의 특성이나 역사의 상징, 계절변화의 아름다움 등을 추가로 감안하는 것이 바람직하다.

그리고 강변의 식재에 대해서는 「하천다움」이 보다 강하게 의식되어도 좋다. 그러기 위해서는 생태적으로 무리가 없는 수종을 선정하는 것이 가장 중요하다.

일반적인 수변 식재로는 버드나무, 벚나무, 소나무, 단풍나무, 대나무 등이 자주 사용되었다.

사진 7.35 (교토(京都)시・시라가와(白川))여름

사진 7.36   (교토(京都)시・시라가와(白川))겨울—녹음의 효과가 크기를 알 수 있다

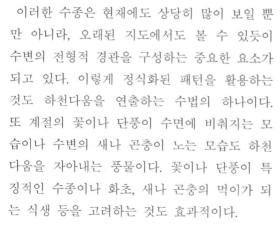

사진 7.37   친수성을 상징하는 수변의 버드나무(玉川秋月・廣重)

사진 7.38 녹음과 물에 의한 도시축의 형성(산・안토니오)—강변산책로

이러한 수종은 현재에도 상당히 많이 보일 뿐만 아니라, 오래된 지도에서도 볼 수 있듯이 수변의 전형적 경관을 구성하는 중요한 요소가 되고 있다. 이렇게 정식화된 패턴을 활용하는 것도 하천다움을 연출하는 수법의 하나이다. 또 계절의 꽃이나 단풍이 수면에 비춰지는 모습이나 수변의 새나 곤충이 노는 모습도 하천다움을 자아내는 풍물이다. 꽃이나 단풍이 특징적인 수종이나 화초, 새나 곤충의 먹이가 되는 식생 등을 고려하는 것도 효과적이다.

b. 식재구성에 의한 장소성, 물과의 일체성 연출   식재의 구성이나 형식은 도시나 지역에서 그 장소를 정의 내리는 데 적합하므로 그것을 강조할 필요가 있다. 예를 들어, 도심지역에서 상징적으로 도시축을 강조하고 싶은 경우

에는 은행나무와 같이 형태가 아름다운 수종이나 수양버들과 같이 풍성감이 있는 수종을 규칙적으로 식재하여, 연속성을 강하게 의식시키는 것이 효과적이다. 또 역으로 주택지 등에서 친근감이 있는 하천다움을 연출하고자 할 때에는 오히려 불규칙하게 고・중・저목을 배치하면서 경관을 고려하는 식재가 좋다. 이렇게 식재구성을 고려하여 상기와 같은 장소성이나 담・운하・용수 등, 하천의 특성을 보다 명확히 하는 것이 도시 및 하천의 이미지를 높이는 것으로 이어진다.

물과 녹음을 일체적으로 정비함으로써 양쪽은 상승적 효과를 발휘한다. 수변의 식재설계에서는 자연에서 물과의 밀접한 조합이 항상 의식되도록 해야 한다.

생활형		수종 명	현수형 (下垂形)	현애형 (懸崖形)	수직형 (垂直形)	둥근형 (廣卵形)
낙엽·침엽·교목		메타세쿼이아			●	○
상록·활엽·교목		녹나무				
		양옥란			○	
낙엽·활엽·교목	•	맹종죽(孟宗竹)			○	○
		벽오동				●
		미국 사시나무			●	
		은행나무			○	
		단풍나무		●		
		침나무			●	
		카롤리나 포플라			●	
	•	상수리 나무			●	
	•	느티나무				●
		목련			○	
		수양버들	●			
		신수(神樹)		●		
		왕벚나무	○			
	•	버드나무			●	
		칠엽수				○
	•	오리나무			●	
	•	층층나무		●		
		Liquidambar styraciflua				
	•	백합목			●	
		개오동나무·쥐엄나무		●		
낙엽·교목·관목	•	백로금(白露錦)				○
	•	Salix gilgiana				○
		수국				○
		일본갈기조팝나무	○			
		Weigela coraeensis				○
		Syringa vulgaris				○
		황매화나무		●		
		설류(雪柳, Spiraea thunbergii)	○			
		개나리	○			

• 자연내경관을 구성하는 수형
● 수변, 습윤을 좋아하는 수종(내종성(耐種性) 등)
○ 주변의 확장감과 어울림.

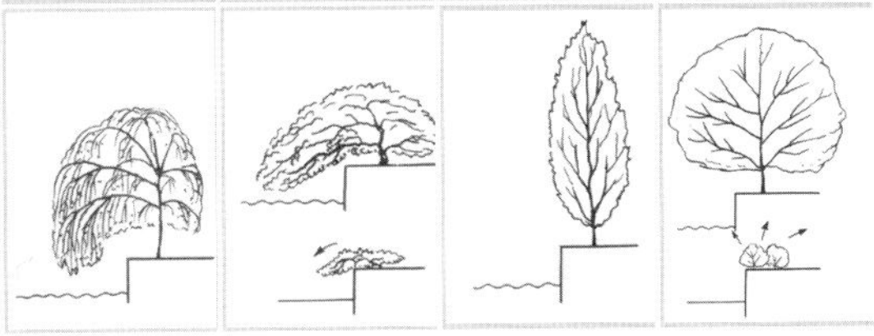

그림 7.15 유형별 교목·저목 일람[注9]

(2) 곡면 하도의 법면, 사면 상부의 녹화

휘어진 하도는 중소규모의 도시하천에서 많이 보이는 형태이며 하상은 치수상의 요청으로 깊이 파여져 있고, 관리적 측면으로 인해 철제펜스로 둘러싸여 무기능적인 모습을 드러내는 경우가 적지 않다. 이러한 하천공간에 식재를 배치함으로써 「하천다움」을 연출할 수 있으며 친수성을 상징적으로 표현하여 도시의 선적인

「자연」을 충실히 하는 것이 휘어진 하도의 법면, 경사면 상부 식재설계의 큰 과제이다.

a. 식재공간의 확보   수변의 법면(계획된 최고수위 이상)이나 관리용 통로주변에 식재대

를 두는 등 하천관리상 무리가 없는 범위에서 식재공간을 확보하는 것이 필요하고 그러기 위해 필요한 하천 폭을 확보하는 것이 바람직하다. 식재공간이 충분히 없는 경우에는 그 크

사진 7.39   버드나무(효고(兵庫)현·오오타니가와(大谿川)—친수성을 가장 상징적으로 나타내는 수종)

사진 7.40   소나무 가로수(고베(神戸)시·아시야가와(芦屋川))

사진 7.41   벚나무와 유채꽃(도쿄(東京)·치도리가후티(千鳥ヶ淵))

사진 7.42   풍성한 느낌이 드는 버드나무에 의한(규칙적 배치) 도시축의 강조(오사카 (大阪)시·토사보리가와(土佐堀川))

사진 7.43   협죽도에 의한 연속성의 강조(교토(京都)시·가모가와(鴨川))

사진 7.44   관목·교목의 혼식(도쿄(東京)·요꼬즈킨가와(横十間川))—불규칙하고 부드럽고 친숙감 있는 식재

기에 맞는 적당한 수종을 선정하는 것도 필요하다.

b. 식재의 구성·배치에 의한 일체감 연출

하천공간에 사람이 있을 때 하천의 물과 식재의 녹음으로 일체화된 공간에 둘러싸여 있다고 느껴지는 그러한 식재설계가 실시 될 필요가 있다.

그러기 위해서 다음 세 가지가 요점이 된다.

① 물과 녹음의 시각적인 일체화, 즉 물과 녹음이 같은 시야에 들어올 것

② 수변으로 접근하는데 방해가 되는 것처럼 보이지 않을 것

③ 하천공간에서 통일감을 느낄 수 있도록 할 것

(ⅰ) 물과 녹음의 시각적 일체화

물과 녹음을 동일시야에 넣기 위해서는 뒤에서 기술하는 수변으로의 접근과 보행에 방해가 되지 않도록 유의하면서, 가능한 한 식재를 수변에 가까이 근접시키는 것이 포인트이다. 구라시키가와(倉敷川), 아야세가와(綾瀬川), 니가요(二ヶ領) 용수 등에서는 식재와 물이 일체화하여 하천다운 경관을 보여주고 있다. 이러한 사례에서는 식재공간이 한단 밑으로 내려와 있거나, 하천의 법면에 식재되어 있는 등 물과 녹음이 동시에 조망되게 되어 있음을 알 수 있

다. 한편 일본정원의 수변식재에 「나게시(流枝)」라고 하는 전통적인 수법이 있는데, 수면에 나뭇가지를 늘어뜨려 물과 녹음의 시각적인 일체화를 도모하여, 물과 육지를 자연스럽게 연결짓는 효과가 기대되었다. 이러한 처리는 현행 식재기준의 범위 내에서는 어렵지만, 예를 들어 계획된 최고수위 이상의 수변에 법면을 두어, 식재기준의 범위에서 잔디나 저목·교목 등을 식재한다. 혹은 가지를 잘 뻗는 벚나무 등을 가지가 수변에 걸쳐지도록 식재하여 수림터널(하천과 수목 사이)을 보행할 수 있도록 하는 것도 생각해볼 수 있다.

(ⅱ) 하천으로의 접근 용이성

하천으로의 접근 용이성에 대해서는 시각 혹은 행동의 모두 해당되는 것으로 하천과 관련을 갖도록 하는 것이 중요하다. 하천변의 보도와 하천과의 사이에 관목을 밀식하고, 그리고

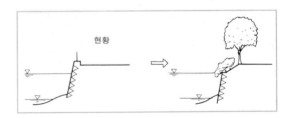

그림 7.16 계획 최고수위 이상에 해당하는 부분에 법면을 두어 일체감을 연출한다

사진 7.45 식재공간이 내려와 있어 물과 녹음을 일체적으로 한눈에 볼 수 있다(구라시키(倉敷)시·구라시키가와(倉敷川))

사진 7.46 가지를 잘 뻗는 벚나무에 의한 연출(요코하마(横浜)시·오오카가와(大岡川))

그 위에 교목을 배치하여, 물리적으로도 또 시
각적으로도 벽을 만들어 버리는 것은 피해야
한다. 다만 그러한 차단 상태가 장거리에 걸치
지 않고 하천변의 보행공간에 변화를 주기 위
한 연출로 활용되는 데는 어떤 문제도 없다.

(iii) 하천공간의 통일감

하천공간의 통일감은 교목과 관목의 구성·배
치에 의해 조작할 수 있다. 그 때 장소성이나
하천의 스케일 등으로 그 강약을 충분히 검토
할 필요가 있다.

비교적 스케일이 큰 하천에서는 영역성, 독립
성을 높이는 것이 평범한 풍경을 긴장시킬 수
있지만, 작은 스케일의 하천에서는 강한 영역
성은 폐쇄적이며 배타적인 인상으로 이어질 가
능성이 높다. 또 인접 토지이용이 주택지인 경
우에는 개방적인 식재를 통해 수변으로의 접근

성을 배려할 필요가 있으며, 도심지역 등과 같
이 상당히 교통량이 많은 (겸용)도로인 경우에
는 둘러싸임을 강하게 하여 안정된 하천공간을
형성할 필요가 있다.

(3) 제방을 갖는 하도의 녹화

제방을 갖는 하도는 일반 하천과는 달리 하천
과 거주지 공간과의 사이에 제방이라는 「경
계」가 존재하게 된다. 제방을 갖는 하도는 이
러한 경계를 어떻게 해소할 것인가가 중요한
과제가 된다.

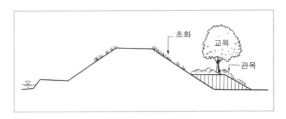

그림 7.17 제방측대의 식재도

그림 7.18 슈퍼제방의 단면

사진 7.47 포트와 고목식재에 의한 일체감의 연출
(스위스·취리히)

사진 7.48 가와사키(川崎)시·니가요(二ヶ領)용수

사진 7.49 제방측대의 식재(도쿄(東京)·스미다가와
(隅田川))

사진 7.50　흉벽 위 산책로의 식재(오사카(大阪)시·
도우지마가와(堂島川))

사진 7.51　흉벽 벽면의 녹화(오사카(大阪)시·토사
보리가와(土佐堀川))

사진 7.52　고수부지의 개방적이며 부드러운 처리
(가나자와(金澤)시·사이가와(犀川))

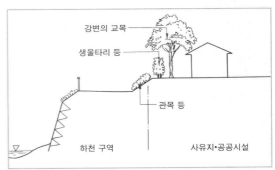

사진 7.53　공공시설과의 경계(요코하마(橫浜)시·네
꼬가와(猫川)와 학교)

a. 제방측대의 식재　　토지에 여유가 있는
경우에는 제방측대에 성토를 실시하고교목(高
木)을 포함한 식재를 실시하는 것이 제내외의
시각적인 연결감을 확보함에 있어서도, 또 하
천공간의 독립성을 높여 녹음이 풍부한 공간으
로 함에 있어서도 유효하다. 이러한 제방식재
특히 제방가로수는 가장 일반적인 전통적 수법
의 하나로 단순하지만 수변의 연출에 대한 효
과는 크다.

또 현재 제방 부지를 크게 확보하여 제방과
제내지를 일체적으로 정비하는 슈퍼제방이 시
도되고 있다. 이 경우 하천변에 두꺼운 식재띠
를 확보할 수 있어 경관적 측면에서는 상당히
효과적인 수법이라 하겠다. 그렇지만 토지나
비용면에서 선적인 정비는 힘들다. 대규모적인
재개발과 함께 부분적인 정비를 실시하여 그

곳을 거점으로 선적인 연속성을 별도로 계획할
필요가 있다.

b. 흉벽식재　　도시하천의 경우 제방이 흉
벽(胸壁;파라펫)인 경우가 많다. 이러한 흉벽은
콘크리트 벽으로 제내·외의 공간을 크게 차단
하고 시각적으로도 상당히 무기능적인 인상을
준다. 이것의 해소수단으로는 오사카(大阪) 도
우지마가와(堂島川)의　나가노지마(中之島)　산

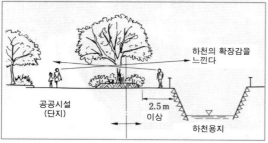

사진 7.54 사유지와의 경계식재(요코하마(横浜)시·네꼬가와(独川))—효과는 크다

사진 7.55 다릿목의 상징 식재(요코하마(横浜)시·오오카가와(大岡川))

c. 복단면에서 고수부지의 녹화 또 복단면이 형성되는 경우에는 고수부지의 처리가 문제가 된다. 하천 공간(특히 복단면의 경우)은 도시에서 개방적이며 조망성이 있는 공간으로 귀중한 존재이다. 화단이나 조형화분 등에 식재에 의한 수경도 보이지만, 하천규모와 부조화를 이룬 것이 많고 이용 상의 효과도 인정하기 어렵다. 기본적으로는 하천스케일에 맞추어 평온하고 부드러운 느낌이 드는 식재를 해야 한다. 물론 치수상 가능한 장소에서는 교목·중목을 배치하여 랜드마크로 삼거나 공간을 구분하고, 강조부를 두는 것도 중요하다.

(4) 경계부의 녹화

도시는 일반적으로 고밀도의 효율적인 토지이용이 실시되고 있어 하천공간 내에서 충분한 식재공간을 확보할 수 없는 경우가 나온다. 또 공공·공익시설과 인접해 있어 오히려 인접대지로부터 두터운 식재공간을 기대할 수 있는 경우도 있다. 이런 경우에는 인접대지에 협력을 구하여 녹화를 도모하는 것이 바람직하다.

a. 공공·공익시설과 일체적 정비 공공·공익시설이 인접하는 경우에는 하천과의 일체적인 정비를 도모하고, 경계지역의 식재에 대해서도 양쪽 공간에 효과적이 될 수 있도록 설

사진 7.56 선착장 양측의 식재(지바(千葉)현 사와라(佐原)시·오노가와(小野))

책로와 토사보리가와(土佐堀川)의 벽면녹화가 참고가 된다. 나가노지마는 흙벽과 산책로를 일체정비 한 후 교목, 관목, 덩굴식물 등으로 하천공간에 녹화를 도모한 사례이다. 또, 토사보리가와는 벽이 무미건조하게 보이는 것을 완화시키기 위해 뒷면 소단에 식재혈을 설치하여, 교목과 덩굴식물에 의해 하천공간의 녹화를 도모하고 있다.

사진 7.57 다리의 화초에 의한 수경(서독일·함부르크)

사진 7.58 수생식물에 의한 요소의 수경(오카야마(岡山)시·니시가와(西川) 녹음도로)

사진 7.59 개별 고목의 보존, 랜드마크 효과(도쿄(東京)·다마가와(多摩川))

사진 7.60 소나무 가로수의 보전, 활용(소가(草加)시·아야세가와(綾瀬川))

사진 7.61 레크리에이션 공간으로서의 활용(도쿄(東京)·다마가와(多摩川) 상수)

계한다. 그 때 풍부한 녹량감(綠量感)을 얻을 수 있도록 식재하는 것이 우선인데, 공원이나 주민회관에 인접하는 경우에는 양쪽의 접근성에 대해서도 충분히 배려할 필요가 있다.

b. 사유지에 대한 협력요청 또한 도시하천의 경우, 인접지가 주택 등의 사유지인 경우도 적지 않다. 이러한 경우에는 사유지의 녹화나 화초에 의한 수경이 큰 효과를 가진다. 사유지에도 협력을 요청하여 관민과 일체가 되어 보다 풍부한 하천경관을 형성해 가는 것이 중요하다. 그 때, 공공 측에서 하천 혹은 지역전체의 식재계획을 충분히 검토하고, 그 방침을 정의한 후에 요청해야 된다.

(5) 요점식재

식재에 의한 녹화, 수경에서는 단순히 수목이나 화초를 많이 심는다고 좋은 것은 아니다. 장소의 성격이나 요구되는 기능에 따라 식재형태를 디자인하는 것이 식재 설계의 기본이며 식재나 조경에 의한 효과가 상당히 큰 장소도 존재한다. 이러한 장소에 식재를 함으로써 적은 노력으로 큰 효과를 거두는 것이 가능하다.

a. 수목에 의한 수경 하천 변에서 이러한 장소로는 다릿목, 선착장 등과 같이 많은 사람들이 모여드는 곳 이외에 하천의 굴곡부에서 유축경(流軸景)의 아이스톱이 되는 부분 등을

들 수 있다. 이러한 장소는 많은 사람들의 시선에 띄는 경우가 대부분이며 결절점(Nodes)으로 하천이나 지역의 이미지를 형성함에 있어 중요한 장소이기도 하다. 이러한 장소에 교목이나 관목을 배치하여 강한 인상을 갖게 함으로써 하천전체의 인상을 보다 강하고 주변의 것으로 느끼게 할 수 있다. 다릿목이나 선착장에 대한 식재는 일본에서 전통적으로 행해졌던 수법의 하나이다. 수종은 아이스톱 혹은 장소를 상징화 할 수 있는 것으로 크게 자라는 나무, 수형이 아름다운 것, 꽃이나 단풍이 아름다운 나무 등 경관측면에서 명쾌한 특징을 갖는 것을 선택하는 것이 좋다.

b. 초화 등에 의한 수경   또 사진의 함부르크 사례와 같이 화분에 의한 수경도 효과적인 수단의 하나로, 이렇게 인공적인 수단을 사용하는 경우에는 그 장소뿐만 아니라 하천이나 지역전체의 통일 혹은 그 속에서의 정의를 명쾌하게 하는 등의 배려가 필요하다. 또 관리에 많은 노력이 필요하므로 큰 효과가 기대되는 도심지역 등에 사용하는 것이 중요하다. 그 외에 장소에 따라서는 꽃이 아름다운 수생식물에 의한 수경 등도 검토하는 것이 좋다.

(6) 기존수목의 보존, 활용

수목은 살아있는 자연물로 시간이 지남에 따라 그 효과가 더욱 높아지는 소재이다. 그러한 시간이 만들어낸 효과를 기술적으로 혹은 다른 소재로 대처한다는 것은 곤란하며, 대경목에는 지역이나 장소의 역사를 전해주는 것도 있다. 또, 기존의 수목이나 수림 중에는 현행 식재기준으로는 식재할 수 없는 위치에 오랜 세월 동안 남아 있는 것도 많다. 이러한 기존수목에 대해서는 가능한 한(치수상 지장이 없는 범위에서) 보전, 활용을 도모해가는 것이 바람직하다.

이러한 기존수목, 기존수림에는 경관이나 레크리에이션의 측면에서 커다란 가치를 갖고 있는 것이 많다. 예를 들어, 아야세가와(綾瀬川)의 소나무 가로수는 천변의 법면에 식재되어 있어 물과 소나무가 일체화된 경관을 보여주고 있다. 동시에 소가(草加)시의 상징적인 존재이며, 예전에 여기에 역사적 가로가 있었다는 것을 현대에 전해주고 있다. 또, 다마가와(玉川) 상수변의 수림은 상수(上水)의 역사를 지금 시대에 전해주고 있을 뿐만 아니라 선적인 녹지공간, 산책, 조깅 등의 레크리에이션 공간으로서 귀중한 존재이기도 하다.

기존수목이나 기존수림을 일상의 레크리에이션 공간이나 경관구성요소, 혹은 지역박물자원으로 생각하여 현대의 생활 속에서 적극적으로 정의하고 활용하면서 보존을 도모하는 것이 중요하다.

7.4 야경의 연출

(1) 도시의 야경과 하천공간

1974년 제1차 오일쇼크 이후, 도시에서 야간조명이나 네온등은 잠시 동안 그 모습을 감추었으나, 80년대 중반을 지나면서 어메니티 사회에 대한 지향이나 도시의 24시간화와 같은 움직임을 반영하여, 조명에 의한 야간 도시경관의 연출에 대해서도 관심이 높아졌다. 최근에는 라이트 업이라고 하는 투광조명수법 등으로 각지에서 도시의 야경연출이 실시되고 있다.

야경의 큰 특징은 균일하게 빛이 비춰지는 주간에 비해, 조명이라는 수단에 의해 보이는 것을 인위적으로 선택할 수 있다는 점이다. 이 점은 야간조명을 활용함으로써 주간 이상으로 도시의 랜드마크나 Edges, 축선 등의 골격을 사람들에게 식별시켜, 도시의 공간구성을 알기

사진 7.62 도시의 상징건물인 교량과 궁전을 조명하여 랜드마크로서 야경을 연출하고 있다(파리), 샹쥬교와 콩시에르쥬리)

사진 7.64 수변의 건물 조명은 아름다운 야경을 연출한다(오사카(大阪)・나카노지마(中之島) 공회당)

사진 7.63 여름에는 수은램프, 겨울에는 나트륨 램프를 써서 색이 다른 광원으로 계절감을 표현. 다만, 양호한 조망장소가 아니다(니이가타(新潟)시・만다이바시(万代橋))

쉽게 할 가능성을 시사하고 있다. 즉 도시의 개성이나 골격을 주간보다도 강조하여 연출할 수 있다. 그러나 조명효과는 배경이 되는 어둠을 만드는 방법에 의존하기 때문에, 무질서한 도시조명의 범람은 조명효과를 현저하게 방해하는 것이 된다.

도시조명에서는 조명대상, 공간구성, 배경의 어둠을 어떻게 조합시킬 것인가가 포인트가 된다. 그 때문에 도시조명에서는 각 공간의 조명 디자인이나 분위기를 만듦과 동시에 외부에서 접근하는 길이나 다른 것과의 네트워크도 포함해서 도시공간을 조명을 통해서 편집한다는 관점이 상당히 중요하다. 다시 말하면, 도시전의 조명 마스터플랜을 어떻게 만들 것인가이다.

또한 야경연출을 생각하는 경우에는 사람들의 주간활동이나 경관도 같이 배려하여 하나의 공간에 대해 주야간 양면에서 바람직한 모습을 검토하고 다자인을 모색하는 것이 필요하다.

a. 도시공간 구성요소로서 하천조명

도시공간에서 조명으로는 지금까지도 교량 등 수변의 구조물을 랜드마크로 라이트 업 하는 점적 조명이 선행적으로 실시되어왔다. 그러나 하천공간의 조명을 어떻게 도시전체의 조명 마스터플랜 속에서 정의하고, 역할을 분담시킬 것인가 하는 관점에서 하천의 야경연출을 취급하는 것이 중요 하다. 그러기 위해서는 하천변 가로에 대한 선적조명이나 수변공원에 대한 면적조명, 나아가서는 도시에서 수변으로 이어지는 도로 등에 의한 전체적인 계획이 필요하다.

b. 조명으로 본 하천공간의 특징

하천공간은 수면과 오픈스페이스라는 조명효과상 유리한 조건을 갖춘 공간이다. 또, 수면에 비치는 빛의 아름다움이나 그것을 전경으로 하여 충분한 여유를 두어 바라볼 수 있는 대상에 대한 조망이 야경을 매력적으로 만든다. 그러한 하천공간의 특징을 잘 활용하여 시점장을 선정하고, 시대상의 특징에 맞춘 조명방법을 검토하는 것이 중요하다.

(2) 도시에서 사람들의 활동과 하천공간의 조명

하천공간의 조명으로 야간에 도시에서 이루어지는 사람들의 활동이 보다 즐겁고 풍부한 것이 되도록 하기 위해 어떠한 조명계획과 조명디자인을 해야 할 것인가에 대해서는 앞으로 체계적으로 연구해야할 주제이다. 여기서는 하천공간에서 이루어지는 사람들의 활동으로서 야경을 바라보고, 산책하고, 번화감을 즐기고 풍물을 맛보는 것 등 4개 항목 각각에 대한 조명방법이나 배려사항에 대해 몇 개의 제안을 하고자 한다.

a. 야경을 바라본다   도시 속에서 야경을 바라보는 장소를 찾아내어 사람들이 안정되게 바라볼 수 있도록 정비하는 것은 야간생활의 장소를 창출하는 첫걸음으로 볼 수 있다. 특히 바라보는 대상이 그 도시의 상징물인 경우, 그 야경은 사람들이 모여 대화를 나누는 매력적인 도시의 명소가 될 것이다.

다리나 수변건조물·수목 등에 대한 조명이나 수면에 비치는 빛으로 다음과 같은 부분에 유의할 필요가 있다.

① 시대상이 되는 물체의 구조·양식·소재·스케일 등에 따라 적절한 광원을 배치한다.

② 주변에 대한 눈부심을 방지한다.

③ 전경(前景)으로서 수면에 비춰지는 빛을 디자인하고 배경의 어둠을 정비한다.

④ 수목 등으로 방해가 되는 빛을 차단하거나 보이는 범위나 방향을 한정한다.

⑤ 주간에 보여지는 등기구의 노출을 고려한다.

⑥ 계절별 광원의 변화나 계절에 따른 일루미네이션(illumination) 등으로 야경에 계절감을 부여한다.

⑦ 바라보는 장소의 조명은 간접조명 등을 사용하여 밝기를 자제하는 것이 분위기를 조성하는 데 있어 효과적이다

b. 산책한다   저녁이나 밤에 강변의 공원이나 제방의 가로수 길 등 수변을 산책하는 것은 기분 좋은 일이다. 이 때의 유의점은 산책하는 사람에게 불안감을 주지 않게 걷기 쉬운 밝기를 확보하는 것과 산책하는 데 단조로움을 없애기 위해 세심하게 조명을 디자인해야한다는 것이다.

구체적으로 다음과 같은 노력을 들 수 있다.

① 발 주변이 보이는 라이트 업 조명을 설치하고 목적지가 어느 정도 보이는 유도적인 조명을 설치한다.

사진 7.65   수변벽면에 설치된 조명기구를 통해 수면에 가까운 높이의 산책로를 쉽게 걸어갈 수 있도록 분위기를 잘 연출하고 있다
(로마·테베레 강)

사진 7.66   도시의 빌딩이나 네온으로 충분히 밝으므로 손잡이 없이 끝없이 갈 수 있다. (후쿠오카(福岡)시·섬)

② 높은 기둥형의 수은등 등에 의한 조명은 눈부심을 일으키기 쉽고 물체에 그림자를 만들어 사람에게 불안감을 주기 쉬우므로 피한다.

③ 수목이나 수면, 수변 등의 미묘한 표면마감을 활용한 조명에 노력한다.

④ 즐겁게 걸을 수 있도록 요소요소에 조각 등과 같은 조명대상을 배치한다.

⑤ 도시와의 위치관계를 알 수 있는 단서가 되기 쉬운 교량이나 제외로 내려가는 계단, 혹은 친수테라스나 선착장 등을 조명한다.

⑥ 벤치 등과 같이 사람이 잠시 쉬어 가는 장소와 광원과의 위치관계를 배려한다.

c. 변화감을 즐긴다 하천은 도시를 지구별로 구분하여 사람들이 그 지구 내에서 활동할 때의 경계가 되거나, 다리를 통해 다른 지구로 이동할 때의 결절점이 되기도 한다. 또한 선박운반에 의해 먼 곳과 이어지는 현관이 되기도 한다. 그 때문에 강변에는 사람들이 모여들어 번화감이 생긴다.

번화한 장소는 사람과 사람이 접촉하고, 서로 교류하는 공간이다. 그것을 시각적으로 말하면, 사람이 다른 사람을 보는 동시에 다른 사람에게 보이는 관계가 형성된다. 그리고 번화한 장소에서는 보고·보이는 관계에 있는 사람들이 드러내고 다른 사람들을 관찰하는 것이 아니라 서로 신경이 안 쓰이도록 하면서 사람들의 모습을 즐길 수 있도록 해야 된다. 이것을 조명으로 연출한다면 다음과 같은 부분에 유의할 필요가 있다.

① 눈부심이 일어나기 쉬운 강력한 투광조명은 피하고, 작은 광원을 다수 배치한다.

② 조명의 광원은 따뜻함을 느낄 수 있는 백열등이나 가스등 등의 이용도 고려해 본다.

d. 풍물을 맛본다 계절의 풍물 속에는 불꽃놀이, 반딧불 잡기, 등롱(燈籠) 흘려보내기,

여름날 저녁의 납량(納涼) 등 야간수변에서 이루어지는 것이 있다. 또한 제방에서의 밤 벚꽃 구경이나 보름달보기 등 수변이기 때문에 한층 정취가 깊어지는 것도 있다.

원래 이러한 것들은 불의 밝기나 자연의 밝기 속에서 행해졌던 것이었으므로 인공조명은 보조적·가설적으로 설치되는 경우가 많다. 따라서 전용조명을 디자인하기 보다는 미묘한 밝기로 장소의 분위기가 만들어지도록 「어둠」을 확보하는 것이 중요하다.

그러기 위해서는 일시적으로 주변 빌딩의 밝기나 네온을 끄게 하는 등의 협력도 필요하게 된다.

7.5 요소의 설계

(1) 다리·다릿목

다리는 다음과 같은 이유에서 도시 내의 하천에 있어서도 중요한 경관적 역할을 갖는다.

① 횡단구조물로 하천공간을 구획한다.

② 연직성(鉛直性)이 강한 디자인의 하로교(下路橋) 등은 랜드마크로서 눈에 띄기 쉽다.

③ 하천을 유축경(流軸景)으로 조망하는 장소이다.

④ 교통의 결절점으로서 수상교통과 육상교통이 만나는 장소이다.

⑤ 교량 자체가 의장 등 예술작품으로서의 가치를 갖고 있다.

따라서 다리의 형태나 색채 등 디자인의 좋고 나쁨이 주변경관의 질에 영향을 미친다. 또한 다릿목공간은 도시와 다리와 도로가 만나는 접점으로 다리의 존재감이나 각각의 개성을 연출하는 효과적인 곳이 된다. 다릿목에 광장을 설치하는 수법은 에도(江戸)시대부터 존재해, 결절광장으로서 게시판이나 벤치나 식재

등이 놓여있었다. 도쿄(東京)의 전쟁재해부흥 계획에서도 다릿목광장의 설치가 도모되었다.
 또한 다리를 개수할 때의 공간으로서도 다릿목광장은 중요한 역할을 하고 있다.

 a. 설계의 요점　다리 및 다릿목 설계에서는 그것이 설치되는 장소를 중시하고 지역의 정체성을 나타낼 수 있는 디자인적 배려를 할 것. 그리고 공원에도 아동·근린·지구·종합 공원 등 레벨에 따라 정비계획이 있는 것처럼 체계적인 정비를 도모해 가는 것이 중요하다. 이하에는 그 때의 유의점을 열거하겠다.
① 다리가 도시나 지역의 출입구 역할을 하고 있거나 중요한 도시 축을 형성하고 있는 경우에는 그것을 강조하여 상징적인 디자인

으로 한다(사진7.67)
② 다릿목이나 강변에 질 높은 의장이 실시된 건축물이 있는 경우에는 그것을 적극적으로 수용하여 가로경관과의 조화를 도모한다.
③ 다리가 갖고 있는 빼어난 조망을 활용하고 다리 위에 발코니나 다릿목 광장을 설치하는 등 시점장으로서의 정비를 추진한다(사진7.68, 7.69).
④ 강변 쪽에서도 다리경관을 여유 있게 조망할 수 있는 시점장을 정비한다(사진7.70).
⑤ 역사적·문화적 가치를 갖고 있는 것에 대해서는 적극적으로 보존을 실시하여 복원·교체할 때에도 당초의 형태·의장을 적극 답습한다.

사진 7.67　도시 출입구로서의 다리(서독일·하이델베르크)

사짐 7.68　원폭 돔이 주 대상이 되는 다리 위의 발코니(히로시마(廣島)시·아이오이바시(相生橋))

사진 7.69　사회적인 광장으로 정비된 다릿목 공간(히로시마(廣島)시·헤이와(平和)대교)

사진 7.70　교량들을 내려다보는 전망대(이탈리아·피렌체)—교량경관을 조망하는 시점장의 정비도 중요

⑥ 동일한 도로가 계속 통과하는 교량군이나 동일하천의 상류·하류에 설치되는 교량 등, 각각의 그룹에 대해서는 디자인의 통일을 도모하거나 의식적인 변화를 부여함으로써 보다 연속성을 가진다.

⑦ 도시에 광범위하게 많이 분포해 있는 좁지만 중요한 오픈스페이스인 다릿목 광장을 물과 녹음의 네트워크 거점으로서 정의한다.

⑧ 다릿목은 파출소나 화장실, 그리고 방재시설 등도 설치되는 다기능 공간이기 때문에 그러한 각 기능을 조화롭게 분담하여 배치한다.

b. 다리·다릿목·건물·도로의 일체설계

다리 및 다릿목은 지역의 경관적 결절점(강과 도로의 교차점)이다. 따라서 다리 및 다릿목과 그 상하류의 호안과는 일체적으로 설계되는 것이 바람직하다. 이러한 다리·다릿목·호안의 설계대상이 되는 구체적인 경관요소로는 다리에서는 교대, 교각, 도리, 신주, 난간, 교량 등 노면포장, 알코브 등이 있고, 다릿목에서는 그 지점의 성격에 따라 그에 수반되는 시설이 다양하지만 광장, 화장실, 벤치 등의 휴게시설, 식재대, 가로등, 횡단보도, 신호기 등이 있다.

하천에서는 베이스가 되는 호안과 더불어 강으로 내려가는 계단(경사로), 하천 내의 도로, 강변 식재대, 강변도로 등이 있다.

앞서 기술한 바와 같이 강과 도로의 교차점은 사람의 동선이 복잡하게 교차하는 장소이므로 다양한 시각에서 밀도 높게 설계해야 할 것이다. 일반적으로 강과 다리에서는 하천이 '바탕(地)'이 되고 다리가 '그림(図)'이 될 수 있는 디자인이 기본이다. 다만 다리 및 다릿목에 과도한 포장을 하거나 시설을 도입하는 것은 피하고 주변 경관과의 조화에 신경을 써야 할 것이다. 또한 다리는 야경에서도 중요하여 가로등의 위치나 조명방법에도 유의해야할 것이다. 더 나아가, 다릿목의 건축은 하천경관, 가로경관 양쪽에 있어서도 중요한 구성요소이다. 가능한 한 외관이나 오픈스페이스의 확보 등 경관적 배려를 유도해야 할 것이다. 이상의 설계사례로 그림 7.19, 7.20을 들 수 있다.

(2) 수변의 공원·녹지

수변에 설치된 공원·녹지는 도시에서는 잃어버린 물과의 대화 장소를 사람들에게 제공하여 인공적인 도시경관에 정감과 편안함을 준다.

면적인 확장감 속에서 물과 녹음을 갖는 이러한 공간은 하천경관 속에서도 핵심이 되는 존재이며 수변다움을 가장 연출하기 쉬운 장소이

사진 7.71 불필요하게 된 운하의 수면을 남겨 공원으로 사용하고 있다(도쿄(東京)·요꼬즈칸가와(横十間川) 친수공원)

사진 7.72 히로시마 강변녹지(히로시마(廣島)시·元安川)

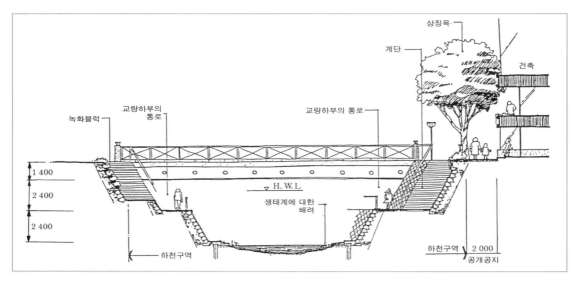

그림 7.19 공개공지 제도에 의한 천변 오픈스페이스 확보–천변에 유보도를 설치하기 위해 천변 건물의 재건축시에 공개공지를 확보하기 위한 연구. 천변에 통로가 생김으로써 사람들의 왕래가 가능하고, 1층은 상업공간으로서의 가치가 높아지고, 하천 쪽으로 건물의 정면이 배치되는 것이 기대된다.

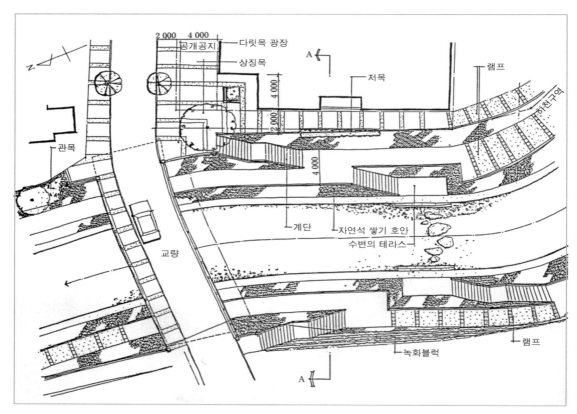

그림 7.20 하천과 다리 및 다릿목의 일체설계 사례(요코하마(横浜)시·오오카가와(大岡川), 오오쿠보바시(大久保橋))—교량의 교체에 맞추어 교량의 상하류 호안을 개수하고 강변에 산책로를 정비하여, 이곳의 계단과 다리 밑을 통과할 수 있도록 일체적으로 설계하고 있다. 다릿목에는 공개공지에 의한 쌈지공원을 만들어 내고 있다

기도 하다. 수변공원녹지에는 하천측의 것과 도시측의 것이 있다. 하천측의 것으로는 주변을 끌어들여 하천공원이나 산책로로 하거나 하천의 횡단면에 여유가 있는 곳이나 고수부지가 있는 곳을 공원으로 한 것이다. 오까야마(岡山)시의 니시가와(西川) 녹도공원이나 고토구(江東區)의 요꼬츠칸가와(横十間川), 센다이보리가와(仙台堀川), 도쿄(東京) 오토나시가와(音無川) 리버사이드(river side)·스퀘어(square) 등이 여기에 해당한다.

도시측에는 구획정리 등으로 생겨난 공원녹지를 강변에 설치하여 기능향상을 도모한 것이나, 혹은 옛날부터 명소로 되어 있는 강변에 바닷물이 들어오는 크고 유명한 정원을 공원으로 한 것을 들 수 있다. 히로시마(廣島)의 수변녹지, 우베(宇部)시의 신가와(新川)변의 녹지, 스미다가와(隅田川)의 보쿠테이(墨提)와 유적지[水戸家下屋敷跡]의 스미다(隅田)공원, 후까가와 기요즈미(深川淸澄)정원, 하마리큐(浜離宮) 등을 사례로 들 수 있다.

공원·녹지계획에서는 계획지가 갖고 있는 지역특성을 자연환경, 인문환경, 지각환경의 모든 것에 걸쳐 파악하는 것과 하천의 조건이나 계획조건을 아는 것이 필요하다. 하천계획이나 조류수위, 호안형상은 물론 하천지구의 범위 등 관련법규의 현황에 대해서도 조사해야 한다. 특히 수변지역의 디자인을 실시함에 있어서도 중요한 항목인 수위변동에 대해서는 염두에 두고 체크할 필요가 있다. 또한 계획하려고 하는 공원·녹지에 대한 사회적 요청을 파악하는 것도 중요하다.

하천주변의 공원에는 선적인 것부터 점적인 것까지 다양한 패턴이 있다. 어떠한 경우에도 하천과 공원을 일체적으로 정비한다는 기본자세가 필요하다. 지금까지 수변공간은 하천사업과 공원사업과의 틈새인 것이었기 때문에 일체적인 정비가 실시되기 어려운 상황에 있었으나, 앞으로는 양자의 협조적 정비가 필요 불가결하게 될 것이다. 하천구역과 공원구역의 중복지정 등으로 사업을 추진하고, 유지관리에 대해서는 양자간의 협정에 의해 실시해 가는 것이 바람직하다.

하천공간의 설계에 있어서는 어떻게 친수성을 높일 수 있을까, 거기서 어떻게 자연성을 활용할 것인가 하는 점에 유의할 필요가 있다. 친수성을 높이기 위해서는 제방을 완경사로 하거나 2단 구성 등으로 하여 누구든지 용이하게 물에 접하는 것이 가능한 수변공간 창출이 과제가 된다. 일부제방을 후퇴시키거나 흐름을 고수부지나 폐천(廢川)부지로 끌어들이고, 더 나아가서는 수상데크를 돌출 시키는 것도 친수성을 높이는 수단이 될 것이다. 슈퍼제방방식 등을 이용하여 제방 뒤편 경사면과 공원과의 일체화를 도모하는 것도 효과적이다.

자연성을 활용하기 위해서는 먼저 자연소재를 사용하는 방법이 있다(사진7.73). 다만 소규모 상자정원(하꼬니와)적 제작, 즉 필요이상으로 손을 대거나 준공된 때를 완성된 것으로 생각하는 것은 피하는 것이 좋다. 시간의 경과와 함께 우러나오는 그러한 디자인으로 하는 것이 좋다. 또한 인공적인 구조물에 대해서는 너무 눈에 띄지 않도록 배려하고, 놀이기구 등에 대해서도 티를 내지 않고 배치하도록 유의한다. 이하에는 최근 하천경관정비에 중점을 둔 공원계획 사례를 2개 소개한다.

a. 오토나시가와(音無川) 리버사이드(river side)·스퀘어(square)

도쿄(東京)·야마노데센(山の手線)·오우지(王子)역 부근 사쿠지가와(石神井川)의 바이패스(bypass) 건설에 의해 생겨난 구 하천부지를 대상으로 하천환경 정비사업과 공원사업을 일체적으로 실시하려고

사진 7.73 자연 소재를 활용한 수변의 공원가꾸기(오카야마(岡山)시·니시가와(西川) 녹음도로)—울타리에는 자연소재인 대나무가 사용된다

사진 7.74 물과 녹음을 연결시킨 수변도로(영국·캠브리지)

하는 것이다. 공공공간이 적은 도시 내의 중소하천에서 주변시가지와 조화된 정비를 하여 양호한 도시경관을 형성하고자 하는 리버사이드·스퀘어 정비사업의 일환으로서 실시되고 있다.

바이패스의 건설로 계획유량이 줄어든 큰 강의 하도를 좁게 하여 평상시에는 수변공원으로 이용한다. 흐름은 세 개의 계통이 있다. 하나는 중심이 되는 실개천으로 사쿠지가와(石神井川)의 물을 정화하고 멸균시켜 흘려보내고 있어 어린이들의 물놀이에도 사용된다. 두 번째는 하천의 물을 정화시켜 흐르게 하고 실개천의 곁을 흐르는 어도(魚道)로서 정비한 것이다. 세 번째는 실개천의 지하에 관을 묻어 만든 수로에 주변에서 발생하는 빗물이나 오수를 처리하게 하는 것이다. 호안은 천연석 돌쌓기로 하고, 관리용 통로를 산책로로 정비하고 있다. 또한 이 지역이 옛날부터 벚꽃이나 단풍나무의 명소였다는 점에서 적극적으로 녹화를 실시하여 녹음이 풍부한 경관창출을 목표로 하고 있다. 더욱이 두 개의 하천에 걸쳐 있는 오토나시바시(音無橋)도 보수에 따른 수경계획이 추진되고 있어 종합적인 경관미의 창출이 도모되고 있다.

b. 아라가와(荒川) 유원지   예전에 스미다

가와(隅田川)와 일체가 된 수경(水景)으로 「죠후쿠(城北)의 정원」이라고 불리던 아라가와(荒川) 유원지의 재정비계획이 실시되고 있다. 슈퍼제방축조에 맞춰 전면적인 개조를 실시함으로써 스미다가와의 매력을 수용한 친수성이 풍부한 환경의 창조를 목표로 하고 있다.

먼저 유원지 주변의 제방에 스미다가와 강변을 따라 에프론이 설치되어 수변의 산책으로 공용된다. 장래에는 이것이 스미다가와 주변의 긴 구간으로 연장된다. 울타리는 가능한 한 낮게 하고 있다. 제방에는 잔디의 대사면으로 형성된 「녹색 제방」, 중간부분에 광장을 설치한 「테라스 제방」, 제방을 크게 하여 광장을 만들어 내고 경사면에 관객석을 설치한 「야외무대 제방」의 3종류가 있고, 그 상단에는 벚나무 가로수와 산책로가 정비된다. 그리고 제방에는 가로등 외에 발밑조명(footlights)을 설치하여 야간연출에도 노력하고 있다.

(3) 선착장·소광장

예전 수상교통이 번성했던 때 선착장은 바야흐로 교통의 거점이며 사람이나 물건으로 번잡한 장소였다. 선박운반의 쇠퇴에 따라 그 모습은 점차 쇠약해져 하구의 항구나 유명한 관광

사진 7.75 오사카성 공원의 선착장(오사카(大阪))

사진 7.76 산·마르코 광장 앞의 선착장(이탈리아·베네치아)

사진 7.77 의장이 실시된 선착장(도쿄(東京)·고토구(江東區))—포장면이나 난간 등에 세심한 디자인이 실시되어 광장적인 공간이 되고 있다

사진 7.78 도시하천의 2단식 제방(이탈리아·로마)

지 하천에서나 볼 수 있을 정도가 되어버렸다.

그러나 최근 수상교통을 재고하려는 기운이 높아져 왕복하는 배나 유람선 등이 증가하고 있다. 또 요트나 모터보트와 같이 레저용 선박이 급격하게 증가하고 있어, 마리나 건설에 대한 수요도 높아지고 있다. 따라서 앞으로 선착장 등 수면이용의 거점시설 정비에 있어서도 경관적인 시점에서의 배려가 필요하다.

쉽게 수변에 가까이 갈 수 있는 완경사호안이나 계단호안의 설치가 바람직하지만, 용지확보가 어렵다면 2단식호안의 도입도 검토해 볼 만하다.

다음은 선착장 본체인데 이것은 그 설치장소가 수위조절이 가능한 수로나 운하인가, 그렇지 않으면 수위 차가 큰 간만의 영향을 받는 하천인가에 따라 기본적인 구조가 달라진다.

수위변동이 적다면 고정식 구조물로 하는 것도 가능하고, 그 상부의 의장을 상당히 자유롭게 실시할 수 있다. 기대감을 갖게 하는 진입로, 쾌적하며 미끄럽지 않은 포장, 수변과 어울리는 울타리 등 세심한 디자인상의 배려가 요구된다. 또한 다릿목 광장이나 제내지의 공원과 일체적으로 정비하는 등 선착장이 갖는 번잡함을 연출해 가는 것을 생각할 수 있다.

수위변동이 큰 경우에는 계단 혹은 평탄구조가 되는데, 제내지와의 기능분담을 도모하여, 선착장 본체에 대해서는 간결한 디자인으로 하는 것도 생각해볼 수 있다. 그래도 바닥면의 소재나 마감, 손잡이나 볼라드(bollard)의 디자인, 색채 등에 노력을 해야 하는 부분이 상당히 있다. 또 교통터미널로서 지역을 대표하는 얼굴이라는 중요한 역할을 담당하고 있다는 관점에서 지역에 근거를 둔 개성적인 디자인을 실시하는 것도 바람직하다.

어느 것이나 하천의 통수단면을 저해하지 않도록 노력할 필요가 있다.

사진 7.79　파라펫벽 주변에 설치된 선착장(요코하마(横浜)시・오오카가와(大岡川))—파라펫을 넘어 선착장으로 내려간다

사진 7.80　선착장(히로시마(廣島)시・오타가와(太田川))

사진 7.81　강변에 설치된 테라스(오사카(大阪)시)—시청사의 건축에 맞추어 정비된 테라스는 시민의 휴게장소가 되고, 또 그 녹화가 건물의 표정을 부드럽게 해주고 있다

사진 7.82　히로시마(廣島)시・모토야수가와(元安川) 원폭 돔 앞의 전망대

8장

하천경관의 정비와 하천관리

8.1 하천의 정비사업

(1) 치수사업의 역사

a. 하천과 사방(砂防)

메이지(明治)유신 후, 메이지 원년(1868년)에 신정부에서는 일찍부터 「치하사(治河使)」가 설치되었다는 기록이 있어 하천행정의 시작은 근대국가의 발생과 그 때를 같이하고 있다.

국가에 의한 하천정비는 메이지 중기 무렵까지 하천의 선박운행을 좋게 하기 위한 하도의 교정이나 준설(浚渫) 등과 같은 이른바 「저수(低水)공사」였으나, 빈번한 홍수에 대응하여 1896년 「하천법」이 제정되고, 이후 홍수방어를 주목적으로 하는 「고수(高水)공사」로 중점이 옮겨갔다. 더불어 다이쇼(大正)시대를 거치면서 하천에서 선박운행이 격감하였다.

그리고 산지에서의 토사유출을 제어하고, 홍수를 간접적으로 막아주는 이른바 치수 사방사업(治水砂防事業)의 기본법에 해당하는 「사방법(砂防法)」도 하천법을 제정한 익년 1897년에 제정되었다. 시가지의 하수도정비 추진을 도모하는 「하수도법(下水道法)」이 1900년에 제정되었는데, 당시에는 도시배수에 대한 위생대책이 주안점이었다.

b. 댐 사업

농업관개를 목적으로 한 저수지와 토사댐의 역사는 오래되었지만, 수력발전이나 상수도·공업용수의 수원확보를 목적으로 하는 근대적인 콘크리트 댐의 건설은 1930년대에 들어서면서 성행하게 되었다.

전쟁의 격화에 따른 자원부족도 있어 제2차 세계대전 및 전쟁 중에는 댐의 건설이 일부 예외를 제외하고는 중지되었다가, 다목적 댐의 축조를 축으로 하천유역의 종합적인 개발을 도모하는 「하천종합개발사업(河川綜合開發事業)」의 구상이 미국 테네시강의 TVA성공에 자극을 받아 전쟁 후의 황폐화된 일본국토의 재건에 유력한 희망으로서 기대를 모아 각지에서 추진되게 되었다.

다목적 댐은 홍수조절, 발전, 농업이나 도시용수의 확보 등을 종합적으로 도모하는 댐으로 댐 이용 각각의 목적에 따른 댐 건설비의 비용부담방법을 명확히 함과 동시에, 「댐 사용권」의 개념을 도입한 「특정다목적댐법」이 1957년에 제정되면서 다목적 댐의 건설은 더욱 성행하게 되어 현재까지 약 250개의 다목적 댐이 완성되었다.

옛날부터 사용되었던 농업용 토사댐을 포함하면, 높이 15m 이상인 것만 하더라도 현재 일본에는 대략 2,500개의 댐이 있다고 예상된다.

c. 치수사업계획

제2차대전 후 1940년 중반 및 1950년대 초에 걸쳐, 카스린 태풍에 의한 도네가와(利根川)의 대홍수를 비롯하여 전국 각지에서 수해가 발생했기 때문에 수해방지대책을 강력하게 추진하기 위해 1960년에 「치산치수긴급조치법(治山治水緊急措置法)」이 제정되고, 이후 치수사업 5개년계획을 책정하여 계획적으로 정비가 실시되어 오늘날에 이르고 있다. 현재 1988년 시점에서는 제7차 5개년계획의 제2년도 사업이 진행되고 있다.

한편 「치수(治水)」는 원래 「이수(利水)」나 하천유역의 토지이용을 포함한 종합적인 개념이었으나, 이러한 치수사업의 역사 속에

표 8.1 제7차 치수사업 5개년계획

치 수 사 업	80,000억엔
① 안전하고 활력 있는 국토기반의 형성	74,600억엔
② 사회경제의 발전을 위한 수자원개발	16,700억엔
③ 정감과 만남이 있는 수변환경의 형성	5,400억엔
재해 관련사업 지방단독사업	21,400억엔
조 정 비 용	23,600억엔
총 계	125,000억엔

(주) 계획연도는 1989년도~1994년도.
　　②의 수치는 ① 및 ③과 중복되는 부분이 있음.

홍수대책에 중점이 놓이게 되면서 「치수」라는 단어가 종합적인 하천정비를 뜻하게 되었으며, 물이용(水利用)의 개념인 「이수(利水)」에 비해 상대적으로 홍수방어대책을 의미하는 측면에서 많이 사용되게 되었다. 최근에는 이른바 제3의 기능으로 「환경」을 덧붙여 「치수·이수·환경」이라는 명칭도 나오고 있다.

(2) 치수사업의 내용

여기서는 이와 같이 각각의 역사와 전통이 있는 하천에 관한 각종 사업의 구체적 내용에 대해 개략적으로 설명해보기로 하겠다.

a. 치수사업　　먼저, 치수사업은 하천, 댐, 사방(砂防)의 3대사업으로 분류된다. 각 사업은 국가가 직접 인원이나 예산을 확보하여 실시하는 「직할사업(直轄事業)」, 지방자치의 장이 실시하는 사업에 국가가 사업비의 보조를 실시하는 「보조사업(補助事業)」, 그리고 지방도시가 독자적으로 실시하는 「지방단독사업(地方單獨事業)」의 세 가지로 분류된다. 그리고 그러한 사업은 조사, 개수·정비·건설, 유지 수선의 메뉴에 따라 크게 나누어진다.

「하천법」에는 하천관리(좁은 의미에서의 관리뿐만 아니라, 개수공사 등의 행위도 포함)는 국가 혹은 국가의 기관으로서의 도도부현(都道府縣)지사가 실시하게 되어 있고, 원칙적으로 국가는 1급 하천, 도도부현(都道府縣)지사는 2급 하천을 관리하도록 되어 있으며, 그에 따른 관리비용도 1급 하천은 국가, 2급 하천은 도도부현(都道府縣)이 부담하는 것이 원칙이다. 그러나 실제로는 각종 예외규정이나 예산보조제도의 운영에 의해 지사가 관리하는 1급 하천도 상당히 많으며, 국가 직할관리하천의 관리비용의 일정 비율을 도도부현(都道府縣)이 부담하고 있으며, 더 나아가 국가가 2급 하천의 관리비용의 일부를 법적으로 부담하고, 혹은 예산을 보조하거나 하고 있어 상당히 복잡한 내용으로 되어 있다.

b. 하천개수사업　　하천경관이라는 측면에서 중요성이 높은 하천개수사업에서는 제방의 축조, 저수로의 굴삭(堀削)·준설(浚渫) 및 저수(低水)호안의 설치, 다리의 교체, 수문이나 둑의 건설 등, 하천의 형태와 모습을 규정하게 되는 기본적인 공사가 실시된다.

c. 하천유지수선사업　　하천유지수선사업에서는 현존하는 하천관리시설을 적정한 상태로 유지하기 위한 개선이나 도색, 제방의 벌초 등 크게 드러나지 않는 잡다한 작업이 실시된다.
일반적으로 유지수선사업은 개수사업에 비해 효과가 부각되지 않고, 특히 고정되기 쉽기 때문에 행정당국의 평판도 나쁜 관계로 지방공공단체에 대한 국고보조도 대체로 빈약하다.

d. 하천환경정비사업　　하천의 경관정비에 관계 깊은 사업으로는 「하천환경정비사업」이 있다. 이 사업은 「하천정화」, 「하도정비」, 「하천이용추진」의 세 개로 나눌 수 있다. 「하천정화」에서는 오염이 진행된 하천의 수질개선을 도모하기 위해 다른 수계로부터 정화용수를 도입하거나, 역간정화 등의 수법에 의해 오염된 하천수의 직접적인 정화를 실시한다. 「하도정비」에서는, 저수(低水)호안으로서 친수성이 풍부한 친수호안이나 자연생태보전에 기여하는 어소블럭이나 반딧불호안을 설치하여 고수부지의 정비를 실시하여 공원이나 운동장으로의 이용을 도모하기도 한다. 또, 「하천이용추진」에서는 마리나의 정비 등을 실시한다.

e. 사방(砂防)환경정비사업　　사방(砂防)사업에 대해서도, 개수나 정비를 실시하는 사업 외에 사방(砂防)환경정비사업이 마련되어 있어 치수사업으로서 사방(砂防)공사를 실시할 뿐만 아니라 사방(砂防)시설주변의 환경정비를 추진

하고 있다.

f. 댐주변 환경정비사업　최근 일본의 거의 모든 댐 건설은 다목적 댐으로 계획되고, 댐의 저수용량에 홍수조절용량이 확보되어 있다. 홍수기(일반적으로 6~9월)에는 홍수조절을 위해 댐수위를 큰 폭으로 낮추어두지 않으면 안 된다. 그 때문에 댐 호수에 면해서는 식재되지 않은 채 노출된 산허리 경사면이 노출되어 환경적으로도 평판이 나쁘다.

「댐주변환경정비사업」은 댐의 설치에 따른 환경상의 악영향을 개선함과 동시에 주위의 삼림을 수면에 비추는 댐 호수처럼 새롭게 생겨나는 바람직한 환경을 증진시키고, 아울러 레크리에이션 장으로도 이용될 수 있도록, 호안의 붕괴방지, 식재, 유보로, 전망광장의 정비 등을 실시하는 것이다.

(3) 수변경관의 정비에 기여하는 사업

여기서는 이미 기술한 바와 같이 각종 치수사업 중에서 특히 하천이나 수변의 환경이나 경관에 깊은 관계가 있는 시범적인 사업을 몇 개 소개하겠다.

a. 특정고규격제방정비사업　고규격 제방은 일반적으로 「슈퍼제방」으로 칭하기도 하는데, 종래의 전통적인 하천제방과 비교할 때 이 제방은 폭이 현저하게 큰 제방으로, 제방 위의 토지이용이 도모될 수 있다. 목적은 치수상의 관점에서 볼 때 제방배후 토지(제내지)의 지반고가 현저하게 낮아지고 그 결과 제방이 상대적으로 높아지는 경우 만일 제방이 파괴되었을 때 심각한 피해가 우려된다는 것을 고려해 봄으로써 예를 들어 치수계획 이상의 대홍수가 엄습했을 때 어느 정도 물이 넘치더라도 제방의 파괴만은 막아보려는 취지가 있다.

따라서 범람지구에서는 인구나 자산의 축적이

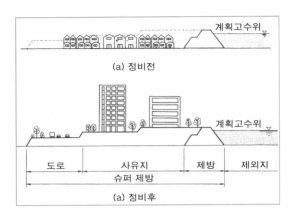

그림 8.1　슈퍼제방

그림 8.2　슈퍼제방의 이미지

그림 8.3　벚나무 식재 모델사업

큰 매우 중요한 하천이 당면 대상이 되는데, 도네가와(利根川), 아라가와(荒川), 요도가와(淀川) 등의 7개 하천에 대해 실시할 예정으로, 현재 구체적인 계획이 검토되고 있다.

（ⅰ）제방의 크기와 이점

슈퍼제방의 폭은 제방 높이의 30배 정도로 구상되고 있다. 도네가와(利根川), 아라가와(荒

그림 8.4 고향의 하천

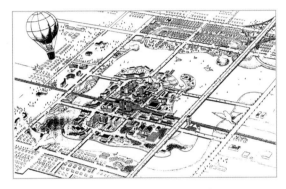

그림 8.5 레이크타운 구상

川), 요도가와(淀川) 등의 중·하류지역은 제방 높이가 7~10m에 이르는 곳이 많아 슈퍼제방의 폭은 200~300m가 예상된다.

수변의 어메니티나 제내지의 토지이용 관점에서, 제방의 높이에 맞추어 배후용지의 이용을 도모함으로써 하천을 조망하고 또한 이것을 시가지 경관의 일부에 포함시킨 정비를 가능하게 한다는 것에 이점이 있다. 그 때문에 슈퍼제방의 용지를 하천용지로서 취득하지 않고 민간소유인 채로 성토를 실시하여 그 위의 토지이용은 지역의 특징이나 장래의 계획정책에 따라 바람직한 용도로 이용할 수 있다. 물론 도로나 공원 등 하천과 다른 공공시설로 이용하는 데 지장을 주어서는 안 된다.

(ii) 문제점

농촌지역이든 도시지역이든 이미 토지이용의

고도화가 진행된 상태에서 이러한 대규모적인 토지의 형상개혁을 실시하는 데는 행정의 노력과 주민의 이해 및 협력이 요구된다. 또 사업의 원만한 진전에 기여하는 토지이용, 세금, 보상, 자금 등에 관한 제도가 뒷받침되어야 한다.

b. 벚나무 식재 모델사업　　제방에 교목 특히 벚나무를 심는 것이 이전부터 장려되어왔으나, 바람에 약한 교목을 하천제방 본체에 심는 것은 치수 대책상 문제가 있어 하천의 관리자는 소극적이었다. 「벚나무 식재 모델사업」은 제방의 배후에 그 지방공공단체 등이 제방의 확장용지를 준비하는 경우, 하천사업에서 성토를 하여 제체의 강화를 도모한 후에 제방 위의 식수를 인정하는 것이다.

용지의 확보, 식수, 식수 후의 수목의 관리는 그 지방공공단체가, 제방본체의 확장사업은 하천사업으로 분담하여 실시된다.

c. 고향의 하천 모델사업　　「고향의 하천 모델사업」은 도도부현(都道府縣)이 관리하는 하천으로 개수공사를 실시함에 있어, 주변의 경관이나 시가지 정비 등과 조화된 하천사업을 추진하고 그를 통해 어메니티가 풍부한 양호한 수변공간을 그 지역의 상징적인 구역으로서 정비하려고 하는 것이다.

하천개수는 원칙적으로 하천관리자(국가 혹은 도도부현(都道府縣)지사)가 실시하는 것이므로 공원, 도로 등의 공공사업이나 건물의 건축 등과 같이 지역주민의 역할이 큰 작업과 조정하면서 실시하는 「고향의 하천 모델사업」에서는 지역과 지방, 나아가서는 지방주민과의 협력이 불가결하다. 이러한 의미에서 본 사업의 정비계획을 책정할 때에는 학식경험자, 건설성, 각 도도부현(都道府縣), 지역의 대표자, 관계 지방주민 등으로 구성되는 「정비계획검토위원회」를 설치하여 다양한 의견을 구하고, 관계자가 각각의 역할에 따라 사업에 참가하여 전체적으로 그 지역에 적합한 종합적인 프로젝트로 정리한다. 이것은 하천정비를 도시 가꾸기와 일체적으로 추진하여 아름다운 수변을 재생하려는 시도로, 1988년까지 74개 하천이 모델하천으로 지정되었다.

d. 레이크타운(LakeTown) 정비사업　관동평야의 남부 도네가와(利根川), 아라가와(荒川) 등의 범람원은 도쿄(東京) 도심 가까이 위치하면서 저습지로 형성되어 있으며, 논이 펼쳐져 있다. 수도권의 주택난 해소를 위해서는 이러한 저지대의 개발이 필요하지만 침수를 받기 쉬운 토지여서 계획적인 도시정비는 곤란했다.

이 사업은 홍수의 유수지(遊水池)를 주택지 주변에 대규모로 배치하고, 동시에 유수지에 평상시에도 물을 가두어, 주택지의 어메니티 향상, 수상레져의 장소 등으로 이용할 목적을 갖고 있다. 샌프란시스코의 포스터시티(Foster City), 호주의 골드코스트(Gold Coast) 등의 워터프론트 주택의 일본식 형태로 생각된다. 습도가 높은 일본에서 녹음이 풍부하고 물과 공존하는 시가지가 성립할지 어떨지에 관한 시금석이 될 것이다.

8.2　하천관리와 환경문제

(1) 하천환경이란

최근, 하천환경에 대한 관심이 민간인은 물론 하천관리자 등 행정 측에서도 높아지고 있다. 「하천환경」이라는 단어로부터 무엇이 연상될까 하는 것은 사람에 따라 상당히 다르다. 희귀한 동물이나 야생조류가 생식하는 천연 습지와 같은 공간을 기대하는 사람이 있는가 하면, 손이 구석구석까지 미친 화단이나 녹색 잔디를 기대하는 사람도 있다. 또, 어린이가 진흙을 묻혀 뛰어 놀 수 있는 「흙」으로 된 운동장을

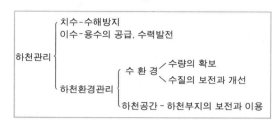

표 8.2

바라는 부모들도 있을 것이다.

그러나 공통된 점은 현재의 하천이 1950년대 중반에 시작된 고도경제성장기 이래, 유래는 접어두고라도 콘크리트나 철판으로 둘러싸여 단순한 홍수 통로나 도시하수의 배수로로 되어버린 것에 대한 의문이나 그것과 대조적으로 연상되어 나오는 어린 시절 「물과 녹음과 흙」의 기억일 것이다.

하천이라는 자연적인 존재에 대한 환경론을 학문이나 이론으로 기술하면, 다양한 개념이나 응용이 생각되는데, 건설성을 비롯한 하천관리자는 현실 행정의 틀, 제도, 대응의 가능성 등을 고려하여 다음과 같이 정리하고 있다.

(2) 수(水) 환경

하천을 구성하는 2대 요소는 하천의 유수와 하천이 존재하는 부지(제방, 고수부지, 저수로)이다.

하천에 유수가 있어야만 비로소 어류를 비롯한 생물이 번성하고, 물의 이용이나 선박운항이 가능하게 된다. 유수의 특성은 그 수량과 수질에 의해 좌우된다.

a. 수질오염　수질로 말하자면 1950년대 산업의 발전이나 도시의 인구증가에 비해 당시 아직 하수도가 보급되어 있지 않았던 것도 있고 해서 하천, 호수·늪, 해안·항만의 오염이 현저하게 진행되었다. 1958년 혼슈제지 에도가와공장의 배수로 어업피해를 받은 어민이 공장에 난입한 사건을 계기로 수질오염방지에 대한

행정의 조직적 대응이 시작되고, 「수질보전
법」, 「공장배수규제법」이 제정되었으나, 하
천관리의 관점에서 본다면 배수규제문제에 대
해서는 하천의 종합적 관리체계와는 별개의 체
계가 형성되게 되어, 물행정에 일관성이 없어
진 결과를 초래했다.

b. 수질오염방지대책　1970년의 이른바
「공해국회」에서 수질오염방지의 강화가 도모
되고, 앞서 기술한 2개의 법률은 「수질오염방
지법」으로 확대, 발전하였다. 또한 이와 함께
수질오염의 개선에 효과가 있는 시책으로 하수
도정비 추진을 도모하여 1971년에는 「하수도
법」이 개정되고 「유역별 하수도정비종합계
획」의 개념이 제도화되었다.

　이렇게 수질오염방지는 지난 30년간 조금씩이
기는 하지만 강화되었다. 1980년대 중반에는
수질지표 BOD(또는 COD)에 의한 환경기준
달성율은 일본 전국 3,061 수역(하천 2,360, 호
수·늪 115, 해역 586)에 가운데 69.9%로, 여전
히 30%의 수역에 대해서는 환경기준이 달성되
고 있지 않다. 최근의 경향을 보면 도쿄(東京)
의 교외도시에서와 같이 인구증가에 따른 하수
도정비가 미처 이루어지지 않아 가스미가우라
(霞ヶ浦) 등의 호수·내해, 해안·항만과 같이
폐쇄성 수역에 대한 수질개선이 진행되지 않고
있다는 문제가 있어 1960년대 중반의 상당한
오염상황은 대폭 개선되었다고 할 수 있지만
전체적으로 낙관은 할 수 없다.

　사람들이 1960년대 중반부터 하천에 대한 관
심을 급속히 잃어버린 이유 중의 하나도 이러
한 수질오염의 진행에 있었다. 하천의 환경이
나 경관문제에서 가장 기본적인 조건은 양호한
수질에 있다.

c. 수량확보　수량은 수질과 같이 하천을
특징짓는 중요한 요소이다. 그렇지만 일본은
지형이 급준하고 강우의 특성으로 하천에 큰

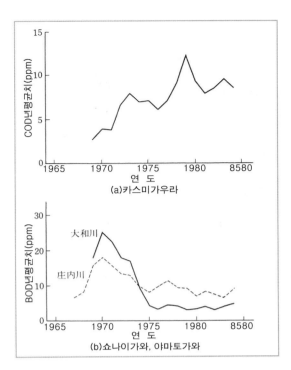

그림 8.6　수질오염의 연간 변화

홍수가 발생하고, 그 대신 평상시의 유량은 적
은 특징을 갖고 있는데, 물 이용의 증가로 인
해 상수·농업용수 등 각종 용수를 하천에서
취수하는 양이 증가하여 하천유량을 더욱 메마
르게 하고 있다.

　또 도시지역에서는 건축면적의 증가나 지표면
의 포장면적 증가에 의해 지하로 침투되는 우
수는 감소하고, 나아가서는 하천에 대한 지하
수 유출의 감소로 이어져, 지하수 취수에 의한
지하수면의 저하가 발생하고, 더불어 하천의
평상시 유량이 현저하게 감소하고 있다. 더욱
이, 하수도의 보급으로 일상 도시배수가 지하
의 하수관을 통해 유입되어 하수처리장으로 직
행하기 때문에, 측구, 배수로, 하천 등을 경유
하는 유수가 고갈되어버렸다. 산지에 수원지를
갖지 않고 시가지만을 자기유역으로 하는 하천
에서는 평상시에 거의 유수가 보이지 않는 경
우가 자주 발견되게 되었다.

d. 하천유지유량[1]　　하천유지유량이라는

사진 8.1 물이 갇혀버린 도시하천(도쿄(東京)・메구로가와(目黑川))

개념이 있다. 어류 등 생물의 생식, 오수의 희석, 선박운행, 운반 되어온 토사를 흘려보내 저수로를 유지하는 것, 하구에서의 해수침입을 방지하는 것 등 여러 가지 목적의 물 이용을 위해 용수가 갖추어야 할 수리유량을 포함하여 확보해야할 하천유량을 뜻하고 있다. 그렇지만 매년 일어나는 갈수소동으로 도시주민의 생활용수나 농업용수의 확보에 조금의 여유도 없는 현 상황에서는, 수리(水利)유량 외의 목적에 사용되는 유량을 확보하는 것은 용이하지 않다.

하물며 경관이나 미관의 관점에서 구체적인 근거가 있는 물의 이용을 절약하면서까지 하천에 물을 흘려보내는 것은 현 상황에서 기대하기 어렵지만, 최근 발전 댐의 직하류로 고정되어버린 하천에 유수를 회복하는 등의 움직임도 보인다.

(3) 하천공간

하천관리의 입장에서 말하는 하천부지는 유제하천에서는 일반적으로 제방, 고수부지, 저수로의 3부분으로 나누어진다. 홍수시 이외에는 물이 흐르지 않고 육지의 형상을 하고 있는 고수부지는 큰 하천에 넓게 확보되어 있어 토지가

*1) 하천법에 의한 「공사실시기본계획」에는 「유수의 정상적인 기능을 유지하기 위해 필요한 유량」으로 되어있다.

부족한 시가지에서는 다양한 이용이 이루어지고 있다.

「하천공간」은 이러한 하천부지와 그 위의 공간을 합친 오픈스페이스를 가리키는 단어로서 최근 사용되게 되었다. 과밀에 허덕이는 도시지역에서의 이용가능성의 관점에서 하천공간에 거는 기대가 크며, 또 한편으로 도시, 농촌을 불문하고 자연의 모습을 간직하고 있는 토지가 급격히 감소하고 있는 가운데 자연의 단편이라고 할 수 있는 여러 모습들이 남아있는 곳도 많고, 자연의 보호・보전에 대한 주민이나 자연보호단체에서의 요망도 강하다.

도시하천에서는 고속도로나 자동차전용도로가 하천이나 천변을 따라 심하게는 하천 그 자체의 상공에까지 설치되는 경우도 많다. 뉴욕, 워싱턴, 보스턴, 파리, 브리스벤 등의 아름다운 도시에서도 고속도로나 자동차도로가 하천 변혹은 강에 건설되어 있고, 일본에서도 도쿄(東京), 오사카(大阪), 요코하마(橫浜)에서 그러한 사례를 볼 수 있다.

하천을 하천으로 남기면서 양호한 경관으로 정비하려는 사고보다 과밀한 시가지 속이 아닌 오히려 하천에 고속도로를 설치해야 한다는 사고가 뿌리 깊은데, 때로는 완고한 하천관리행정이 그나마 방호벽이 되어 하천에 그 이상의 환경악화를 막아주는 측면도 있다.

최근, 일본뿐만 아니라 파리, 뉴욕, 샌프란시스코 등에서도 수변 자동차전용도로에 대한 반성의 목소리가 들려오고 있다.

(4) 하천환경관리

앞서 기술한 바와 같이 하천을 구성하는 2대 요소인 유수 및 하천의 토지, 모두 한정된 귀중한 자원으로 그 적절한 보전과 관리가 중요하다는 것은 당연한 것이지만, 한편으로 물 수

요의 증대, 도시의 과밀화 등의 원인으로 인해 하천에 대한 주민의 요구나 행정의 필요가 다종다양하게 되었고 하천환경의 관리할 때 치수나 이수(利水)의 관점에서 하천관리의 일부만으로 거기에 대응하기에는 문제가 복잡하게 되었다.

그 때문에, 1981년 일본 건설성은 하천심의회에서 「하천환경관리의 모습」에 대해 다채로운 제언을 포함한 답신을 받아, 이후, 이 답신의 내용을 구체화하거나 그 안을 실현하는 쪽으로 하천행정을 전개하고 있다.

a. 하천심의회 답신 「하천환경관리의 모습」

답신 내용의 요점은 다음과 같다.

(i) 하천환경관리의 이념

하천관리의 목적은 하천을 「종합적으로 관리」함으로써 「공공의 안전을 유지」하고, 「공공의 복지를 증진」시키는 데 있다.

하천관리에는 치수, 이수(利水), 하천환경의 세 가지 측면이 있다. 하천환경이란 물과 공간의 종합체인 하천이 존재 그 자체가 인간의 일상생활에 혜택을 주고, 그 생활환경의 형성에 깊게 관계하고 있는 것을 말한다.

하천환경은 그 관리가 치수 및 이수(利水)관리와 불가분의 관계에 있으며 이러한 것들이 종합적으로 실시되어야 한다는 점에서 하천관리자가 일원적으로 관리해야한다. 더욱이, 장기적이며 광역적 시야에서 하천의 유역과의 관계 특성에 입각해서 관리되어야 한다.

(ii) 하천환경관리에 관한 기본방침 확립

① 하천환경관리의 기본방침

② 하천환경관리의 기본계획

「수환경 관리계획」과 「하천공간 관리계획」으로 구성되는 「하천환경 관리기본계획」을 책정해야한다.

(iii) 하천환경관리에 관한 시책의 추진

하천부지점용의 허가준칙이나 하천부지 등에 있어 식수기준의 재검토에 대한 제언이 실시되어 있는 것 외에 하천부지의 점용자, 허가공작물에 대한 지도감독의 강화, 하천환경의 정비비용의 확보 등이 강구되고 있다.

b. 하천환경관리의 현황

이러한 답신에 의거하여 1983년에는 「수변등의식수기준(안)」이 정리되어 현재까지 하천부지의 식수에 관한 단 하나의 판단기준으로 운용되고 있다. 또한 하천환경관리기본계획은 그 내용의 절반에 상당하는 하천공간관리계획이 다마가와(多摩川), 오타가와(太田川)를 비롯한 일본 전국의 주요하천에서 책정되어 있으나, 수환경관리계획은 관행수리권(慣行水利權)을 비롯한 수리권과의 조정, 하천환경용수 개념의 미성숙과 같이 곤란한 문제가 남아 있어 지금까지 책정단계에는 이르지 못하고 있다.

8.3 리버프론트의 정비

(1) 워터프론트란

「워터프론트(waterfront)」라는 단어는 바다, 호수·늪, 하천, 운하 등의 수역과 그것에 면한 육지의 경계영역을 가리키는 것이 일반적인 사용법이다. 바다에 한정한다면, 같은 단어로 「연안지역(coastal zone)」이라는 것이 있으나, 이것이 해양과 육지가 만나는 지역을 지형학, 해양학, 생태학 등의 자연과학적 입장에서 취급했을 때 사용되는 단어인데 비해, 워터프론트라고 하면 항만, 도시 등 인간의 활동을 바탕으로 하여 받아들일 때 사용되고 있다.

워터프론트의 개발·정비는 당초 미국을 중심으로 하는 항만도시의 재개발에 자극을 받아 일본에도 전해진 것으로 그 후 워터프론트라고 하면 대도시의 항만지역을 도시정비의 입장에서 논할 때 사용되는 경우가 많았다. 그러나 도시하천이나 항만 등 도시의 수변에 대한 시민의 관심이 높아짐에 따라 지금은 워터프론트가 대도시의 항만지역뿐만 아니라 중소도시의 해안, 해안이 들어온 부분, 호수·늪, 하천, 운하 등이 존재하는 지역에 대해 사용되어 우리말의 「수변공간」과 「물가공간」는 거의 같은 동의어가 되고 있다.

특별히 하천에 대해서는「리버프론트」, 호수·늪에 대해서는「레이크프론트」로도 사용된다[1].

(2) 리버프론트의 정비

여기서는 하천의 수변공간정비 즉 리버프론트의 정비에 대해 기술하겠다.

a. 도시 가꾸기와 도시하천　　일본의 근대치수사업은 120년의 역사를 갖고 있으나, 그 노력의 대부분은 도네가와(利根川), 요도가와(淀川) 등 대평야를 관통하는 국토보전상 중요 하천의 개수에 힘을 쏟은 결과, 중소하천의 정비는 상당히 늦어진 결과가 되었다.

더욱이 도시를 흐르는 하천, 이른바 도시하천에서는 시가지의 확대와 과밀화 움직임이 선행되었기 때문에 후발 도시하천개수사업은 하천확보용지의 취득도 불가능해져, 철근 콘크리트의 파라펫이나 호안, 나아가서는 이른바 「3면콘크리트」의 하도와 같이 홍수배수기능만을 가진 무기적인 모습의 하천이 되지 않을 수 없었다. 수질오염의 진행이나 하수도 등 배수시설의 보급에 따른 하천유수의 고갈이 하천의 수환경을 바꿔 하천의 모습, 기능 모두 다 하천다움을 잃어갔으며 시민의 관심도 잃어버리는 결과가 되었다.

그 때문에 도시지역에서 하천을 치수하는 단독 사업만으로 정비한다는 것에는 한계가 있으며, 도시 가꾸기 즉 시가지의 재개발이나 지역정비와 일체적으로 추진하고, 거기서 환경적으

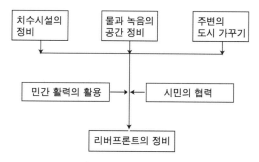

표 8.7 리버프론트 정비의 기본사고

로도 경관적으로도 보다 빼어나고 좋은 수변환경의 창조 혹은 회복을 도모해야 한다는 생각이 확산되었다.

이와 같이 하천을 축으로 한 치수시설의 정비와 녹지가 풍부한 어메니티 공간의 정비를 하천주변의 시가지정비, 도시 가꾸기와 일체적으로 실시하려는 시책이 리버프론트의 정비이다.

이것을 추진할 때에는 공적기관이 실시하는 사업뿐만 아니라 민간 측의 수변공간정비에 대한 응원과 협력, 그리고 하천주변 토지건물의 소유기업 등에 의한 민간 활력의 도입이 필요하다.

b. 마이 타운·마이 리버 정비사업　　이러한 생각을 구체화하는 사업제도로서 「마이 타운·마이 리버 정비사업」이 있다. 이것은 시가지하천에서 도시를 대표하는 하천에 적합한 수변공간을 정비하기 위해, 하천개수사업과 하천변 시가지의 토지구획정리사업, 시가지재개발사업, 도로정비사업, 공원사업 등의 면적정비사업을 조정된 전체계획에 입각해서 일체적으로 실시하려는 것이다.

1988년까지 도쿄(東京)의 스미다가와(墨田川), 나고야(名古屋)시의 호리가와(堀川), 키타큐슈(北九州)시의 무라사키가와(紫川)의 3개 하천이 지정되어 정비계획을 책정 중에 있으나, 기성시가지 속에서 대규모적인 시가지 재편성을 실시하는 것이므로 사업기간도 길어지고, 그

결과가 구체적으로 나타나는 데도 시간이 걸릴 것으로 예상된다.

(3) 하천행정에 대한 자치체의 참가

리버프론트의 정비와 같이 지역정비를 목적으로 하는 제반사업과 조정하고 지역주민의 의향을 정확히 반영하는 것 등을 도모하면서 하천정비를 추진하는 경우, 국가나 도도부현(都道府縣)지사가 직접 하천관리자라는 입장에서 사업을 실시하는 것 보다 지역에 밀착된 행정주체인 시정촌(市町村)이 실시하는 것이 지역의 개별사정에 대해 상세한 배려를 가능하게 하는 등 친숙함을 갖는 하천정비가 될 것이다.

a. 하천법의 개정　종래의 「하천법」에서는 이른바 「준용하천」의 경우 외에는 원칙적으로 하천관리에 시정촌(市町村)이 참가할 수 없었다. 그러나 위에서 기술한 바와 같은 관점에서 앞으로는 치수상, 상하류나 양쪽호안의 이해대립 등의 문제가 적은 하천에서는 시정촌(市町村)의 적극적인 역할을 기대하려는 생각에서 1987년 5월에 「하천법」이 일부 개정되었고, 하천법의 대상이 되는 도도부현(都道府縣)지사의 관리하천이라도 도도부현(都道府縣)지사와 협의에 의거하여 시정촌(市町村)장이 하천공사 및 하천의 유지를 수행하고, 더 나아

가서는 하천관리자(도도부현(都道府縣)지사)를 대신하여 그 권한을 대행하는 것을 가능하게 하는 길이 열렸다.

b. 경비부담　이 경우의 경비부담은 원칙적으로 해당 시정촌(市町村)이 담당하게 되는데, 하천공사(하천환경정비사업 및 도시소하천개수사업)에 필요한 비용에 대해서는 국가 및 도도부현(都道府縣)이 각각 전체비용의 1/3씩을 보조하는 것으로 되어 있다. 즉, 지방 시정촌(市町村), 도도부현(都道府縣), 국가의 3자가 균등하게 부담하자는 취지이다.

시정촌(市町村)이 자기의 책임과 자세에 의해 하천법하천의 관리를 실시할 수 있는 수단을 처음으로 마련된 것으로, 앞으로 희망하는 시정촌(市町村)이 증가할 것으로 예상된다.

(4) 리버프론트 정비의 기본원칙

리버프론트(하천의 수변공간) 정비의 구체적인 내용은 실로 다양하나, 여기에서는 미국의 워터프론트 정비의 개념과 일본 각지의 경험이나 반성을 근거로 주요한 점을 열거하겠다. 하드한 시설정비에 멈추지 않고, 행위의 규제나

표 8.3 하천의 개황

종별	수계(水系)수	하천 수	하천연장 (km)	유역면적 (km²)
1급 하천	109	13,555	86,497	239,912
		(건설부장관관리 10,254 지사관리 76,243)		
2급 하천	2,658	6,796	35,180	106,087
준용하천		12,652	18,427	
계		33,003	140,104	
보통하천		147,000	188,000	

(주) 1. 1급하천, 2급하천, 준용하천에 대해서는 1986년 4월 현재
　　2. 보통하천이란 하천법의 대상이 되지 않는 작은 하천으로 숫자는 개략치

표 8.4　시정촌(市町村)장에 의한 하천공사 내용

시행할 수 있는 것	시행할 수 없는 것
하천환경정비사업 　하천환경의 보전·정비를 위한 호안의 설치, 고수부지의 정비 등 도시소하천개수사업 　다음 어느 것에 속하는 제방의 신설, 개축 등 ·시공 장소에 따라 상류의 유역면적이 대략 30km²를 넘지 않는 것 ·주변의 시가지정비와 관련해서 시행할 필요가 있는 것	·건설대신의 권한에 속하는 공사 ·재해복구사업 등 ·댐에 관한 공사 ·유황조정하천공사 등

(주) 도시소하천개수사업을 할 수 있는 시(市)는 도청소재지, 인구 20만명 이상의 도시 등이다.

계획에 관한 소프트한 내용까지 포함하고 있다. 이른바 리버프론트 정비의 기본원칙이다.

① 하천이 본래 갖고 있는 드넓은 연속성이 있는 공간, 수면이나 흐름의 존재, 양호한 경관, 남아 있는 자연생태의 자질을 회복, 향상, 보전한다.

② 하천에서 일정범위의 시가지측 지역은 하천과 일체적인 특별한 지역이며 리버프론트지역으로서의 방재, 경관, 자연환경의 보전 등의 관점에서 지역계획이나 도시계획의 마스터플랜으로 정의한다.

③ 수변의 사적소유를 적극 배제하여 공원, 도로 그 외의 공유지로 함으로써 누구나 하천변으로 가까이 갈 수 있도록 한다(공공접근).

④ 천변이나 제방에 설치된 도로는 보행자·자전거·커뮤니티 교통을 위한 것으로, 고속도로를 비롯한 자동차의 통과교통을 적극 배제한다.

⑤ 리버프론트 구역 내의 모든 공적정비사업과 민간개발사업의 계획과 조정을 통해, 민간건축물 및 공공시설의 모두에 대해 양질의 디자인이 확보될 수 있도록 규제한다.

⑥ 무엇보다 수질개선을 도모함과 동시에 풍부한 수량을 확보하고 나아가 생태계 균형의 회복에 노력한다.

⑦ 화물, 여객 모두에 대해 선박운행의 부활을 도모하고, 그것을 위한 선착장이나 안벽을 공적으로 정비하는 한편, 선박의 불법계류나 선착장으로서 수변을 사적으로 독점하는 것을 배제한다.

⑧ 경기대회, 유람선 놀이, 불꽃놀이대회, 벚꽃구경 등 수변과 관련이 깊은 스포츠, 레저, 이벤트를 추천·장려하여, 강변시민의 커뮤니티활동 및 아동의 과외활동의 장으로서 리버프론트 지역을 활용하는 등, 시민의 하천에 대한 관심을 높인다.

⑨ 행정 및 민간 모두가 어떠한 이유가 있어도 수면은 매립하지 않고, 암거화를 하지 않는다는 원칙을 확고히 한다.

⑩ 리버프론트에 한정하지 않더라도 워터프론트 지역은 홍수나 만조에 의한 수해, 지진에 따른 지반변형에 의한 재해발생의 가능성을 항상 갖고 있다는 것을 잊어서는 안 된다.

이러한 기본원칙을 언급했을 때 개별 하천의 개성과 특징을 잃어버리고, 전국 어디서나 획일적인 리버프론트 정비가 실시되어버리는 것은 아닌가 하는 의문도 생겨나지만, 원칙은 원칙으로 검토를 거친 후, 하천별로 구체적 사정에 대응하여 응용을 연구하면 좋다고 생각된다. 결국, 확실한 이유도 없이, 검토 불충분인 채로 당면 요청에 대한 타협이나 결론을 내려 나중에 후회하는 원인이 되지 않도록 고려하여야 할 것이다.

하천으로의 접근 용이성을 확보하는 것도, 예를 들어 수변에 접한 음식점 등의 사적이용을 과거의 유물이라 하여 기피하는 문제는 좀더 생각할 필요가 있지만, 관광에 의존하고 있는 도시나 베드타운 등과 같이 그 도시가 처한 조건이나 성격에 의해 개념이 다르게 나타나는 것은 당연할 것이다.

8.4 하천경관의 보전과 개선제도

(1) 하천경관과 시민의 역할

리버프론트의 정비는 이미 기술한 바와 같이 하천정비와 그 주변의 도시 가꾸기가 일체가 되어야만 비로소 효과적으로 추진될 수 있는데, 행정과 대비되는 도시 가꾸기 주역의 하나는 주택이나 건물을 소유하면서 살고 있는 지역주민의 주체적인 발상과 의욕이다.

a. 합의형성의 어려움　　하천, 도로, 공원 등의 공공시설 관리자가 아무리 힘내어도 주민의 납득을 얻을 수 없는 구상은 실현이 곤란하며, 반대로 주민의 요망이 있어도 단지 용지매수에 반대하기 위한 계획변경의 요구 등 이치에 맞지 않는 것도 많다. 장래 변화의 예견에 대한 불안이나 불신으로 인해 지역의 주민이 현재 상황에 생각이 고정되어 고집을 부리기 쉬운 것도 어떤 측면에서는 당연한 것이다.

구획정리나 시가지재개발이 난항하는 경우가 많고, 장기간을 필요로 하는 것도 그 저변에는 이러한 이유가 있으며, 하천, 간선도로 등 근간이 되는 공공사업을 주변지역의 정비구상과는 별개로 하거나 아니면 둘을 병행하는 가운데 각각 단독으로 처리하는데 노력을 쏟아부은 이유이기도 했다. 그러나 「도시 가꾸기」라든가 「정감 있는 수변공간정비」라는 주제의 경우 지역의 주민, 토지소유주, 기업 등 관계자의 설득을 얻지 않으면 좋은 결과를 얻을 수 없다.

b. 어메니티 정비를 위한 시스템　　경관정비와 같은 도시의 어메니티 정비는 행정측이 무리하여 강하게 밀어붙여도 주민과 유리되어 버린다면 머지않아 짧은 수명으로 끝나버릴 수 있다.

따라서 도시의 어메니티 정비는 지방자치체의 행정과 주민의 협력과 원조의 관계가 유지될 수 있도록 조정된 계획과, 사업의 추진이나 일상의 양호한 유지관리에 대해 주민의 참가가 기대될 수 있는 시스템의 존재가 불가결하다.

즉, 구체적으로는 다음과 같은 방법이 있다.

① 주택·택지의 건설·유지에 있어 미관이나 공공공간과의 연속성(항상 사람들의 출입 가능성을 보장하지 않더라도)의 확보

② 녹화협정이나 건축협정 등 주민상호의 납득과 합의에 의한 양호한 생활공간의 형성.

③ 하천·도로·공원 등 공공시설의 청소나 순찰 등, 공공공간을 양호하게 유지하기 위한 자발적 활동에 대한 참가.

④ 하천환경기금, 녹화기금 등 기금조성에 대한 협력.

⑤ 청년회의소, 부인회, 어린이회, 상공회의소 등 지역단체에 의한 도시미화운동의 계몽활동.

⑥ 마을주민이나 지역단체의 활동에 대한보조·조성·지도, 나아가서는 주민의 의향파악과 시책화.

⑦ 국가·도·시가 실시하는 공공시설정비에 관한 정보를 주민에게 제공하고, 지역이나 주민으로부터의 요망을 조정하는 것.

⑧ 수익이 예상되는 경우, 시설이용이나 출입을 유료화 하는 것 등 어메니티 정비에 대한 비용의 일부를 수익자가 부담하는 제도 도입.

(2) 하천환경과 경관보전 조례

다수의 주민이 납득한 경관보전을 위한 조치라 하더라도, 사항에 따라서는 개개인의 경제적 동기나 개발업자 등의 개입에 의해 지켜지지 않는 것도 있어, 규칙을 규범화하기 위해서는 법령화하는 것이 바람직하다. 도시 가꾸기나 수변공간 보전 등 지역적 과제에 대해서는 지역이나 지방의 조례에 의해 규제하는 것이 가능하여, 전국 각지에서 경관, 수질, 오래된 건물 등의 보전이나 정비를 위한 조례가 제정되고 있다.

그 대표적인 사례로, 센다이(仙台)시가 1974년에 제정한 「히로세가와(廣瀨川)의 청류를 지키는 조례」 및 시가(滋賀)현이 1984년 제정한 「내 고향 시가(滋賀)의 풍경을 지키고 키우는 조례」의 개요를 소개한다.

a. 히로세가와(廣瀨川)의　청류를 지키는 조

례(1974년 4월 센다이(仙台)시조례 제39호)

(취지)

제1조 이 조례는 히로세가와의 청류를 지키기 위해 시장, 사업자 및 시민 각각의 책임을 명확히 함과 동시에 자연적 환경의 보전 등에 관한 필요 사항을 정하는 것으로 한다.

(심의회의 설치)

제6조 시장의 자문에 따라 히로세가와의 청류를 지키기 위한 중요사항을 조사심의하기 위해 센다이시 히로세가와 청류보전심의회를 둔다.

(관계행정기관에 대한 협력요청)

제7조 시장은 국가·현 및 관계지방공공단체에 대해 히로세가와의 청류를 지키기 위해 필요한 조치 혹은 협력을 요청한다.

(보전구역의 지정)

제8조 ① 시장은 히로세가와의 청류를 지키기 위해 다음 각 호에 열거하는 보전지구를 지정할 수 있다.

  1. 환경보전구역

  2. 수질보전구역

② 환경보전구역은 히로세가와의 유수역(流水域) 및 이것과 일체를 이뤄 양호한 자연적 환경을 형성하고 있다고 인정되는 구역으로 한다.

③ 수질보전구역은 시장이 배출수의 수질을 규제할 필요가 있다고 인정하는 구역으로 한다.

④ 시장은 제1항의 규정에 의해 보전구역을 지정하려고 할 때 사전에 심의위원회의 의견을 들어야 한다.

⑤ 시장은 보전구역을 지정한 후에는 지체 없이 이것을 공포한다.

(환경보전구역에서 행위의 제한)

제9조 ① 환경보전구역에서 다음 각 호에 열거하는 행위를 하려고 하는 자는, 사전에 시장의 허가를 받아야 한다.

  1. 건축물 그 외의 공작물의 신축, 개축, 증축 또는 이전

  2. 택지의 조성, 토지의 개간, 토석의 채취 또는 쌓기 그 외의 구획형질의 변경

  3. 수면의 매립 또는 간척

  4. 나무·대나무의 벌채

  5. 동식물의 보호에 영향을 끼치는 행위에서 시장이 정하는 것

  6. 앞의 각 호에 열거한 것 외에 자연환경의 보전에 영향을 미칠 위험이 있는 행위에서 시장이 정하는 것

② 전항의 규정에도 불구하고 국가의 기관 또는 지방공공단체가 동항 각 호에 열거하는 행위를 하려고 할 때는 사전에 시장에게 그 취지를 통지하지 않으면 안 된다.

(허가의 기준)

제10조 ① 시장은, 앞의 제1항 규정에 의해 허가를 하는 경우의 기준을 정한다.

② 시장은 전항의 규정에 의해 허가의 기준을 정할 때에는 사전에 심의회의 의견을 듣도록 한다.

(수질관계의 기준)

제11조 ① 시장은, 수질보전구역에서 히로세가와 수질의 관리기준(이하「수질관리기준」이라 함.)을 정한다.

② 시장은, 수질관리기준이 확보될 수 있도록 수질보전구역에서 오탁부하량의 허용한도(이하「허용부하량」이라 함.)를 정한다.

③ 시장은, 수질보전구역내의 공장, 사무소, 주택단지 및 공동주택(이하「공장 등」이라 함.)에서 배출되는 배출수의 수질에 대해 규제해야 할 기준(이하「배출규제기준」이라 함.)을 허용부하량에 의거하여 정한다.

④ 시장은, 앞의 3항 규정에 의해 수질관리

기준, 허용부하량 및 배출규제기준을 정하려고 할 때에는 사전에 심의회의 의견을 듣지 않으면 안 된다.

(수질보전구역에서 공장 등의 설치 허가 및 준수의무)

제12조 ① 수질보전구역에서 공장 등을 설치하여, 히로세가와로 물을 배출하려고 하는 자는 사전에 시장의 허가를 받아야 한다.

② 전항의 규정에 의해 허가를 받아 설치한 공장 등에서 물을 배출하는 자는 배출규제기준을 초과하는 배출수를 배출해서는 안 된다.

③ 이 조례의 시행 전에 공장 등을 설치하여 히로세가와로 물을 배출하고 있는 자는 배출규제기준을 초과하는 배출수를 배출하지 않도록 노력한다.

④ 시장은 전항의 경우에 있어 필요가 있다고 인정될 때에는 적절한 지도 및 개선 그외의 권고를 실시할 수 있다.

(중지, 원상회복명령)

제13조 시장은 제9조 1항 각 호에 열거하는 행위 또는 제12조 1항에 규정하는 행위를 허가 받지 않고 실시하고 있는 자에 대해, 그 행위의 중지를 명령하고, 또는 원상회복을 명령하고, 만일 원상회복이 현저하게 곤란한 경우에는 그에 대신할 수 있는 필요한 조치를 강구할 것을 명령할 수 있다.

(개선, 정지명령)

제14조 시장은 제12조 제2항의 규정에 위반하고 있다고 인정될 때 또는 계속해서 배출규제기준을 초과하는 배출수를 배출할 위험이 있다고 인정될 때에는, 해당 배출수를 배출하는 자에 대해, 기간을 정해 오수 등의 방법개선 그 외에 필요한 조치를 강구할 것을 명령하고, 또는 해당공장 등에서 배출수 배출을 일시정지 할 것을 명령할 수 있다.

b. 고향 시가(滋賀)의 풍경을 지키고 키우는 조례(1984년 7월 시가(滋賀)현조례 제24호)의 요점

(목적)

제1조 이 조례는 지역의 경관형성에 대해, 현(縣), 지방(市町村), 지역주민 및 사업자의 책임을 명확히 함과 동시에, 필요한 지역의 지정, 행위의 지도 등을 실시함으로써 아름다운 고향 시가(滋賀)의 풍경을 지키고 키우는 것을 목적으로 한다.

(현(縣)의 책임)

제3조 현(縣)은 지역의 경관형성에 대해 필요한 조사를 실시함과 동시에 기본적이며 종합적인 시책을 책정하고 또한 그것을 실시한다.

(지방(市町村)의 책임)

제4조 지방은 현(縣)이 실시하는 시책에 맞춰 해당 지방의 경관형성에 관한 기본적인 방침을 책정하도록 노력함과 동시에 그 지역의 실정에 적합한 경관형성에 관한 시책을 실시하도록 노력한다.

(지역주민 및 사업자의 책임)

제5조 지역주민 및 사업자(이하「지역민 등」으로 함.)는 지역의 경관형성에 기여할 수 있도록 노력함과 동시에, 현(縣) 및 지방이 실시하는 경관형성에 관한 시책에 협조하여야 한다.

이하, 이 조례의 주된 내용에 대해 소개한다.

(지역・지구의 지정)

・비와꼬(琵琶湖) 경관형성지역

비와꼬 호수의 특성을 살린 개성 있는 경관형성을 도모하기 위해 비와꼬와 그 주변을 대상으로 지정.

그 중에서도 특히 풍경이 빼어난 장소나 수변에 가까운 구역을 비와꼬 경관형성특별지구로 지정.
· 주변 도로 경관 형성지구
도로의 경관형성을 도모하기 위해, 도로변의 풍경, 조망이 빼어난 도로나 주요한 도로 등의 구간과 그 도로변의 일정구역을 대상으로 지정.
· 하천경관 형성지구
하천의 경관형성을 도모하기 위해, 풍경이 빼어난 하천이나 주요한 하천 등의 구간과 그 하천변의 일정구역을 대상으로 지정.
(경관형성을 위한 기본계획과 기준)
각각의 지정지역·지구별로 풍경을 지키고 키우기 위한 기본적이며 종합적인 방침을 담은 기본계획(경관형성기본계획)을 정하고, 그 위에 집을 건설할 때의 형태, 색채, 대지의 녹화 등이나 나무를 자르거나 토지형질의 변경을 할 때의 규모, 사후조치 등의 기준(경관형성기준)의 책정.
(행위의 신고)
지정지역·지구 내에서 다음과 같은 행위를 하려고 할 때는 사전에 지사에게 신고가 필요.

　(1) 건축물이나 공작물의 신축이나 개축, 증축, 이전을 하거나, 외관의 모양을 바꾸거나 색채를 변경 할 때.
　(2) 나무·대나무를 벌채할 때.
　(3) 옥외에 물품을 쌓아두거나 저장할 때.
　(4) 광물을 캐내거나 토석류를 채취할 때.
　(5) 수면을 매립하거나 간척할 때.
　(6) 택지를 조성하거나 토지를 개간하는 등 토지의 형질을 바꿀 때.

(신고행위에 대한 지도 및 조언)
지사는 신고가 있었던 행위에 대해 필요한 경우에는 주변경관에 대한 배려에 대해 지도나 조언을 실시한다.
신고 등의 절차 흐름은 다음과 같다.
(신고절차의 위반)

비와꼬 경관형성지역, 도로변경관형성지구 또는 하천경관형성지구에서 신고가 필요한 행위를 할 때, 사전에 신고를 하지 않거나 또는 거짓신고를 한 때에는 50만원 이하의 벌금.
　이상, 두 개의 사례에서 본 바와 같이 시장이나 지사가 지정한 경관이나 환경의 보전지역에서 그것을 저해할 위험성이 있는 행위를 실시할 때는 자치체에 신고하여 심사를 받고, 필요에 따라서 시장이나 지사가 그 행위에 대해 개선을 위한 지도나 조언을 실시할 수 있는 시스템이다.
　외국의 사례에도 보이는데 이러한 지도가 강제적인 것이라면 그 효과도 강해질 것으로 생각되나, 일본의 현재 상황으로는 거기까지 도달하지 못해, 민간기업자 등에 대한 요청단계에 머물고 있다.
　다만, 시가(滋賀)현의 사례에서는 신고를 하지 않았을 때의 벌칙규정이 설치되어 있어, 적어

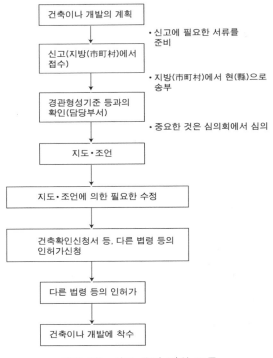

그림 8.8 신고 등의 절차 흐름

도 행정에서 여러 가지 개발행위에 대한 체크만은 가능하게 되어 있다.

(3) 하천경관의 보전을 위한 기금

최근 공공사업비의 증가에 고심하는 경향도 있어, 하천의 정비나 삼림정비에 필요한 경비의 확보를 위해 하천에서 취수하는 용수에 대해 「삼림·하천긴급정비세」(일반에게는 「수원세(水原稅)」로 호칭되고 있다.)를 부과하려는 1980년대 중반의 건설성·농림성의 구상은 물 이용자의 강한 반발에 부딪혀 실현되지 못했지만, 하천이나 삼림의 정비를 위해서는 재원확보를 할 필요가 있으며 제도에 의한 재원조달보다도 민간기업이나 지역의 사람들, 지방자치체 등에서 임의 기부로 기금을 설치하자는 움직임이 나왔다.

전국 차원으로는 1988년 3월에 「녹음과 물의 삼림기금」, 「하천정비기금」의 2개 기금이 설치되게 되었다. 「하천정비기금」은 300억 엔을 목표로 하고 있으며, 하천·댐 등에 관한 조사·시험·연구에 대한 조성 등을 통해, 종합적인 하천환경정비에 기여하는 것을 목적으로 하고 있다.

지역차원의 기금으로는 수목이나 녹화추진을 위한 도시녹화기금과 같은 사례가 다수 보이나 하천 수변의 정비·보전을 위한 조례기금은 그 역사가 짧은 측면도 있어, 아직까지는 몇 개의 사례에 불과하고 앞으로의 발전과 확산이 강하게 기대된다. 아이치(愛媛)현 이카자키쪼우(五十崎町)는 인구가 불과 6,500명의 작은 지방이지만, 마을 자체자금과 민간에서 합계 3,000만 엔을 변통하여, 마을 내를 흐르는 오다가와(小田川)의 청류와 경관을 미래에 남기기 위해, 「오카자기(五十崎) 오다가와(小田川) 공터기

금」을 설치하였다.

도치기(栃木)현 우츠노미야(宇都宮)시는 시내를 관통하는 가마가와(釜川)의 환경정비의 목적이 결정된 단계에서 정비 후의 관리는 시와 시민이 협력하여 실시한다는 (宇都宮)하천환경기금」을 설치하였다. 목표 모금액은 시(市) 1억 엔, 민간 2억 엔으로 계 3억 엔으로 되어 있다.

도쿠시마(德島)시가 설치한 「도쿠시마시 물과 녹음의 기금」은 표 8.5와 같다.

표 8.5 도쿠시마시 물과 녹음의 기금 개요

명칭	도쿠시마시 물과 녹음 기금
종류	조례기금*
목적	본 시의 하천환경향상 및 도시녹화를 종합적으로 추진하기 위해, 시 승격 100주년기념사업으로 설립
설립주체 설립시기	도쿠시마시 1986년 4월 1일
규모	기금적립계획의 최종년도 목표액 2억 엔
조성수단	사업법인, 단체(공공공익s 단체) 개인(일반시민)의 기금 및 시비(市費)
조성주체	사업법인, 단체, 개인, 시(市)
사업주체	도쿠시마시 물과 녹음의 추진위원회 (국가, 현(縣), 시(市), 민간단체, 기업으로 조직)
지원조성의 틀	도쿠시마시 물과 녹음 기금 ↓ 도쿠시마시 물과 녹음의 추진위원회에서 기금이익(이자)의 운용심의 ↓ 하천환경향상을 위한 각종사업 ↓ 도시녹화추진을 위한 각종사업
세제상 우대조치	개인은 소득세법(78조)상의 기부금공제. 법인은 법인세법(37조)상의 규정에 의해 손금산입(損金算入)을 할 수 있다
문제점 과제 특기사항	1987년도로 목표액 2억 엔을 돌파, 2년도에 계 1,200만 엔 정도의 사업비를 예상하고 있다

주) *: 조례기금이란 지방자치법 241조의 규정에 의해 지방자치체가 설치하는 것으로, 기금을 낸 사람에 대해서는 세금특전이 있다.

부록

1. 하천공학개론(부록)

(1) 일본의 하천과 유역

a. 하천이란
「토목공학핸드북」에서 하천을 다음과 같이 정의하고 있다.

「사회통념상 하천은 자연수류(自然水流)에서 유수(流水)의 소통을 원활하게 하기 위해 축조된 인공수류와 자연수류이다.

여기서 수류(水流)란, 유수와 이것을 유지하는 부지의 종합체를 가리키는 것으로, 호소(湖沼) 등의 수면, 지하수, 일정규모의 부지를 갖지 않는 우수(雨水), 범람수와는 구별되는 개념이다. 수류는 자연수류와 인공수류로 나눌 수 있다.

자연수류는 자연 하상을 갖고 있으며, 계절에 따라 일시적으로 고갈되는 것 외에 끊임없이 물이 흐르고, 반드시 자연 그대로의 수류를 칭하는 것이 아니라 자연 발생적인 수류를 의미한다. 자연수류가 본래 하천이라고 할 수 있다.

이것에 비해, 인공수류는 사람이 일정한 목적을 가지고 축조한 수류로써 그 중에서 자연수류에서 유수의 소통을 원활하게 하기 위해 축조된 것(방수로, 첩수로(捷水路))은 넓은 의미로 본다면 자연수류에 포함시킬 수 있는 것으로 하천이라고 생각할 수 있으나, 관개(灌漑), 발전, 수도와 그 이외의 특정목적을 가지고 축조된 수류는 하천이 아니다」

하천은 「하천법」에서 1급 하천과 2급 하천으로 분류하고 있으며, 1급 하천이란 「국토보전상 또는 국민경제상 중요한 수계로써 정령(政令)으로 지정된 하천이며 건설부 장관이 지정한 것을 말한다」로 되어 있으며, 2급 하천이란 「1급 하천에 지정된 수계 이외의 수계로 공공의 이해(利害)와 중요한 관계가 있다고 사료되는 하천으로 도도부현(都道府縣)지사가 지정한 것을 말한다」로 되어 있다. 1급 하천 중에서 하천관리의 일부를 도도부현(都道府縣)지

사에게 위임하는 경우가 있다. 이렇게 위임된 구간을 지정구간이라고 한다. 준용하천은 「1급 하천 및 2급 하천 이외의 하천에서 지방(市町村)단체장이 지정한 것을 말하며, 정령(政令)에 정하는 사항을 제외하고, 2급 하천에 관한 지정이 적용 된다」고 되어 있다.

b. 지형적 특성
일본 국토는 북동에서 서남에 걸쳐 좁고 긴 형태를 형성하고 있으며, 외국과 비교해 하천 길이는 짧고, 경사는 급하며, 유역면적이 좁다.

c. 기후적 특성
일본은 대륙성 기류와 해양성 기류가 교차하여 6, 7월에는 장마전선, 8, 9월에는 태풍으로 강우가 집중한다. 또 일본해(동해) 지역에는 겨울철에 많은 양의 눈이 내린다.

d. 하천 특성
이상과 같은 일본의 지형적·기후적 특성이 다음과 같은 일본의 하천 특성을 형성하고 있다.

（ⅰ) 급경사로 흐름이 빠르다

이것은 유로(流路)의 안정을 해치고, 가끔씩 하도를 변동시킨다. 특히 하천이 산지에서 평지로 이르면서 경사가 급격하게 변화하는 지점에는 토사가 퇴적되고 홍수로 범람하기 쉽다.

（ⅱ) 홍수시 최고유량이 많고, 홍수위가 높다

장마나 태풍으로 집중호우가 발생하기 때문에 유역 면적당 계획최고수위는 표 1과 같이 외국에 비해 상당히 크다. 계획수위도 높아 제방붕괴에 따른 피해가 커지기 쉽다.

（ⅲ)하상계수(河狀係數)가 매우 크다

일본 하천과 외국 하천의 하상계수(河狀係數: 최대수량/최소수량)를 비교하면, 하상계수가 상당히 크게 나타나고 유량 변동이 크다는 것을 알 수 있다. 이것은 홍수방어와 물이용 측면에서 중요한 문제로써 다목적댐 등으로 홍수량을 조절하고, 갈수량의 증대를 도모하지 않으면

수자원을 효과적으로 이용할 수 없다.

(ⅳ) 유출토사가 많다

일본 열도에는 많은 화산대가 지나가고, 지질적으로 화강암처럼 풍화하기 쉬운 화성암지대가 많다. 때문에 홍수시에 대량의 토사가 유출되고, 홍수량이나 범람피해를 증대시키고 토석류에 의한 피해로 하천 유지에 장애를 준다.

e. 치수의 역사　　기록에 남아있는 내용 중 가장 오래된 치수사업은 4세기에 인덕천황(仁德天皇)이 실시한 요도가와(淀川) 개수공사이다.

전국(戰國)시대에는 영주의 영지나 성 등을 지키기 위해 국소적인 공사에 중점을 두고 지역적으로는 저습지를 보호하기 위한 제방 등이 만들어졌다. 대표적인 치수공사로는 가마나시가와(釜無川)의 신겐(信玄)제방, 가토(加藤淸正)에 의한 기쿠치가와(菊池川)의 노리코시(乘越)제방 등이 있으며 지금까지도 그 기능을 발휘하고 있다.

에도막후(江戶幕府)의 확립으로 전국 각지에서는 하천개수가 실시되었고, 도네가와(利根川), 아라가와(荒川), 요도가와(淀川), 기소가와(木曾川) 등 대하천의 개수까지 이루어지게 되었다.

에도막후(江戶幕府) 말기부터 메이지(明治)시대 중기에 걸쳐 인구의 급증, 농지개발의 비약적 증대, 공업 발전 등으로 홍수피해가 다시 격증하였다. 그러나 하천법이 제정되고 이 법률에 따라 국가에 의한 대하천의 개수가 추진되었다.

1955년 이후 고도경제성장에 따라 유역의 급격한 도시화가 진행되고, 홍수의 범람원인 낮은 평지에 많은 인구와 자산이 집중되었다. 이것이 홍수량의 증대를 초래하고 심각한 수해를 일으킴과 동시에 도시유역에서의 개수를 곤란하게 하고 있다.

(2) 유역의 물 순환

a. 강수량　　일본의 연평균 강수량은 약 1,750㎜로, 세계평균 강수량 약 970㎜의 2배이다. 그러나 1인당 연평균 강수량은 약 5,500㎥이며, 세계평균 약 34,000㎥의 1/6로서 그렇게 물이 풍부한 국토라고는 할 수 없다.

b. 수자원　　일본의 물 수지(收支)를 거시적으로 보면 그림 1과 같다. 연간 강수량의 1/3이 증발산(蒸發散)으로 대기 중에서 없어지고, 1/3이 홍수 시에 그냥 바다로 흘러가고, 수자원으로 이용할 수 있는 것은 1/3 정도이다.

도시용수, 농업용수의 수원으로 이용되고 있는 것은 하천수 등의 표류수(表流水)가 대부분이며 약 84%를 차지하고, 지하수는 약 16%로 추정된다. 최근 증가하고 있는 도시용수에 대한 하천수의 공급은 대부분 댐 개발에 의존하고 있다. 1950년대 중반 이후, 지하수 취수량이 증대했기 때문에 각지에서 용수감소, 지반침하

표 1　주요 하천의 유량비

하천명	지점	유역면적 (km²)	계획최고유량 (m³/s)	유량비 (m³/s/km²)
石狩川	石狩大橋	12,697	9,300	0.733
北上川	狐禪寺	7,060	13,000	1.841
利根川	八斗島	5,150	17,000	3.301
信濃川	小千谷	9,719	13,500	1.389
木曾川	犬山	4,688	16,000	3.413
淀川	枚方	7,281	17,000	2.335
斐伊川	上島	911	5,100	5.598
筑後川	夜明	2,860	10,000	3.497
라인강	리스	159,683	9,000	0.056
에르베강	아르메렌브르크원	134,944	3,600	0.027
도나우강	비엔나	101,600	10,500	0.103

등의 장해를 초래하였으나, 지하수 취수량을 감소하는 등의 대책으로 최근에는 일부지구를 제외하고는 지반침하가 진정되고 있다.

c. 유출(流出) 대기 중에서 강우가 되어 지표로 낙하한 물이 유역(流域)에서 하천으로 유입하는 것을 유출(流出)이라고 한다.

유출 중에서 지표수가 되어 하도로 흐르는 것을 표면유출, 침투수가 지하의 얇은 층을 가로 방향으로 이동하여 하도로 흘러나오는 것을 중간유출이라 하며 이 모든 것을 합쳐 직접유출이라 한다. 또 침투하여 지하수로서 심층부를 흐른 다음 하도로 나오는 것을 지하수유출이라 한다(그림2).

이 외에 지표에서 침투한 우수는 지하수면에 도달하여 자유지하수가 되고, 불투수층(不透水層) 사이의 체수층(滯水層)에 들어가 피압(被壓)지하수가 된다.

d. 관측 하천공학에서 특히 중요한 것은 우량, 수위, 유량의 관측이다. 이것은 하천에 관한 모든 사항의 조사·계획·관리의 기본이 된다.

우량은 강우가 평면에 모였을 때의 양으로써 깊이(㎜)로 나타낸다. 또 일정시간 내에 모인 우량을 우량강도(강우강도)라 하고 ㎜/h 등으로 표시한다. 최근에는 레이더(radar) 우량계에 의한 관측도 많이 실시되고 있다.

유량관측은 우량·수위관측과 같이 연속된 관측을 실시하는 것은 곤란하다. 그 때문에 연속된 유량치를 알고 싶은 경우에는 수위와 유량 사이의 관계를 도출하여(수위유량곡선이라 한다) 수위로부터 유량을 구하게 된다.

하천 유량을 파악하는 일반적인 방법은 일정 지점에서 단면적과 유속을 측정하여 그 체적을 유량으로 하는 방법이다.

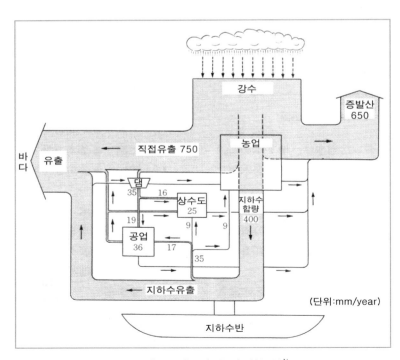

그림 1 일본의 물 수지(收支)[1]

그 외의 중요한 관측으로 수질, 지하수위, 유사량(流砂量), 하상(河床) 변동량이 있다.

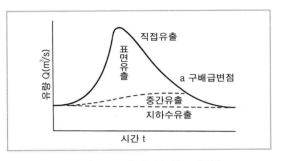

그림 2 유출량 곡선(Q-t곡선)

(3) 하천계획

a. 공사실시기본계획　　하천에 관한 계획은 종합적인 관점에서 충분히 배려되어야 하며, 수계를 일관되고 조화를 이룬 계획으로 하여야 한다. 그 때문에 「하천법」에서 하천관리자는 계획최고수량 외에 다른 해당 하천의 하천공사 실시에 대해 기본이 되어야할 사항(공사실시기본계획)을 정한다.

이러한 공사실시기본계획은 수해의 발생 상황 및 수자원의 이용 현황 그리고 개발을 고려하고, 나아가 국토종합개발계획과의 조화를 도모하여 수계마다 그 수계에 관한 하천의 종합적 관리가 확보될 수 있도록 정한다.

공사실시기본계획에 정해야 할 사항은 다음과 같다.

① 해당 수계에 관한 하천의 종합적인 보전과 이용에 관한 기본방침

② 하천공사의 실시 상 기본이 되어야 할 계획에 관한 사항

ⓐ 기본최고수위(홍수방어에 관한 계획의 기본이 되는 홍수를 말한다)와 하도 및 홍수조절 댐의 배분에 관한 사항

ⓑ 주요 지점에서 계획최고수량에 관한 사항

ⓒ 주요 지점에서 유수의 점용, 선박운행, 어업, 관광 등 유수의 정상적인 기능을 유지하기 위해 필요한 유량에 관한 사항

③ 하천공사의 실시에 관한 사항

주요 지점의 계획최고수위, 계획횡단모양, 기타 하도계획에 관해 중요한 사항 등.

현재 공사실시기본계획은 1급 수계 109수계에 대해서는 모두, 2급 수계에 대해서도 순차적으로 작성하고 있으며, 실무상 하천개수공사실시의 기본이 되고 있다.

b. 하도계획　　하천의 물은 하천 자신이 운반·퇴적한 토사의 위를 흐르고 있으므로, 유량이나 토사유출의 많고 적음에 따라 하상 및 하도의 평면형상은 복잡하게 변화한다. 그러나 취수의 용이성, 홍수에 안전한 물 흐름 등의 목적을 위해서는 하천전체로서 변동이 적은 하도를 계획하는 것이 중요하다.

최근 저수지 내의 퇴사(堆砂)문제, 댐 하류의 하상(河床) 저하, 하구부의 하상(河床) 변동 등과 같이 상당히 중요한 문제가 발생하고 있다. 또 하천에서 모래, 자갈의 채취에 의한 하상(河床) 저하의 문제도 있다. 나아가 국소적으로는 오목 부분이나 좁은 부분의 침식이나 패임, 공작물에 의한 세굴, 퇴적 등의 문제가 있다.

하상(河床)변동에 대한 조사·연구가 활기차게 실시되어 안정된 하도에 대한 계획도 비교적 합리적으로 세워지게 되었으나, 상세한 부분에 대해서는 아직까지 불명확한 점도 많다.

c. 종합치수대책　　최근 도시화가 현저한 유역에서는 종전에 보유하고 있던 토지의 보수(保水)·유수(遊水)기능이 개발로 인해 손상되고, 홍수도달시간의 단축과 홍수최고유량의 증대가 현저하다. 또 하류에서도 인구, 자산이 증가했기 때문에 홍수유량의 증가와 함께 홍수피해가 커지고 있다.

이러한 상황에 대처하기 위해서는 치수시설의 정비를 촉진함과 동시에 유역개발로 홍수유출량 및 토사유출량을 적극 억제하고, 하천유역이 가져야 할 보수(保水), 유수(遊水) 기능의 유지에 노력하는 등 하천과 유역을 일체화 한 종합치수대책을 강력하게 추진하는 것이 필요하다. 그러기 위해서 유역의 보수(保水), 유수(遊水) 기능의 확보, 홍수범람 예상구역 등의 설정, 치수시설에 대한 응급정비목표의 설정, 토지이용의 유도, 하천정보시스템의 정비 등의 다양한 대책이 추진되고 있다.

d. 하천환경관리의 기본계획   1981년 12월 하천심의회에서 「하천환경관리의 모습에 대해」의 회답이 제출되었다. 하천관리에는 치수(治水), 이수(利水) 및 하천환경의 세 가지 측면이 있다. 물과 공간과의 종합체인 하천의 존재 그 자체로 인간의 일상생활에 혜택을 주고, 그들의 생활환경 형성에 깊게 관여하고 있다는 이념에 따라 물과 녹음에 둘러싸인 하천환경을 양호하며 쾌적하게 관리해야 한다는 것에 주안점을 두고 있다.

그 회답에 의거하여 하천환경관리기본계획을 수립하도록 하고 있다. 그리고 다마가와(多摩川)·오타가와(太田川) 등 일본의 주요 하천에 대해 순차적으로 수립하고 있다.

(4) 하천구조물

하천에는 그 유수(流水)를 이용하여 홍수 등에 따른 피해를 경감시키기 위해 하천개수가 실시되고, 많은 구조물이 설치된다. 이러한 구조물을 하천구조물이라 하고, 치수, 이수 및 하천환경 각각의 기능이 발휘되고 있다.

a. 제방   제방은 유수를 안전하게 흘려보내 범람을 방지하기 위한 중요한 하천구조물이다. 제방에 요구되는 조건은 제방길이가 길다는 점에서 재료의 입수가 용이·공사비가 저렴·

유지관리가 용이(보수)·보강과 개량이 용이·내구성이 커야 된다는 것이다. 이러한 조건에서 일반적인 제방은 흙 제방을 원칙으로 하고 있다.

제방은 그 기능, 규모, 형상 등에 따라 명칭이 있다. 제방의 종류와 기능을 표 2에, 그리고 개략은 그림3에 제시하였다. 제방의 구조와 단면은 과거의 자료와 안전성에 대한 검토결과에 의거하여 정하고 있다. 그림4는 일반적인 제방의 단면 명칭이다.

제방 내 지반이 계획최고수위보다 높은 하도가 홍수방어의 관점에서는 바람직하다. 그래서 제방 폭을 수백 미터로 한 슈퍼제방 구상이 검토되고 있다.

시가지 제방에서 용지취득이 곤란한 경우에는 흙벽(파라펫)을 설치한 특수제방으로 하는 경우가 있다. 또 상류지역에서는 제방재료가 얇고 제방에 대한 침투량이 많기 때문에, 제방의 안·밖 모두 돌을 붙이는 경우도 있다.

b. 호안   유수의 작용에서 강가 및 제방을 보호하기 위해 설치하는 구조물을 호안이라 하며, 고수(高水)호안과 저수(低水)호안이 있다. 호안은 법면피복공·기초공(基礎工)·고정공(根固工) 등으로 구성된다. 법면피복공은 제방 표면을 유수에 의한 세굴작용을 방지하기 위해 제내 경사면이나 안쪽의 소계단을 콘크리트구조 등으로 고정시킨 것이다. 그 사례로서, 콘크리트블록붙임·돌쌓기·돌망태붙임(蛇籠張り) 등이 있다. 또 도시지역의 하천이나 하류 간만구역에서는 법면피복공·기초공(基礎工)의 기능을 겸한 강판(鋼板)호안도 보인다.

그리고 최근에는 호안 그 자체의 소재, 구조, 형상 등에 노력을 기울여 식생이나 어류 등의 생태 및 경관을 배려한 환경호안이 설치되게 되었다.

c. 수제공(水制工)   물막이공은 유수를 제

표 2 제방의 종류

명칭	기능	비고
本堤	·하도의 형성, 홍수범람의 방지	·1선제방
副堤	·홍수범람의 확대방지	·2선제방, 예비제방
輪中堤	·특정지역의 홍수방어	
山付堤	·높은 지반으로 제방을 연결시켜 배후지를 방어	
霞堤	·홍수를 일시 담류, 배후지 내수의 배수, 범람수의 배수, 하도이동의 조정, 하도의 유도 효과(유속을 감속)	·급류부, 불연속제방
橫堤· 羽衣堤	·本堤에 거의 직각방향으로 제방을 설치해, 유수(遊水) 효과와 유속 감소로 고수부지의 토지이용을 도모한다	·하류방향으로 많이 기울어진 것을 羽衣堤라 한다. 유로(流路)의 난류방지
背割堤	·합류점의 조정, 합류점을 하류로 이동	·지천(支川)수위의 저하
分流堤	·분류점의 조정	
導流堤	·분·합류, 하구 등의 흐름과 흘러오는 모래 조정	
逆流堤	·지천(支川)구역에서 본 강 이외의 물에 의한 범람방지	·지천(支川)에서 본 강의 배수구간
越流堤	·홍수조절지·유수지로 홍수를 끌어들임	·넘어오는 물에 견디는 낮은 제방
越水堤	·범람하는 홍수를 넘어가게 하여, 상하류의 수위를 저하시키는 것	·넘어오는 물의 수심 60㎝미만, 30시간 정도를 견딜 수 있는 것
締切堤	·불필요한 하도의 폐쇄	·지반이 나쁘므로 기초처리 주의
仮締切堤	·파손된 제방의 복구 등	·공기에 흘러오는 물에 견딜 수 있는 것
旧堤		·범람시에는 실제 기능을 수행
기 타	·제방기능을 갖고 있는 것(수문, 도로 등)	·도로 등은 범람수조정의 기능이 있다

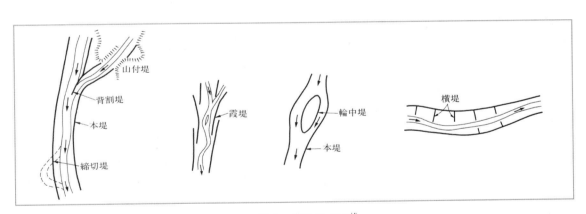

그림 3 제방의 종류[2]

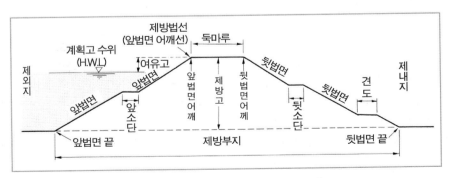

그림 4 제방횡단 각 부분의 명칭[3]

어하여 수변전면의 세굴을 방지하는 것 외에, 수류(水流)를 바꾸게 하여 유심(流心)을 호안이나 강가에서 멀어지게 하거나 저수로의 고정 및 흐름을 유도하기 위해 설치된다.

물막이는 구조적인 측면에서 투과(透過) 물막이, 불투과(不透過) 물막이로 나뉜다. 투과 물막이는 흐름의 일부가 투과하도록 만들고, 물막이의 부재에 따라 강가의 유속을 감속시키고, 토사의 침전을 촉진시키는 것이다. 불투과 물막이는 물을 차단하는 효과가 특히 강하다.

d. 바닥보　　하도 내에서 하상의 세굴방지, 바닥경사의 안정 및 하천의 종·횡단면형상의 유지를 목적으로 하도를 횡단하여 설치하는 구조물이 바닥보이다. 바닥보는 낙차가 있는 낙차보와 낙차가 없는 띠보가 있다.

e. 둑　　하천을 횡단하여 설치되는 구조물이 둑으로, 그 목적에 따라 분류둑(分流堰), 취수둑(取水堰), 역조방지둑(逆潮防止堰) 등으로 구분된다. 또 그 구조에 따라 고정둑, 가동둑으로 분류된다.

둑의 목적은 각각 다음과 같다.

① 분류둑(分流堰)—유수의 분류(分流)가 계획대로 되도록 제어한다.

② 취수둑(取水堰)—용수를 취수하는데 필요한 수위를 확보한다

③ 역조방지둑(逆潮防止堰)—하구부근에 설치하여 만조시 혹은 간조시에 바닷물이 하천으로 역류하는 것을 예방하여, 염류로 인한 피해를 방지한다.

가동 둑의 규모나 크기도 다양하다.

f. 통문(樋門), 통관(樋管)　　용수, 배수, 또는 선박운행 각각의 목적으로 제방을 횡단해서 제방본체 속을 암거(暗渠)구조로 통과하는 공작물을 통문, 통관이라 하며, 홍수가 제방 안쪽으로 유입하는 것을 방지하는 문을 가지고 있

다. 통문, 통관의 구분은 명료하지 않으나 일반적으로 통수단면적이 작은 것을 통관으로 하고 있다.

g. 수문　　수문은 통문(통관)과 마찬가지 목적으로 제방을 횡단해서 설치되는 공작물이지만, 통문(통관)은 제방 속에 낸 도랑으로 제방이 차단되지는 않지만 수문은 구조물이 제방 상부 이상의 높이로 하여 제방을 완전히 차단하게 된다.

수문은 일반적으로 작은 하천과 큰 강과의 합류지점부근의 작은 강 또는 갈라진 분기점에 설치되어 본 강의 홍수가 작은 강으로 역류하는 것을 차단하고, 혹은 작은 강으로 향하는 수량을 조절한다.

그리고 하천을 횡단하는 가동둑에서 조류의 역류를 방지할 목적으로 만들어진 것을 방조(防潮)수문이라 한다.

(5) 하천의 유지관리

a. 유지관리　　하천관리란 하천 기능을 유지하기 위해 하천과 관련 있는 모든 것을 관리하는 것을 말한다. 하천의 보전, 유수의 점용, 하천부지의 점용, 공작물의 설치, 하천 생산물 채취 등의 이용이 하천법의 목적에 합치되고, 적정하게 실시되어야 한다. 또 하천구조물이나 하도에 주의를 기울여 문제 장소의 발견 및 보수 등의 대책을 강구하도록 한다. 이것을 하천의 유지라 한다.

b. 홍수예보　　적정한 홍수예보로 수해방지 활동에 충분한 준비를 하고, 주민도 필요한 태세를 취할 수 있어, 홍수피해의 방지, 경감을 도모하는 것이 가능하게 된다. 주요한 하천에 대해서는 건설성과 기상청이 공동으로 예보를 실시하고 있다. 홍수예측방법에는 기상법(氣象法), 우량법(雨量法), 수위법(水位法)이 있다.

최근에는 레이더(radar)우량계나 원격자기(遠隔自記)우량계 등에 의한 종합적인 홍수경보시스템이 개발되고 있다.

c. 수해방지　　홍수나 만조시의 피해를 최소한으로 막기 위해 수해방지법에 의거하여 수해방지단 등에 의한 수해방지활동이 실시되고 있다. 수해방지작업에 사용되는 공법을 수해방지공법이라고 한다. 수해방지공법은 응급공법이므로 현지에서 용이하게 입수할 수 있는 재료를 사용하고, 인력이 주체가 되고 있으나, 최근에는 기계화 시공에 대한 연구가 다양하게 이루어지고 있다.

2. 하천에 관한 법률, 기준

하천에 관한 주된 법령과 기준을 들어보겠다.

(1) 하천법

하천에 대한 기준법이다. 본법의 목적은 제1조에 나타난 바와 같이, ①홍수·만조 등에 의한 피해 발생의 방지, ②하천의 적정한 이용, ③유수의 적정한 기능 유지이며, 이러한 것들이 종합적으로 관리되어, 국토보전개발에 기여하고, 공공의 안전, 복지의 유지증진을 도모하는 것을 목표로 하고 있다. 「하천법」의 대상이 되는 하천, 하천관리시설, 하천구역, 하천관리자, 하천의 관리 통칙(通則), 하천공사, 하천의 사용 및 하천에 관한 규제, 응급시의 조치, 하천예정지, 감독, 하천심의회 등의 기본적 사항에 대해 정하고 있다.

이것의 운용법령으로서 「하천법시행법」, 「하천법시행령」, 「하천법시행규칙」 등이 있다. 「하천법시행규칙」에서는 하천관리와 관련된 하천대장(河川臺帳)의 작성, 하천부지의 점용, 유수의 점용, 하천산출물의 채취, 토지굴삭, 대나무·나무의 운반, 공작물의 신축 등 오수의 배출 등의 허가신청 혹은 신고에 대해 상세하게 규정되어 있다.

(2) 하천관리시설 등 구조령

하천관리시설 등(댐, 제방, 바닥보, 둑, 수문 및 통문, 양수기장(揚水機場), 다리 등)에 관해 하천관리상 필요가 있는 일반적 기술적 기준을 정한 정령이다. 구조령의 「등」에는 제3자가 하천관리자의 허가를 얻어 설치하는 이른바 허가공작물도 포함되어 있다.

(3) 하천사방(砂防) 기술기준(안)

이 기준은 하천, 사방(砂防), 해안, 토사 흘러내림 및 급경사지에 관한 사업을 실시하기 위해 필요한 기술적 사항을 제시한 것이다. 현재 조사편, 계획편, 설계편의 3편이 발행되어 있다. 본 기준은 많은 하천기술자의 업무에 있어 기술적 도움을 주고 있다.

(4) 하천부지점용 허가준칙

내용은 하천부지가 본래 일반 공중의 자유로운 사용에 속하지만 사회경제상 어쩔 수 없이 점용을 허가하는 경우의 기준을 제정한 것이다. 점용 대상이 되는 것은 공원녹지 및 광장, 운동장, 학교교육시설, 화초방목지 등 영리를 목적으로 하지 않는 것 중에서 하천관리에 기여하는 것이다. 기타 점용의 기본항목, 점용 방법 등을 정하고 있다.

(5) 하천 등의 식재기준(안)

하천 등 하천구역 내에서 실시하는 식재에 대한 기준이다.

식재의 위치, 수종, 밀도 등에 대해 정하고 있다.

(6) 사방(砂防) 관계법

국토보전상 유해한 토사의 생산이나 유출을 억제하고, 재해 발생을 방지하기 위한 사방(砂防)에 관한 일련의 법이다. 기본법인 「사방법(砂防法)」 외에 「토사 흘러내림 방지법」 및 「급경사지의 붕괴에 의한 재해방지에 관한 법률」 등이 있다. 「사방법」에 따르면 사방(砂防)지정지의 지정은 건설부 장관이 실시하지만 그 관리와 사방공사의 시행은 원칙적으로 도도부현(都道府縣) 지사가 실시하는 것으로 되어 있다.

(7) 수질 관련 법령

1950년대 중반이 되면서 하천이나 호수·늪 등 공공용수지역의 수질악화가 사회문제로 제기되면서 「수질보전법」, 「공장배수규제법」이 제정되었다. 그러나 수질문제를 비롯한 공해문제는 더욱 악화되었기 때문에 「공해대책기본법」과 「수질오탁방지법」을 비롯한 관계 14법이 제정되었다.

「공해대책기본법」에서는, ①목적, ②공해의 정의, ③사업자의 책무, ④국가의 책무, ⑤환경기준, ⑥공해방지계획, ⑦자연환경의 보호, ⑧분쟁처리와 피해자구제, ⑨비용분담, ⑩공해대책회의 등을 정하고 있다. 환경기준에 대해서는 하천, 호수·늪, 해역에 대해 각각 유형별로 기준이 정해 있다.

「수질오탁방지법」은 「공해대책기본법」의 수질에 관한 실시법으로 배수규제와 손해배상의 책임에 관한 상세한 규정을 다루고 있다.

자료 A
하천변 건축물의 사선완화제도

인접지 사선완화제도 (슈 135의 3)

건축물의 대지가 공원, 광장, 수면, 기타 이와 유사한 것에 접하는 경우, 인접지 경계선은 이들 공간 폭의 1/2만 외측에 있는 것으로 본다.

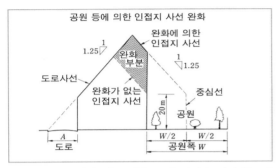

공원 등에 의한 인접지 사선 완화

북측사선의 경우와 다른 것은 공원, 광장을 인정하는 것으로 공원에 대해서는 도시공원법시행령 제2조 제1호에 규정하는 아동공원은 제외된다. 이러한 아동공원은 면적도 좁고 아동의 놀이 장소로서의 환경을 보호할 필요가 있기 때문이다.

북측사선에서 수면 완화

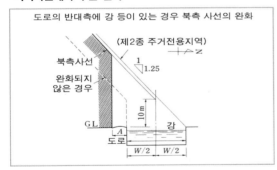

도로의 반대측에 강 등이 있는 경우 북측 사선의 완화

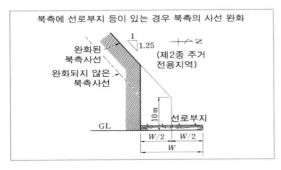

북측에 선로부지 등이 있는 경우 북측의 사선 완화

북측사선제한의 완화 (슈 135의 4)

북측 전면도로의 반대측에 수면, 선로부지, 기타 이와 유사한 것이 있는 경우 전면도로의 반대측 경계선이 해당수면, 선로부지 등의 폭 1/2만 외측에 있는 것으로 본다.

건물의 대지가 북측에 수면, 선로부지, 기타 이와 유사한 것에 접하고 있는 경우 인접지경계선은 해당수면, 선로부지의 폭 1/2만 외측에 있는 것으로 본다.

이러한 완화에 공원이나 광장이 대상이 되지 않는 것은 제1종, 제2종 주거지역 내의 공원, 광장은 당연히 일조 등의 영향을 고려해야 하므로 제외되었음에 주의하기 바람.

전면도로의 수면 완화

전면도로의 반대측에 공원수면 등이 있는 경우 (슈 134조)

일조규제의 수면 완화

부지가 도로, 강 등에 접하는 경우 또는 인접지와의 고저차가 현저한 경우 등의 완화처치 (法 56의 2-3)

부지가 도로, 강 등에 접하는 경우 (슈 135의 4의 2-1-1)

계획되는 건축물의 부지가 도로, 강, 선로부지 등의 공지에 접하는 경우 이러한 공지 등에 접하는 부지경계선은

a) 공지 등의 폭이 10m 이하일 경우에는 그 폭의 1/2만 부지의 외측으로

b) 공지 등의 폭이 10m를 넘을 때는 그 공지 등의 반대측 경계선에서 대지 측에서 5m의 위치에 있는 것으로 본다.

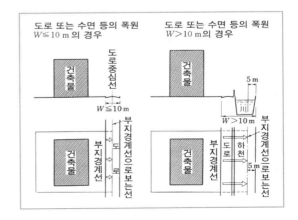

자료 B
하천환경관리의 모습에 대해
—하천심의회 답신(1981년 12월 18일)—

(전문)

하천은 호소(湖沼)를 포함해서 국토의 중요한 구성요소로 그것의 치수(治水) 및 이수(利水)기능의 증진으로 인류의 생활영역, 생산활동의 확대 등을 가능하게 하고, 인류 발전에 중요한 역할을 수행해 왔다. 한편 물과 공간과의 종합체인 하천, 즉 하천환경을 통해 인간의 생활환경, 지역의 자연 및 정신적 풍토 등에 커다란 영향을 주어 왔다.

최근 하천 유역은 도시화의 진전, 생산활동의 확대 등에 의해 급속히 변화하고 이에 따라 하천환경이 현저하게 변화함과 동시에 지역사회의 하천환경에 관한 요청도 한층 증대되고 다양화하는 경향에 있다.

그 때문에 하천환경의 적정한 관리는 긴급하면서도 중요한 과제가 되고 있다.

하천관리자는 지역사회의 요청에 부응하여야 하며, 종래보다 하천이 갖고 있는 치수 및 이수기능의 증진과 더불어 하천 유지수량의 확보, 정화용수의 도입, 오니준설, 고수부지의 정비, 방재 공간 및 레크리에이션 공간의 확보, 자연환경보전 등의 시책을 실시하여 풍요롭고 윤택한 하천환경의 보전과 창조에 노력해 왔다.

그러나 현재 하천환경관리상 다음과 같은 사항이 당면과제가 되고 있다.

1. 유역에서 물 수요가 증대되고 수질오염이 사회적 문제가 되고 있으므로, 수자원 개발 등을 추진하면서 수질보전을 도모하는 것이 중요하게 되고 있으며 그러기 위해서는 하천관리자가 실시해야할 수량 및 수질관리를 위한 시책의 방침을 확립하는 것이 필요하게 되었다는 점.

2. 유역의 도시화 진전에 따라 유역 내 오픈스페이스가 감소하고 있기 때문에 종래 보다 치수 및 이수기능의 정비를 위해 확보되었던 하천공간이 갖고 있던 물과 녹음이 있는 오픈스페이스로서의 특성에 대해 유역의 기대감이 높아지고 있으나 지역주민의 요망은 방재공간의 확보, 자연적 환경보전 및 레크리에이션 이용을 비롯하여 매우 다양화 되고 있고, 또 그 중에는 서로 경합을 벌이는 것도 있으므로, 적정한 하천공간의 관리를 도모하기 위한 이념을 명확히 하는 것이 필요하게 되었다는 점.

3. 하천환경관리에 관한 시책을 종합적이고 계획적으로 실시하기 위해, 그 기본적 방침을 명확히 함과 동시에 실시체제, 재원조치 등을 충실히 하는 것이 필요하게 되었다는 점.

하천심의회는 하천환경에 관한 당면 과제를 심의한 결과에 의거하여 금후의 하천환경관리의 모습에 대해 다음과 같이 답신하고 있다.

그리고 본 건은 매우 중요한 국민적 과제임을 명심하여 다음 여러 시책 중에서 현행제도로 실시 가능한 것부터 실행에 옮김과 동시에 제도의 정비확충에 필요한 것에 대해서는 법령 개정 등에 대해서도 검토를 진행하고 그것의 실현을 도모하고 시책의 충실을 도모할 필요가 있다.

Ⅰ 하천환경관리의 이념

하천법의 규정에서도 명확히 된 것처럼 하천관리의 목적은 하천을 「종합적으로 관리」함으로서 「공공의 안전을 유지」하고 「공공의 복지를 증진」하는 것이다.

하천관리에는 치수, 이수 및 하천환경의 세 가지 측면이 있다. 여기서 하천환경은 물과 공간과의 종합체인 하천의 존재 그 자체에 의해 인간의 일상생활에 혜택을 주고, 그 생활환경의 형성에 깊이 관여하고 있다고 생각된다.

오늘날 하천환경은 국민의 생활환경 형성에 한층 중요한 역할을 담당해야할 상황에 있다. 따라서 하천에 관한 행정에서 하천환경관리는 치수 및 이수의 관리와 마찬가지로 국민생활에 있어 중요한 과제라는 인식 속에 국민적 요청에 부응하고, 풍요롭고 윤택한 하천환경의 보전과 창조에 노력하고, 더 나아가 국민들의 건강하고 문화적인 생활 확보를 도모하는 것이 필요하게 되었다.

그러기 위해 하천환경은 그 관리가 치수 및 이수의 관리와 불가분으로 이것을 종합적으로 실시해야 하는 것부터 하천관리자에 의해 일원적으로 관리되는 것이 타당하다.

또한 하천환경은 지역사회 전반의 공유재산으로 향유되고, 동시에 후세의 국민에게 승계 되어야할 것이라는 점에서 장기적이고 광역적 시야에서 관리되어야 한다.

더욱이 하천환경은 유역과 밀접한 관계가 있어, 자연풍토, 생활환경, 산업경제, 사회문화 등과의 관계에 의해 각각의 특성을 가지므로 그 특성에 입각하여 관리되어야 한다.

Ⅱ 하천환경관리에 관한 기본방침의 확립

하천관리자는 하천에 대해 그 일부에 해당하는 호소(湖沼)도 포함해서 치수, 이수 및 하천환경이 전체로서 충분히 조화되도록 그것을 관리할 필요가 있다. 따라서 하천환경을 관리함에 있어서는 치수 및 이수기능의 확보에 노력함과 동시에 치수 및 이수에 대해서는 장기적 관점에서 하천환경의 보전과 창조가 적정하게 실시될 수 있도록 소요되는 환경비용을 확보하고 그것을 관리할 필요가 있다.

또한 유역과 하천환경과는 밀접한 관련이 있으므로 하천환경관리와 유역에서의 각종 시책과는 상호간에 조정이 이루어져 실시되어야 한다. 그러기 위해 하천관리자는 유역특성 및 하천환경과 관련 있는 각종 시책을 검토하고, 동시에 광역적 시각에서 하천환경을 관리함과 동시에 유역에 있어서도 하천환경을 적정히 관리하는데 필요한 시책이 실시될 수 있도록 관련기관과의 조정에 노력할 필요가 있다.

이상의 전제에 입각하여 하천관리자는 다음 방침에 의거하여 하천환경을 관리할 필요가 있다.

1. 하천환경관리의 기본방침

하천환경관리의 대상은 물과 공간이 일체화 되어 구성된 것으로 여기서 그 대상을 물을 주체로 하는 수(水)환경 관리와 공간을 주체로 하는 하천환경 관리로 크게 나누면, 그 기본 방침은 다음과 같다.

하천의 수량 및 수질은 일체적이고 종합적으로 관리되어야 하므로 하천관리자는 수환경에 대해서는 하천 및 취·배수의 수량 및 수질 상황, 해당하천에 관한 수리(水理)특성, 오탁·정화특성 등의 식견, 유역에서의 토지이용, 물이용 등의 예측에 의거한 장래의 수량 및 수질의 예측 등에 입각해서 그것을 관리한다.

이 경우 특히 갈수기 등에 있어 수량 감소 및 수질 오탁에 의해 국민생활 및 국민경제상 중대한 장해가 발생하지 않도록 하천관리시설의 관리, 취·배수의 관리, 수환경의 개선을 위한 사업 등을 종합적으로 실시하여 수량 확보, 수질 보전 등을 도모하는 것으로 한다.

또한 도시지역의 하천공간에서는 재해차단대·피난공지·긴급수송로 등의 방재공간을 확보하는 것이 필요하게 되었다는 것, 하천과 그 주변에 보존되고 있는 자연적 환경을 적절히 보전하는 것이 필요하게 되었다는 것, 물과 녹음에 혜택받은 오픈스페이스인 하천공간을 중요한 레크리에이션 공간으로 확보하는 것이 필요하게 되었다는 것과 이러한 하천공간의 보전과 이용에 대한 요망이 상당히 다양화하고, 상호간에 경합을 벌이는 경우도 있다는 점을 명심하여, 하천전체 및 유역과 충분한 조화를 취하여 하천공간의 보전과 이용이 적절히 실시될 수 있도록 관리한다.

이 경우 하천공간이 갖고 있는 수변공간으로서의 자연적·문화적 특성 등을 활용하여 다른 내륙공간이 대체할 수 없는 것을 확보함과 동시에 유역의 자연풍토와 조화를 이룬 양호한 하천경관의 보전과 창조가 도모될 수 있도록 노력한다.

또 하천의 연속성에 입각해서 지역단위의 개별적 또는 단편적 관리가 되지 않도록 배려한다.

또 수산자원확보를 함에 있어 중요한 하천에 대해서는 특히 그것의 보호가 도모될 수 있도록 노력한다.

그리고 수환경 관리와 하천공간 관리가 전체적으로 조화를 이루도록 종합적으로 이들을 관리한다.

2. 하천환경관리 기본계획의 수립

하천환경이 지역사회의 생활환경 형성에 특히 중요한 역할을 담당하고 있는 하천에 대해, 앞서 기술한 기본방침에 입각해서 하천환경의 보전과 창조에 관여되는 시책을 종합적이고 계획적으로 실시하기 위한 그 기본적 사항을 정한 하천환경관리의 기본계획을 수립하도록 한다.

책정에 있어서는 유역의 토지이용 동향, 장래 예측 등을 근거로 한 장기적이고 광역적 시야를 근거로 한 하천환경의 예측, 평가 등을 실시함과 동시에 도시계획 등 하천환경과 밀접하게 관련이 있는 각종 시책과 조정을 도모하여 지역의 의견을 반영시키고자 노력한다.

하천환경관리의 기본계획은 수환경의 관리와 하천공간의 관리로 구성되고, 각각 다음과 같은 사항에 대해 정하도록 한다. 그리고 양자는 전체적으로 충분히 조화를 이루도록 해야 한다.

㉠ 수환경의 관리

수량 및 수질의 종합적 관리에 관한 기본구상, 수량 및 수질의 감시, 댐, 수로 등 하천관리시설의 관리, 취·배수시설 등 허가공작물의 관리와 수환경의 개선을 위한 사업 실시에 관한 계획, 유역의 하수도정비, 배수규제 등 수환경과 관련 있는 각종 시책과의 조정에 관한 방침 등 수환경 관리에 관한 기본적 사항

㉡ 하천공간의 관리

하천공간의 적정한 보전과 이용에 관한 기본구상, 하천공간의 정비를 위한 사업의 실시에 관한 계획, 하천공사 및 허가공작물설치에 있어 하천공간의 관리상 배려해야할 사항, 도시계획 등 주변지역에서 하천공간과 관련이 있는 각종 시책과의 조정에 관한 방침 등 하천공간의 관리에 관한 기본적 사항

Ⅲ 하천환경관리에 관한 시설 추진

하천관리자는 하천환경관리의 기본방침에 의거하여 하천환경관리의 기본계획을 책정한 하천은 그 계획에 의거하여 기타 하천에서도 하천 및 유역의 특성에 따라 다음 시책을 종합적이고 계획적으로 실시하여 하천환경을 적절히 관리할 필요가 있다.

1. 수량 및 수질의 종합적 관리 강화

㉠ 하천관리시설의 관리

댐, 수로 등의 하천관리시설을 종합적으로 관리하여 수량 확보, 수질 보전 등을 도모할 것.

㉡ 취·배수시설의 관리

허가공작물인 취·배수시설의 설치위치, 수량, 수질 및 이상 갈수시, 이상수질 오탁시 등의 취·배수에 관한 제한

등에 대해 시설관리자에 대한 지도감독을 강화할 것.

ⓒ 수량 및 수질의 감시

하천 및 취·배수의 수량수질관측통신시스템의 정비를 추진함과 동시에 수량 및 수질감시의 강화를 도모할 것.

ⓔ 수질사고 등의 처치

하천으로 유해물질의 유입 등 돌발적 사고에 대처하기 위해 지방공공단체 등과의 연락체계, 피해방제체제의 정비, 사고대책에 필요한 자원·장비의 상시준비 등에 대해 그 추진을 도모할 것.

2. 수환경개선을 위한 사업의 추진

정화용 수도수로 및 이상갈수시, 이상수질오탁시 등에 수량보급을 위한 댐 건설을 비롯한 오니준설, 자갈간접산화처리, 폭기처리 등의 하천자정기능의 증진, 수량의 확보, 수질의 보전 등과 관련 있는 사업을 추진할 것.

3. 하천공간의 적정한 보전과 이용의 추진

ⓐ 하천부지점용허가준칙의 재고

녹음이 있는 하천공간을 확보하고, 그 적정한 이용을 도모하기 위해 유수지(遊水地)를 비롯한 호소(湖沼) 및 댐 저수지 주변의 하천부지에 관한 점용허가기준, 하천부지 등에서 식수기준 등을 포함해서 하천부지점용허가준칙을 재고할 것.

ⓑ 하천공간관리계획의 수립

하천공간의 적정한 보전과 이용이 지역사회의 중요한 과제가 되고 있는 하천공간에 대해, 하천관리자가 하천환경 관리의 기본계획에 의거해서 방재계획, 자연적 환경보전공간, 레크리에이션공간 등의 배치계획, 시설정비계획, 각 공간의 이용방식 및 유지운영조직에 관한 사항 등에 대해 정한 하천공간관리계획을 수립할 것.

ⓒ 하천부지의 점용 등에 대한 감독

하천부지의 점용자 등에 대해 점용하는 토지의 유지관리 수준이 적절히 확보될 수 있도록 지도 감독을 강화할 것.

ⓔ 허가공작물에 대한 감독

풍요롭고 윤택한 하천환경의 보전과 창조에 도움이 되는 허가공작물의 설치, 관리 등에 대해 시설의 관리자에 대해 지도감독을 강화할 것.

4. 하천공간의 정비를 위한 ·사업 추진

ⓐ 하천공간의 정비

방재 공간 및 레크리에이션 공간으로 정비하는 것이 적절한 하천공간, 댐 저수지주변, 도시지역의 사방계류(砂防溪流) 등에 대해 그것의 정비를 위한 사업을 추진할 것.

ⓑ 하천환경의 보전과 창조에 도움이 되는 하천공사의 실시

치수 및 이수에 관한 하천공사의 실시에 있어 녹화호안, 생태계보전호안, 친수성호안, 어소(魚巢)블록 등의 설치,

식재대의 설정, 호소(湖沼)의 수변 보전 및 정비 등에 노력하고 풍요롭고 윤택한 하천환경의 보전과 창조를 도모할 것.

5. 하천환경과 관련이 있는 각종 시책과의 조정

ⓐ 수환경에 관한 조정

각 하천의 수리특성, 오탁·정화특성에 관한 식견 등을 유역에서 배수규제, 하수도정비 등 수환경과 관련이 있는 각종 시책에 반영시키기 위해 적극적으로 이러한 시책과의 조정을 도모할 것.

ⓑ 토지이용에 관한 조정

하천구역과 일체적으로 보전 및 이용되는 것이 바람직한 하천구역 외의 방재 공간, 자연적 보전 공간, 레크리에이션 공간, 양호한 하천경관을 확보하기 위해 보전해야할 공간 등에 대해 그 적정한 보전과 이용을 도모하기 위해 도시계획 등 토지이용에 관한 각종 시책과의 조정을 도모하고, 토지형상의 변경, 공작물의 신축 등에 대해 필요한 지도, 규제조치 등이 실시될 수 있도록 노력할 것.

6. 특정 하천에서 하천환경의 보전과 창조

ⓐ 호소, 댐 저수지 등의 하천환경

하천 중에서 호소, 댐 저수지 등에 대해서는 유입하천에 하천정화시설의 설치, 호수 속의 수초제거, 폭기처리 등의 정화대책, 선택방류시설 설치 등을 추진함과 동시에 댐 저수지에 대해 저류수(貯留水)의 계획적 전환을 도모하기 위한 조작관리방법 등에 대해 검토할 것.

또한 저수지 등의 유역에서 하수도 행정과의 조정을 통해 필요에 따라 저수지 주변 배수처리시설의 설치에 대해서도 검토할 것,

더 나아가, 호소 내의 양식시설 등에 대해서는 수질보전을 위해 지방공공단체 등과 조정을 도모하여 양식방법의 개선 등 관리 강화에 노력할 것.

ⓑ 도시 내 중소하천 등의 하천환경

하천 중에서 도시 내의 중소하천 등에 대해 필요에 따라 도시계획행정과 조정을 도모하고, 다른 하천으로부터 물을 끌어들이고, 하수처리수의 활용 등에 의한 하천유지유량의 확보, 도시공원 및 녹음도로의 설치 등을 적극적으로 추진하여 풍요롭고 윤택한 새로운 도시하천환경의 창조에 노력할 것. 그리고 하천은 소방용수, 연소차단띠로서의 역할 등 도시방재기능을 갖고 있으므로 지역 실상에 따라 이러한 기능 증진에 노력할 것.

또한 도시 내의 유수지(遊水池), 방재조절지 및 우수저류시설에 대해 도시공원의 설치, 식재 등에 의해 도시 오픈 스페이스로의 활용을 도모할 것.

7. 기타 하천환경관리에 관한 시책의 추진

ⓐ 하천환경관리를 위한 조사연구

하천환경의 예측 등에 관한 기본적인 조사연구를 추진하고 체계화함과 동시에 풍요롭고 윤택한 하천환경의 보전과 창조를 위한 기술적 수법에 대해 적극적으로 연구개발을 추진할 것.

ⓒ 하천애호사상의 계몽

하천환경은 지역주민의 깊은 이해가 있어야만 비로소 적절히 관리가 실시될 수 있다는 점에서 하천과 관련 있는 광고활동을 충실히 하고 하천미화애호사상의 계몽 보급에 노력할 것.

ⓒ 수환경정보의 주지

하천의 수질현황 등에 대해 정기적으로 또는 이상수질오탁시 등에는 일반에게 널리 주지시키도록 노력할 것.

Ⅳ 하천환경관리에 관한 실시체제 등의 강화

하천환경관리에 관한 시책을 종합적이고 계획적으로 실시하기 위해 실시체제, 재원처치 등을 다음과 같이 충실히 할 필요가 있다.

1. 하천환경관리 협의회의 설치

하천환경이 지역사회의 생활환경 형성에 특히 중요한 역할을 담당하고 있는 하천에 대해, 하천환경의 적정한 관리에 도움을 주기 위해 하천환경관리에 대한 협의회를 설치할 것.

구성하고 하천환경관리 기본계획의 수립을 협의함과 동시에 하천환경관리에 관해 하천공간관리계획 등 지역의 각종 시책과 특별히 조정을 필요로 하는 사항에 대해 협의하고, 조화가 잡힌 하천환경과 관련있는 시책의 추진을 도모할 것.

2. 재원처치의 강화

하천환경관리는 치수 및 이수와 더불어 하천관리의 주요한 시책이므로, 하천환경의 정비 중에서 지역사회의 생활환경 정비에 있어 특히 중요한 것에 대해 중점적으로 하천환경의 정비에 필요한 재원을 확보할 수 있도록 노력할 것.

그리고 하천부지를 점용 또는 사용하는 자에 대해 점용 등의 내용에 따라 하천공간의 관리에 필요한 비용의 일부를 부담시키는 것, 하천공간의 적정한 관리를 위한 민간자금의 도입을 도모하는 것 등에 대해 검토할 것.

3. 유지관리체제의 강화

하천공간의 적정한 보전과 이용이 지역사회의 중요한 과제가 되고 있는 하천부지에 대해 하천 전체적으로 조화를 이룬 이용유지운영을 실시하기 위해 점용자의 연락조정체제, 국영 요도가와 하천공원에서 보이는 바와 같은 일원적 유지운영조직 등에 대해 검토하고, 적절한 처치를 도모하고, 그 유지관리의 강화에 노력할 것.

협의회는 하천관리자, 관계지역의 지방공공단체 등으로

자료 C

수변 등의 식재기준(안)

(1992년 1월 건설성 하천국 치수과)

(취지)

제1조 이 기준은 수변 등의 하천구역 내에서 실시하는 식수(이하 「식재」라 함)에 대해 하천관리상 필요한 일반적·기술적 기준을 정하는 것으로 한다.

(정의)

제2조 이 기준에서 다음 표 좌측에 열거한 용어의 의미는 각각 우측의 각 항에 정하는 것으로 한다.

(식재의 위치)

제3조 식재의 위치는 만곡부의 수변, 제방 뒤편의 소계단·측대, 하도의 고수부지, 유수지, 호소의 강가 및 고규격 제방으로 한다.

(식재에 관한 일반적 기준)

제4조 식재는 다음 표의 좌측에 정하는 식재를 실시하는 하천구역의 구분에 따라 각각 우측의 각 항에 정하는

들어온 하도	일정구간을 평균한 경우, 계획최고수위가 제방 안쪽지반의 높이 이하의 하도로 그 제방의 높이(제방 안쪽지반에서 성토 혹은 파라펫 상단까지의 높이)가 60㎝ 미만의 것을 말한다.
측대	하천관리시설 등 구조령 제24조에 규정하는 측대를 말한다.
강줄기의 고수부지	하천법 제6조 제1항 제3호에 규정하는 토지에서 유수지, 호소 및 댐 저수지에 해당되는 것을 제외한 것을 말한다.
유수지 (遊水池)	하류 하도에서 홍수시의 유량을 감소시키기 위해 하도에 접해 설치되어 유수를 저수하는 토지를 말한다.
호소의 수변	그 계획최고수위가 수면구배를 갖고 있지 않으면서 정해진 호소의 하천법 제6조 제1항 제3호에 규정하는 토지를 말한다.
고규격 제방	홍수에 의해 제방으로 물이 넘치더라도 제방이 파괴되지 않을 정도로 폭이 넓은 제방을 말한다.
자립식 호안	자립식에 해당하는 강판호안 및 콘크리트 흉벽호안 등의 기초구조를 포함하여 자립식 호안을 말한다.
교목 (高木)	별표 「수목분류표」 중고목(中高木)류에 속하는 수목 및 이것에 준하는 수목에서 성목시(成木時)의 높이가 1m 이상의 것을 말한다.
관목 (低木)	별표 「수목분류표」 중저목(中低木)류에 속하는 수목 및 이것에 준하는 수목에서 성목시(成木時)의 높이가 1m 미만의 것을 말한다.
내풍성 (耐風性) 수목	별표 「수목분류표」 중심근계(中深根系)에 속하는 수목 및 이것에 준하는 수목에서 내풍성을 갖고 있다고 인정되는 것을 말한다.
내윤성 (耐潤性) 수목	별표 「수목분류표」 중내윤성(中耐潤性) 수목에 해당되는 수목 및 이것에 준하는 수목에서 내윤성을 갖고 있다고 인정되는 것을 말한다.

하천구역구분	일반적 기준
만곡부의 수변	1. 식재의 위치는 하천관리용도로(도로법상의 도로와 겸용하고 있는 것(이하 「겸용도로」로 함)을 포함) 및 수변법면으로 할 것. 2. 하천 관리용 통로(겸용도로를 제외.)에서 식재목은 관목(低木)으로 하여 필요한 차량통행로 등을 확보할 것. 3. 수변법면에 식재하는 경우에는 홍수로 물이 넘쳐날 때에도 안전한 소통과 법면의 안전을 배려할 것. 4. 수목의 가지, 뿌리 등이 배후 사유지와의 경계선 또는 도로법상의 도로(이하 「도로」로 함.)의 건축경계를 침범하지 않도록 할 것.
제방 뒤편의 소계단	1. 식재의 위치는 누수 등의 제방 보전상 문제가 없는 구간으로 한정할 것. 2. 식재는 성토를 하여 실시할 것. 3. 수목의 가지, 뿌리 등이 배후 사유지와의 경계선 또는 도로의 건축경계를 침범하지 않도록 할 것.
제방의 측대	1. 식재의 위치는 누수 등 제방 보전상 문제가 없는 구간으로 한정할 것. 2. 제1종 측대에서 식재는 관목으로 할 것. 3. 수목의 가지, 뿌리 등이 배후 사유지와의 경계선 또는 도로의 건축경계를 침범하지 않도록 할 것.
하도의 고수부지	1. 교목(高木)의 위치는 강폭이 상하류가 비교적 넓어지는 부분 등으로 홍수시의 유수가 사수(死水)상태 혹은 그것에 가까운 상태에 있어, 계획상 계획최고유량의 소통에 필요한 유하단면이 되고 있지 않은 구역으로 한정한다.
유수지	1. 식재는 유수지의 필요한 저수기능을 별도로 확보하여 실시함과 동시에, 홍수시에 유출되지 않는다고 인정되는 것에 한정할 것.
고규격 제방	1. 식재는 휘어진 하도의 기준에 따를 것.

기준에 적합하도록 실시해야 한다.

(식재에 관한 기술적 상세 기준)

제5조 식재는 제4조에 정한 것 외에 다음 표의 좌측 및 중간에서 정하는 식재를 실시하는 하천구역의 구분 및 위치구분에 따라 각각 우측의 각 항에 정한 기준에 적합하도록 실시해야 한다.

하천구역의 구분	식재의 위치 구분	기술적 상세기준
들어온 하도의 수변	수변 관리용 도로	(겸용도로 이외의 경우) 1. 제방 내 및 제방 외측의 어느 경우에도 2.5m 이상의 차량통행로를 확보할 것. [모식도] (겸용도로의 경우) 1. 식재하는 교목(高木)은 내풍성 수목일 것. 2. 교목 식재는 호안의 높이가 계획최고수위 이상의 경우에 한할 것. 3. 교목 식재는 수목의 큰 뿌리가 성목시(成木時)에도 호안구조에 지장을 주지 않도록 호안에서 필요한 거리를 떨어뜨릴 것. [모식도]
	호안 법면	1. 식재는 호안의 높이가 계획최고수위 이상의 경우에 한할 것. 2. 식재를 했을 경우에는 잔디를 붙이는 등 법면보호공을 실시할 것. 3. 교목 식재는 수변법면 상부보다 제내측이 하천관리용도로(겸용도로를 포함)인 경우로 한정할 것. 4. 식재하는 교목은 내풍성 수목일 것. 5. 교목 식재는 수목의 주근이 성목시에도 호안구조에 지장을 주지 않도록 호안에서 필요한 거리를 떨어뜨릴 것.
제방 뒤편 소계단		[모식도] 1. 식재는 수목의 큰 뿌리가 성목시에도 제방의 정규단면 내에 들어가지 않도록, 뒤편 소계단의 제방턱에 필요한 성토를 하는 것으로 하고, 필요에 따라 차단시설을 설치할 것. 이 경우 수방활동 등에 지장이 되지 않도록 유의함과 동시에 성토가 제방의 안정성을 손상시키지 않도록 할 것. 2. 1의 성토부분에는 잔디를 붙이는 등 법면보호공을 실시할 것. [모식도]
제방 측대	제2종 및 제3종측대	1. 제2종 측대에서 교목 식재는 수방활동에 도움을 주는 경우에 한한다. 2. 교목 식재는 수목의 주근이 성목시에도 제방의 정규단면 내에 들어가지 않도록 실시할 것. 성토부분이 있는 경우에는 필요에 따라 제방 뒤편 법면과 성토부분 사이에 차단시설 등을 설치할 것. 이 경우에 성토가 제방의 안정성을 손상시키지 않도록 할 것. 3. 2의 성토부분에는 잔디를 붙이는 등 법면보호공을 실시할것.

하천구역의 구분	식재의 위치구분	기술적 상세기준
하도의 고수부지		[모식도] 1. 관목(低木) 식재는 제내측 및 저수로에서 10m 이상의 거리를 떨어뜨릴 것. 2. 관목을 밀식하는 경우에는 하천 횡단방향의 밀식폭(2 이상의 밀식인 경우에는 그 합계)이 고수부지 폭의 1/4 이하로 할 것. 또한 1열 식재할 경우에는 하천종단방향의 연장길이가 100m 이하로 하고, 식재 간격은 50m 이상으로 한다. 3. 교목식재는 제내측 및 저수로에서 20m 이상의 거리를 떨어뜨리고, 그리고 제내측 법면과 계획최고수위의 접선에서(20+0.005Q)m(Q는 계획최고수량으로 단위는 ㎥/sec로 한다. 이하 동일)(30m 미만인 경우는 30m, 70m를 초과하는 경우에는 70m) 이상의 거리를 떨어뜨릴 것. 또한 식수 간격은 하천횡단방향에 대해서는 (20+0.005Q)m (70m를 넘는 경우에는 70m)이상, 하천종단방향에 대해서는 (30+0.005Q)m 이상으로 하고 제각(堤脚)변에는 빠른 흐름이 생겨나지 않도록 할 것. 4. 교목은 내풍성 수목으로 하고, 식재시 유출방지구조를 실시하여 한 그루씩 식수할 것. [모식도]

하천구역의 구분	식재의 위치구분	기술적 상세기준
유수지		[모식도] 1. 식재는 유수지의 필요한 저수기능을 손상시키지 않도록 대체용량을 확보하여 실시할 것. 2. 관목식재는 제방, 월류(越流)시설 및 배수문에서 5m 이상의 거리를 떨어뜨림과 동시에 홍수시의 수심, 유속 등에서부터, 유출방지를 위한 처치를 강구하거나 혹은 유출되지 않는다고 인정되는 위치로 할 것. 3. 교목식재는 제방, 월류(越流)시설 및 배수문에서 15m 이상의 거리를 떨어뜨림과 동시에 홍수시의 수심, 유속 등에서부터, 유출방지를 위한 처치를 강구하거나 혹은 유출되지 않는다고 인정되는 위치로 할 것. 4. 교목은 내풍성·내윤성수목일 것. [모식도]
호소의 물가		1. 관목식재는 제방 및 저수로에서 5m 이상의 거리를 떨어뜨릴 것. 2. 교목식재는 제방 및 저수로에서 15m 이상의 거리를 떨어뜨릴 것. 3. 교목은 내풍성·내윤성 수목으로 하며, 식재는 한 그루씩으로 0.1ha당 한 그루의 밀도로 제한해서 실시할 것.

하천구역의 구분	식재의 위치구분	기술적 상세기준
고규격 제방		[모식도] ▽HWL 5m이상　5m이상 ▽HWL 15m이상　15m이상 1. 종래의 제방정규단면의 제방부지 위의 고규격제방에 대한 식재에 대해서는 만곡부의 기준에 따라 실시할 것. 다만. 고규격제방에서 중요한 곳의 단면이 미완성인 경우에는 성토부분만 식재를 실시하는 것으로 하고, 식재 위치는 수목의 큰 뿌리가 성목시에도 종래 제방의 정규단면 내에 들어가지 않는 위치로 할 것.

하천구역의 구분	식재의 위치구분	기술적 상세기준
		2. 종래의 제방정규단면의 제방부지 이외의 고규격제방에 대한 식재는 자유롭게 실시한다. [모식도] HWL 종래의 제방정규단면의 제방부지　성토부분

[별표] 수목분류표

수목분류	근계	수종
교목류 (高木類)	심근성 (深根系)	소나무 · 은행나무 · 참나무(*Pasania edulis*) · 자귀나무 · 백합목 · 플라타너스 · 주목 · 황벽나무 · 밤나무 · 물푸레나무 · 졸참나무 · 물참나무 · 굴참나무 [삼목] · [메타세쿼이어] · [개비자나무] · [비자나무] · [죽백나무] · [일본황칠나무] · [상수리나무] · [떡갈나무] · [칠엽수] · [수양버들] · [침나무] · [무성한 들풀] 등
	중성 (中間系)	벚나무 · 녹나무 · 복숭아나무 · 가시나무 · 너도밤나무 · 페닉스 · 회화나무 · 매화나무 · 오동나무 · 아카시아 · 감나무 · 석류나무 · 뽕나무 · 청동(벽오동)나무 · 올리브나무 [멀구슬나무] · [가래나무] · [참식나무] · [목련] · [박나무] · [참죽나무] 등
	천근성 (淺根系)	산다화 · 향나무 · 팽나무 · 단풍나무 · 동백나무 · 느티나무 · 금계나무 · 노송나무 · 소철 · 말오줌때 · 노송나무 · 후피향나무 · 먼나무 · 단풍나무 [산호수] · [자작나무] · [나한백(羅漢栢)] · [상록수] · [측백나무] · [반송] · [백양나무] · [미국사시나무] · [무화과나무] · [견비파(犬枇杷)] · [오리나무] · [인가목] · [층층나무] · [산딸나무] · [굴거리나무] · [오구나무] · [참느릅나무] 등
관목류 (低木類)	심근성 (深根系)	다정큼나무 · 명자나무 · 두릅나무 · 협죽도 · 사스레피나무 · 산사나무 · 주목(작은 수종) · 자양화 · [병꽃나무] · [산수국] · [딱총나무] 등
	중성 (中間系)	아베리아(aberia) · 치자나무 · 서양회양목 · 사철나무 · 화살나무 · 싸리나무 · 양옥란 · 풀고사리 · 노란매자나무 · 금작화 · 백정화 · 만년콩 [호랑가시나무] · [무궁화] · [목부용] · [참빗살나무] · [관목] · [남천촉] 등
	천근성 (淺根系)	영산백 · 회양목 · 해동화(海桐花) · 개나리 · 호랑가시나무 · 광나무 · 마가목 · 일본 갈기조팝나무 · 미국 산딸나무 · 당아욱(혹은 접시꽃 · 동규) · 상록수 · 망종화 [황매화나무] · [서향관목] · [연화철쭉] · [백량금] · [구골나무목서] · [납매] · [골병꽃] 등

(注) [ ]안에 있는 수종은 내윤성 수목을 나타냄.

문   헌

1장 하천경관의 기본 개념

1) 土木學會編：土木工學ハンドブック, 技報堂出版, 1974.

2장 하천경관설계의 기초

*1) 和田陽平・大山　正・今井省吾編 ： 感覺・知覺ハンドブック, 　誠信書房, p.194, 1969.

*2) Gibson, J.J：The Ecological Approach to Visual Preception, Houghton Mifflin, 1979.
古崎　敬　他　3人 ： 生態學的視覺論, pp.121～124, サイエンス社, 1985.

*3) 大野　晋・浜西正人 ： 角川類語新辭典, p.25, 角川書店, 1981.

*4) 中村良夫 ： 景觀原論, 土木工學大系 13 景觀論, p.2, 彰國社, 1977.

*5) 蓧原 修：土木景觀計劃, 新體系土木工學 59, pp.28～33, 技報堂出版, 1982.

*6) Metzger, W. ： Gesetze des Sehens, Waidemar Kramer, 1953.

*7) 建設省九州地方建設局菊池川工事事務所・アイ・エヌ・エー新土木研究所 ： 河川景觀計劃マミュアル(案)水の辺の景觀づくり, p.44, 1982.

*8) 中村良夫 ： 河川景觀計劃の發想と方法, 河川, No.6, pp.23～34, 1980.

*9) 宮本武之輔：治水工學, 興學館, 1954.

*10) 西脇健治郎：輪中に花地圖を讀む, 水利科學, No. 157, pp.51～76, p.55. 1984.

*11) 建設省河川局監修, 日本河川協會編：改訂建設省河川砂防技術基準(案)調查編, p.357, 1977.

*12) 環境廳編 ： 昭和62年度版環境白書, pp.534～539, 大藏省印刷局, 1987.

*13) 滋賀縣大津市發行のパンフレット.

*14) 前 揭12)

15) 阪口　豊・高橋　裕・大森博雄 ： 日本の川, 岩波書店, 1986.

16) 河川環境研究會監修, 河川環境管理財團編：解說河川環境, 山海堂, 1983.

17) 吉川秀夫 ： 改訂河川工學, 朝倉書店, 1980.

18) 川名國男・市田則孝 ： 河川の生物觀察ハンドブック, 東洋館出版社, 1976.

19) 津田松苗：陸水生態學, 共立出版, 1974.

20) 三木和郎 ： 都市と川, 農山漁村文化協會, 1984.

21) 金子幸實 ： 長野市における生活雜排水對策, 用水と廢水, Vol. 29, No. 5, pp.447～453, 1987.

22) 長谷川 猛：東京都における小型合併淨化槽に對する補助制度, 　公害と對策, Vol. 23, No. 4, pp. 319～324, 1987.

23) 關東地方建設局京浜工事事務所 ： 野川淨化施設, 建設月報, Vol. 37, No. 4, pp. 78～80, 1984.

24) 吉村元男・芝原幸夫 ： 水辺の計劃と設計, 鹿島出版會, 1975.

25) 樋口忠彦・風間典仁 ： 河川の好まれる場所についての研究一甲府市荒川を對象として一, 　山梨大學工學部研究報告, pp. 83～93, 1979.

26) 蓧原 修・武田　裕・伊藤 登・岡田一天 ： 河川微地形の形態的特徵とその河川景觀設計への適用, 　土木計劃學研究・論文集, No. 4, pp. 197～204, 1986.

27) 伊藤　登・長谷川智他・瀬尾　潔・武田　裕 ： 河川風景主義からみた河川活動空間と景觀設計手法, 　土木計劃學研究・論文集, No. 5, pp. 107～114, 1986.

3장　하천경관계획의 수립과정과 사례

*1) 江戸川區環境促進事業團 : 江戸川區の親水公園づくり.

*2) 久保 貞・中瀬 勳・杉本正美・安部大就・上甫木昭春 : 河川景觀の變容構造の把握に基づいた河川景觀諸特性の考察, 造園雜誌, Vol. 47, No. 4, pp. 205~221, 1984.

3) 吉村元男・芝原幸夫 : 水辺の計劃と設計, 鹿島出版會, 1985.

*4) 建設省河川局監修, 日本河川協會編 : 改訂建設省河川砂防技術基準(案)調査編, pp. 55~58, 山海堂, 1977.

5) 河川環境研究會監修, 河川環境管理財團編 : 解說河川環境, 山海堂, 1983.

*6) 三輪利英・榊原和彦・藤墳忠司・大島秀樹 : 河川空間のゾーニング計劃に關わる調査と分析, 土木計劃學研究・講演集, No. 10, pp. 149~156, 1987.

7) 地域交流センター : 九州の川, 地域交流出版, 1987.

*8) 前 揭6)

*9) 久留米市・地域開發研究所 : 久留米市水辺環境整備構想調査業務報告書, 1988.

*10) 建設省中國地方建設局太田川工事私務所 : 景觀から見た太田川市內派川の調査研究, 1977(東京工業大學社會工學科中村研究室受託研究).

*11) 建設省關東地方建設局京浜工事事務所・河川環境管理財團 : 多摩川兵庫島周邊地區環境護岸計劃調査(野川右岩), 1984.

*12) 横浜市下水道局河川部河川管理課・農村・都市計劃研究所 : 瀨上自然觀察水路・小川整備計劃, 1985.

13) 北村眞一 : 河川景觀デザインのために一廣島・太田川での試み一, グリーン・エージ, No. 93, pp. 13~20, 1981.

14) 北村眞一・岡田一天 : 河川の景觀設計, 土木技術, Vol. 40, No. 4, pp. 65~71, 1985.

15) 建設省九州地方建設局菊地川工事事務所・アイ・エヌ・エー新土木研究所 : 河川景觀計劃マミュアル(案)一水の辺の空間づくり一, 1982.

16) 中村良夫・北村眞一 : 都市における河川景觀計劃に關する方法論的研究, 第2回土木計劃學研究發表會講演集, pp. 37~60, 1980.

17) 小野寺 康 : 河川空間の計劃手法に關する研究一事後調査を足掛りとして一, 東京工業大學工學部社會工學科卒業論文.

4장　하천구조물의 경관

*1) 西畑勇夫 : 河川工學, 技報堂出版, 1973.

2) 建設省土木研究所・日本造園修景協會 : 昭和61年度河川公園景觀計劃調査報告書, 1987.

3) 建設省土木研究所綠化研究室 : 河川公園景觀計劃調査(その1), 河川の地形および植生の位置の特徵と景觀設計への反映, 土木研究所資料, 第2413号, 1986-10.

4) 建設省土木研究所綠化研究室・日本造園修景協會 : 河川空間の景觀計劃・設計, 1988-1.

*5) 草加市 : 草加市自然生態系公園基本計劃策定調査, 1987-3.

6) 篠原 修・武田 裕・伊藤 登・岡田一天 : 河川微地形の形態的特徵とその河川景觀設計への適用, 土木計劃學研究・

論文集, No. 4, 1986.

7) 伊藤　登・長谷川智也・瀬尾　潔・武田裕　：　河川風景主義からみた河川活動空間と景観設計手法,　土木計劃學研究發表論文集, 1986.

8) 山本晃一　：　河道特性論ノート〔1〕, 土木研究所資料, 第1625号, 1980.

9) 河川審議會答申「河川環境管理のあり方について」, 1981.

10) 河川敷地占用許可準則1983改正, 河岸等の植樹基準(案).

11) 建設省河川局監修, 日本河川協會編：改訂建設省河川・砂防技術基準(案), 1977.

12) 河川管理施設等構造令研究會編　：　解説・河川管理施設等構造令,　日本河川協會, 山海堂, 1978.

13) 建設省大臣官房技術調査監修, 景観整備研究會編　：　建設省所管施設間における景観整備マニュアル(案), 土木研究センター, 1986-4.

14) 建設省九州地方建設局菊池川工事事務所：　河川景観マニュアル(案)ー水の辺の空間づくりー, 1982.

15) 阪口　豊・高橋　裕・大森博雄　：　日本の川, 日本の自然3, 岩波書店, 1986.

16) 高山茂美：河川地形學, 共立出版, 1974.

17) 岡田一夫：河川景観の計劃と設計, 都市問題研究, 第39卷, 第1号, 1987.

18) 中村良夫 他 2人：河川空間における人の動きのパターンの分析とその河川景観設計への適用,　土木計劃學研究發會論文集, 1987.

19) 北村眞一・岡田一天　：　河川の景観設計, 土木技術,　Vol. 40, No. 4, 1985.

20) 宮脇 昭：日本の植生, 學研, 1977.

21) 篠原　修・岡田一天・伊藤　登：自然思想に基づく河川の景観設計に關する研究, 河川環境管理財團助成研究, 1987.

22) クリスチャン・ゲルディ　：　スイスにおける自然環境を考慮した河川改修,　環境情報科學, Vol. 17, No. 3, 1988.

5장　요소의 경관설계

1) 松浦茂樹・島谷幸宏　：　水辺空間の魅力と創造, 鹿島出版會, 1987.

2) 伊東　孝・東京の橋研究會　：　橋と地域環境デザインの思想, 1986.

3) 東京都江東區　：　横十間川親水公園, 仙台堀川親水公園のパンフット.

4) 日本河川協會・河川管理施設等構造令研究會編　：　解説・河川管理施設等構造令, 山海堂, 1978-2.

5) 土木學會編　：　美しい橋のデザインマニュアル, 丸善, 1982.

6) 土木學會編：街路の景観設計, 技報堂出版, 1985.

7) 日本道路協會編　：　道路構造令の解説と運用, 丸善, 1982.

6장　도시하천의 공간구성

*1) 窪田陽一　：　河川空間の計劃に關する基礎的研究,　東京大學工學部土木工學科卒業論文.

*2) 高橋研究室編　：　かたちのデータファイルーデザインにおける發想の道具箱, 彰國社, 1984.

3) 松浦茂樹・島谷幸宏　：　水辺空間の魅力と創造, 鹿島出版會, 1987.

4) 窪田陽一　：　轉換期の都市河川, 東京の川ー川から都市をつくる,　地域交流センター.

5) 日本文化會議　：　東京における水辺空間の歴史的研究, 1985.

6) 土木學會編：街路の景観設計, 技報堂出版, 1985.

*7) 安藤 昭 : 都市化の展開と都市景觀イメージの解析, 地域學研究, 第18卷, pp. 93~112, 1988.

8) 中村良夫 : 作法秩序としての都市景觀, 第5回風景研究會, 國立公園, No. 449/APR, pp. 2~14, 1987.

*9) 安藤 昭 : 盛岡における文化景觀の育成, 土木學會誌, Vol. 67, No. 4, pp.429~432, 1982.

10) 安藤 昭・赤谷隆一 : 國際比較における日本の都市景觀, 土木學會第40回年次學術講演會講演概要集, 第4部, pp. 365~366, 1985.

*11) 安藤 昭・赤谷隆一・今久 : 盛岡市街を貫流する北上川・中津川の景觀解析, 土木學會東北支部技術研究發表會講演概要, 1986.

12) 樋口忠彦 : 景觀の構造, 技報堂出版, 1975.

*13) 盛岡市役所都市開發部 : 盛岡市都市景觀對策調査報告書, その2, 1984.

*14) 盛岡市役所 : 盛岡市アメニティタウン計劃書, 1985.

15) 盛岡市役所都市開發部 : 花と綠のマスタープラン調査報告書, 1980.

7장 도시하천의 경관설계

*1) 草加市・高野ランドスケープ・プランニング : 綾瀬川再生計劃個別基本計劃, 河川再生とまちづくり, 1983.

*2) 東京都足立區 : 河川・水路綜合利用計劃基本計劃報告書, 1987.

*3) 東京都足立區 : 河川水路綜合利用計劃―葛西用水親水計劃.

4) 東京建築士會 : 改訂建築法規の解説.

*6) Boeminghaus, D. : Fussgenger-Bereiche+Gestaltungs-Ele mente, Karl Verlag Stuttgart, 1982.

7) 西澤 健 : ストリート・ファニチュア, 鹿島出版會, 1983.

*8) 草加市 : 21世紀をめざしたまちづくりー都市基盤整備事業の概要.

9) 東京都建設局 : 東京の橋と景觀, 東京都, 1987.

10) 松浦茂樹・島谷幸宏 : 水辺空間の魅力と創造, 鹿島出版會, 1987.

11) 伊東 孝 : 東京の橋, 鹿島出版會, 1986.

12) ロイ・マン著, 相田武文 譯 : 都市の中の川, 鹿島出版會, 1975.

13) 上田 篤・世界都市研究會 : 水辺と都市, 學藝出版會, 1986.

14) 吉村元男・芝原幸夫 : 水辺の計劃と設計, 鹿島出版會, 1987.

15) 河川環境研究會 : 解説河川環境, 山海堂, 1983.

16) 農耕と園藝編 : 水の造園デザイン, 誠文堂新光社, 1979.

17) Process, Architecture, No. 24, 建築と水空間.

18) 鈴木信宏 : 水空間の演出, 鹿島出版會, 1981.

19) ジャパン・ランドスケープ, No. 3, 水の景, 1987.

20) 都市景觀研究會編 : 都市の景觀を考える, 大成出版會, 1988.

21) 上田 篤 他 : 水網都市, 學藝出版社.

22) 三木和郎 : 都市と川, 農山村文化協會, 1984.

23) 藤原 修・伊藤 登 : 水辺の綠と設計原則, 公害と對策増刊号, 水と綠の讀本, 1988-7.

24) 中村良夫 : 風景學入門, 中央公論社, 1982.

25) 谷村喜代司 : 河川美化のまちづくり, 第一法規出版, 1984.

8장   도시경관의 정비와 하천관리

*1) 日本開發銀行都市開發硏究クルーブ譯編
: ウォーターフロント再開發, p. 40, p.
45, 理工圖書, 1987.

부록
*1) 樋根 勇：水象, 自然環境論(), 土木工學
大系2, p. 241, 彰國社, 1977. *2) 本間
仁：河川工學, コロナ社, 1958.
*3) 西畑勇夫：河川工學, 技報堂出版, 1973.
 4) 土木學會編：土木學會ハンドブック, 技
報堂出版, 1974.
 5) 國土廳長官官房水産資源部編 ： 63年版
日本の水資源, 大藏省印刷局.
               *는 인용문헌

수변의 경관설계

김경인·김종하 역

초판발행 2005년 3월 5일

발행처 (주) 브이아이랜드
판매처 미세움출판사
서울시 마포구 서교동 357-1 서교프라자 617호
전화 02)844-0855
팩스 02)703-7508
http://www.misewoom.co.kr
등록 제313-2007-000133호

ISBN 978-89-85493-32-1 03540
판매처가 표시되지 않은 도서는 반품을 할 수 없습니다.